十年一剑：

2013—2023年东亚地区
农业文化遗产保护研究合作历程

A DECADE OF PARTNERSHIP：
RESEARCH COLLABORATION ON CONSERVATION OF
AGRICULTURAL HERITAGE SYSTEMS IN EAST ASIA (2013-2023)

闵庆文　焦雯珺 ◎ 编著

中国农业出版社
农村读物出版社
北 京

编写委员会

主　　编　闵庆文　焦雯珺

编　　委（按音序顺序排列）：

　　　　NAGATA Akira　NAKAMURA Koji

　　　　PARK Yoon-ho　TAKEUCHI Kazuhiko

　　　　YOON Won-keun　陈　喆　何思源

　　　　刘某承　杨　伦

缩略词

AHS：农业文化遗产

CAASS：中国农学会

CAASS-AHSB：中国农学会农业文化遗产分会

CAS-IGSNRR：中国科学院地理科学与资源研究所

China-NIAHS：中国重要农业文化遗产

ERAHS：东亚地区农业文化遗产研究会

FAO：联合国粮食及农业组织

GIAHS：全球重要农业文化遗产

J-GIAHS：日本 GIAHS 网络

Japan-NIAHS：日本重要农业文化遗产

KIAHS：韩国重要农业文化遗产

KIFHS：韩国重要渔业文化遗产

KRHA：韩国农渔村遗产学会

MAFF：日本农林水产省

MAFRA：韩国农林畜产食品部

MARA：中国农业农村部

MOA：中国农业部

MOF：韩国海洋水产部

NIAHS：国家重要农业文化遗产

UNU：联合国大学

UNU-IAS：联合国大学可持续性高等研究所

略語

AHS：農業遺産

CAASS：中国農学会

CAASS-AHSB：中国農学会農業遺産分会

CAS-IGSNRR：中国科学院地理科学・資源研究所

China-NIAHS：中国農業遺産

ERAHS：東アジア農業遺産学会

FAO：国際連合食糧農業機関

GIAHS：世界農業遺産

J-GIAHS：J-GIAHSネットワーク会議

Japan-NIAHS：日本農業遺産

KIAHS：韓国農業遺産

KIFHS：韓国漁業遺産

KRHA：韓国農漁村遺産学会

MAFF：農林水産省

MAFRA：韓国農林畜産食品部

MARA：中国農業農村部

MOA：中国農業部

MOF：韓国海洋水産部

NIAHS：国家農業遺産

UNU：国際連合大学

UNU-IAS：国際連合大学サステイナビリティ高等研究所

줄임말

AHS: 농업유산
CAASS: 중국농학회
CAASS-AHSB: 중국농학회 농업유산분과
CAS-IGSNRR: 중국과학원 지리학 자원연구소
China-NIAHS: 중국 국가중요농업유산
ERAHS: 동아시아 농업유산학회
FAO: 국제연합 식량농업기구
GIAHS: 세계중요농업유산
J-GIAHS: 일본 GIAHS 네트워크
Japan-NIAHS: 일본 국가중요농업유산
KIAHS: 한국 국가중요농업유산
KIFHS: 한국 국가중요어업유산
KRHA: 한국농어촌유산학회
MAFF: 일본 농림수산성
MAFRA: 한국 농림축산식품부
MARA: 중국 농업농촌부
MOA: 중국 농업부
MOF: 한국 해양수산부
NIAHS: 국가중요농업유산
UNU: 유엔대학
UNU-IAS: 유엔대학 지속가능성 고등연구소

Abbreviations

AHS: agricultural heritage systems

CAASS: China Association of Agricultural Science Societies

CAASS-AHSB: Agricultural Heritage Systems Branch, China Association of
Agricultural Science Societies

CAS-IGSNRR: Institute of Geographic Sciences and Natural Resources
Research, Chinese Academy of Sciences

China-NIAHS: China Nationally Important Agricultural Heritage Systems

ERAHS: East Asia Research Association for Agricultural Heritage Systems

FAO: Food and Agriculture Organization of the United Nations

GIAHS: Globally Important Agricultural Heritage Systems

J-GIAHS: Japanese GIAHS network

Japan-NIAHS: Japan Nationally Important Agricultural Heritage Systems

KIAHS: Korea Important Agricultural Heritage Systems

KIFHS: Korea Important Fishery Heritage Systems

KRHA: Korea Rural Heritage Association

MAFF: Ministry of Agriculture, Forestry and Fisheries of Japan

MAFRA: Ministry of Agriculture, Food and Rural Affairs of South Korea

MARA: Ministry of Agriculture and Rural Affairs of China

MOA: Ministry of Agriculture of China

MOF: Ministry of Oceans and Fisheries of South Korea

NIAHS: Nationally Important Agricultural Heritage Systems

UNU: United Nations University

UNU-IAS: United Nations University Institute for the Advanced Study of
Sustainability

目录

目次

목차

Table of Contents

当事者说

TAKEUCHI Kazuhiko

东亚地区农业文化遗产研究会（ERAHS），荣誉主席

日本地球环境战略研究所，理事长

日本东京大学未来研究所，特聘教授

今年是自2013年东亚地区农业文化遗产研究会（ERAHS）成立以来的10周年。

ERAHS始于中日韩三国初始研究人员在船上达成的协议，逐年发展壮大。因新冠疫情，ERAHS会议被迫推迟了3年，今年我们得以在中国庆元县举办第七届会议。

在此，我对过去10年间所有相关人员给予的支持与合作深表感谢。

基于东亚三国即中国、日本和韩国农业文化的共性，ERAHS对于各国和全球重要农业文化遗产（GIAHS）所在地具有重要意义。

作为ERAHS的荣誉主席，我参加了ERAHS第一届会议以来的每一届会议，我认为这些年来ERAHS变得更加稳固了。虽然有时中日韩三国关系微妙，但我觉得ERAHS会议并没有受到影响，而是在越来越友好的氛围中举行。就连起初不愿参加的各国政府官员，现在也积极参与了。我也听说，在日本几乎所有GIAHS遗产地每年都会保证参加ERAHS会议的预算，参加日本和海外的ERAHS会议已经成为一种普遍现象。

我认为ERAHS的独特之处不仅在于学术交流，还在于来自各国遗产地的人们可以面对面的交谈，互相交流经验。特别是近年来，我非常开心地看到关系着GIAHS未来的各国年轻人不仅在会议上做报告，而且在会议之外也克服语言障碍，积极开展互动交流。

我还认为，中日韩三国的相关人员处于平等地位，充分理解各国国情的差异，并建立合作关系，这一点非常好。

我希望ERAHS在过去10年所取得成就的基础上，未来10年会取得更大的进步。

　　ERAHS目前仅在中国、日本、韩国这三个东亚国家之间开展，未来我们希望亚洲其他国家也能参与进来，促进亚洲GIAHS遗产地的学术和人文交流。我希望能够取得这样的进展，我也希望这种东亚模式今后可以推广到世界其他地区。

　　最后，我要向中国已故的李文华院士表示衷心感谢和沉切哀悼。他自ERAHS成立以来就一直同我一起担任荣誉主席，为ERAHS的发展做出了伟大的贡献。

闵庆文

ERAHS，共同主席
中国科学院地理科学与资源研究所，研究员
中国农学会农业文化遗产分会，主任委员

似乎就在昨天，但已经过去了 10 年。

10 年前（2013 年）的 8 月 27 日，在参加韩国农渔村遗产学会等主办的"中日韩农业文化遗产国际研讨会"期间，与当时在联合国大学工作的梁洛辉先生在旅途中进行交流，我提到应当建立中日韩三国之间的农业文化遗产交流平台，以便交流研究成果、分享实践经验、开展对比研究，更好推动东亚地区乃至更大区域的农业文化遗产保护和发展。这一想法当时就得到了来自中日韩的与会者的一致赞同。

其实，在 GIAHS 申报与保护方面，当时三国之间已经有了一些交流，但大多限制在专家之间；也组织并互相参与了几个活动，但还没有制度化。根据 GIAHS 的发展需要，我认为有必要建立三国之间的交流机制更加稳定、参与人员层次更丰富的平台。这种交流既包括不同专业领域科学家之间、遗产管理者之间、遗产保护与利用人员之间的"横向交流"，还应包括科学家、管理者、保护者之间的"纵向交流"。

可以说，成立 ERAHS 既是水到渠成，也是应运而生。

借此机会，我特别想表达对已故的 ERAHS 荣誉主席李文华院士的诚挚感谢和无限怀念！李院士是中国 GIAHS 的奠基人，曾任 FAO GIAHS 指导委员会主席，还是我进入 GIAHS 领域的引路人，同时也是我的博士研究生导师，他十分重视 ERAHS 的成立和发展并给予了关键性指导。特别感谢当时在联合国大学任职、并给予我热情指导和无私帮助的 TAKEUCHI Kazuhiko 教授和梁洛辉先生！特别感谢积极响应 ERAHS 倡议、10 年来和我们一起奋斗的来自日本的 NAKAMURA Koji 教授、NAGATA Akira 先生和来自韩国的

YOON Won-keun 教授、PARK Yoon-ho 博士！特别感谢我们团队中所有参与 ERAHS 活动组织的年轻成员，特别是先后担任 ERAHS 中国秘书长的白艳莹博士和焦雯珺博士。

中日韩三国的 GIAHS 数量占世界总数（78 项）的一半，而且均开展了国家重要农业文化遗产（NIAHS）的发掘与保护工作，形成了从 NIAHS 到 GIAHS 的完整体系，还建立了专家委员会和/或学会等科技支撑机构，以及遗产地之间的保护联盟或保护网络。在这其中，ERAHS 的作用不容忽视。

"十年磨一剑"。历经 10 年的发展，ERAHS 在不断成熟，也已成为 GIAHS 领域最具影响力的区域性合作交流平台。它不仅为推动中日韩三国 GIAHS 和国家级农业文化遗产的发掘与保护发挥了重要作用，同时也为其他地区 GIAHS 保护交流与合作提供了可资借鉴的"样板"。

"文明因多样而交流，因交流而互鉴，因互鉴而发展。"GIAHS 大家庭在不断壮大，投身于 GIAHS 保护研究与实践的人员在不断扩大，ERAHS 必将有更加美好的未来。这是我们的希望，更是努力的方向。

NAKAMURA Koji

ERAHS，共同主席
日本金泽大学，荣誉教授

祝贺ERAHS成立10周年！我衷心感谢中国的闵庆文教授和焦雯珺博士，以及韩国的YOON Won-keun教授和PARK Yoon-ho博士，感谢他们做出的重要贡献，我还要感谢大家的支持与合作！

ERAHS是2013年8月在韩国济州岛和莞岛举行的"中日韩农业文化遗产国际研讨会"上由闵教授提议成立的。虽然我们将其命名为"研究会"是为了与三国之间稍显微妙的历史、政治和外交事务保持距离，但是我们仍希望ERAHS不仅能促进学术交流，还能促进合作，共同推进东亚地区GIAHS的发展。

GIAHS是2002年由联合国粮食及农业组织发起的。2005年，中国成为世界上第一个获得GIAHS认定的国家（浙江青田稻鱼共生系统）。2011年，日本的"佐渡岛稻田—朱鹮共生系统"和"能登里山里海"是发达国家首次获得GIAHS认定的两处遗产系统。韩国2014年有两个遗产系统首次获得认定，即"青山岛传统板石灌溉稻作梯田"和"济州岛石墙农业系统"。截至2023年10月，日本、中国和韩国的GIAHS认定数量分别增加至15个、19个和6个（共40个），而全球共有24个国家的78个遗产系统获得认定。可见，这3个国家的遗产系统数量处于全球领先地位，占总数的一半以上。通过ERAHS进行的互相激励和合作在其中起到了重要的推动作用。

从第一届（2014年）到第六届（2019年），ERAHS会议每年都在中日韩三国轮流举办，但因新冠疫情停办了3年。今年6月，第七届ERAHS会议在中国浙江省庆元县"浙江庆元林—菇共育系统"实地举行（2023年6月）。我曾参加过之前的每届会议，这次也来了，与来自中国和韩国的同行们重温了友谊，并重申了ERAHS的伟大之处。

来自日本的与会者人数每次都在增加，这次国内共有来自11个地方的35人参加，覆盖范围很广，包括政府官员（日本农林水产省、都道府县和市政厅）、研究人员（大学教师、研究生、联合国大学等），领域也在不断扩大。能够与各国与会者进行面对面的交流是ERAHS会议的一大优势，同时也有助于在会议期间扩大和加深日本与会者之间的交流。

　　每年在三个国家之间举办ERAHS会议需要大量的运营成本，但我们的热情和想法足以抵消这些成本。我期待各位继续支持我们的工作！

YOON Won-keun

ERAHS，共同主席
韩国协成大学，荣誉教授

我衷心祝贺ERAHS10周年纪念书籍的出版。我仍记得我们第一次讨论ERAHS成立时的情景。

ERAHS极大地提高了农业文化遗产的研究水平。最初，大多数报告只是对各国农业文化遗产的简单介绍，而不是深入的学术研究。目前，具有较高科学和学术价值的研究正在增加。农业文化遗产的认定标准、价值提升评估和保护政策制定等领域的研究成果不断出版。ERAHS是农业文化遗产研究的宝库，激励着众多研究人员。

ERAHS会议每年在中国、日本和韩国轮流举行。每年都有300多名对农业文化遗产感兴趣的研究人员和管理者齐聚一堂。

现在，研究人员已经意识到ERAHS是展示农业文化遗产研究成果的最佳平台，管理者也意识到这是获取该主题最新趋势和信息的一个极具吸引力的机会。此外，ERAHS已成为学术交流的场所，在这里，认同农业文化遗产价值的人们可以形成团结意识。

此外，ERAHS还提供了一个机会，让参与者能够了解到GIAHS中的"最佳实践"。参与者可以直接在现场看到每个认定系统是如何符合GIAHS评选标准的。通过这一机会，研究人员可以了解中国、韩国和日本农业文化遗产之间的同质性和多样性，从而提高对农业文化遗产的判断能力。他们还可以认识到，一个国家的农业文化遗产的特点源于这个国家固有的生活方式和对待自然的态度。

ERAHS的目标是实现GIAHS的可持续发展及增强其韧性。在GIAHS推出之前，农村政策主要侧重于提高生产力和改善居住条件，人们认为这更有利于创造经济利润，然而现在出现了改变的迹象。人们意识到全球环境问题

的威胁，并且出现通过"以保护为导向"替代"以发展为导向"的政策实现区域发展的案例。在促进政策"以农村发展"为导向转变为"以保护为导向"上，ERAHS可以在理论和案例两个方面都发挥核心作用。通过基于农业文化遗产的以保护为导向的政策，农村地区可以实现极具特色的发展并获得新的身份认同。

通过系统的编辑过程，收集的ERAHS 10年历程中的照片和数据汇集成了这本精美的书籍。这本书将成为GIAHS历史上的不朽文献。

现在是为ERAHS的未来做准备的时候了。通过韩国、中国和日本间的不断交流和紧密团结，我希望我们能够畅想农业文化遗产的新目标，并许下一个向下一阶段飞跃的愿景。

最后，我要向中国科学院的闵庆文研究员和焦雯珺副研究员表示感谢，感谢他们为ERAHS的成立和发展所做出的重要贡献。在过去10年间，能够加入ERAHS，我深感荣幸。

焦雯珺

ERAHS，共同秘书长
中国科学院地理科学与资源研究所，副研究员

　　我非常荣幸能担任 ERAHS 执行秘书长，牵头组织了第四届和第七届 ERAHS 会议，并作为 ERAHS 共同秘书长，参与组织了第二届、第三届、第五届和第六届 ERAHS 会议。虽然组织会议十分辛苦，往往要花费几个月的时间进行沟通与协调，但是当会议顺利召开的那一刻，作为主要组织者，心中总会洋溢起自豪与骄傲。每次会议都记录了我与老朋友再次相聚的快乐时光，也铭记着我与新朋友相识相知的美好时刻。短短几年时间，我便拥有了一个跨国"朋友圈"。不得不说，这于我是一项宝贵的财富。我因此有机会拜访很多日本和韩国的农业文化遗产地和研究机构，交流农业文化遗产保护领域的研究与实践进展。可以说，ERAHS 见证了我组织能力与学术水平的成长，也为我提供了建立国际化视野、掌握跨文化沟通能力、独立开展国际交流活动的机会与平台。

　　在此，我想对已故 ERAHS 荣誉主席李文华院士表示深深的感谢与缅怀！特别感谢 ERAHS 共同主席闵庆文研究员对我的提携与指导！感谢 ERAHS 荣誉主席 TAKEUCHI Kazuhiko 教授、共同主席 NAKAMURA Koji 教授和 YOON Won-keun 教授对我的关心与帮助！感谢一起为会议组织而努力奋斗的共同秘书长 NAGATA Akira 先生和 PARK Yoon-ho 博士！ERAHS 将拥有更美好的未来，我对此深信不疑，并将推动它成为更多国家开展农业文化遗产保护合作与交流的重要平台。

NAGATA Akira

ERAHS，共同秘书长
联合国大学可持续性高等研究所，客座研究员

回首过往，ERAHS 的 10 年转瞬即逝。

ERAHS 成立之初，我们在闵庆文研究员及其中国同事的强有力领导和韩国同事的建议帮助下，将政治与学术分开，在当时艰难的国际形势下，首先在学术方面开展交流。在此，我再次感谢中韩两国同事的支持。

最初，我在 TAKEUCHI Kazuhiko 教授的领导下担任了 ERAHS 日本秘书处的工作，作为我在联合国大学（UNU）职责的一部分。在 ERAHS 日本秘书处工作，不仅可以加深我与中韩两国秘书处同事的友谊，还可以与日本所有 GIAHS 遗产地的负责人建立联系。在 ERAHS 日本秘书处做志愿者并不是一份轻松的工作，但我能从中收获很多。我现在已经到了寻找接班人的年纪，但我希望在我力所能及的范围内继续支持 ERAHS。

PARK Yoon-ho

ERAHS，共同秘书长
韩国农渔村公社，主任
韩国农渔村遗产学会，副主席

过去10年来，我一直在ERAHS韩国秘书处工作，每天都很忙碌。

在中日韩三个国家中，韩国是最晚启动农业文化遗产申报工作的国家。因此，我认为韩国是三个国家中从ERAHS受益最多的国家。

在过去的10年中，韩国的农业文化遗产通过三国之间的相互交流和学习得到了完善和发展，这要归功于ERAHS搭建的交流网络。

ERAHS就像一起走过很长一段路的朋友。

"要想走得快，就一个人走；要想走得远，就一起走。"

我要再次感谢我在中国和日本的ERAHS的老朋友们。

執筆者が語る

武内和彦

東アジア農業遺産学会（ERAHS），名誉議長
公益財団法人地球環境戦略研究機関，理事長
東京大学未来研究所，特任教授

　　2013年の東アジア農業遺産学会（ERAHS）の創設から今年で十周年を迎えました。

　　中国、日本、韓国の研究者の有志が船上で合意して始まったERAHSも、年々発展を遂げ、コロナ禍の3年間は開催延期を余儀なくされたものの、今年は中国の慶元県で第7回会議を開催することができました。

　　この10年間の関係者の皆様のご支援とご協力に深く感謝します。

　　ERAHSは、中国、日本、韓国という東アジアの3つの国における農文化の共通性を踏まえて、それぞれの国が、世界農業遺産（GIAHS）認定地域の活動を考えていくことに大きな意味があります。

　　私はERAHS名誉議長として第1回会議から欠かさず参加していますが、年を追うごとにERAHSは安定感を増してきていると思います。中国、日本、韓国はときどき微妙な関係に陥ることがありますが、このERAHSはそのような影響を受けることもなく、ますます友好的な雰囲気の中で開催されるようになっていると感じています。最初はやや消極的だったように見えた各国の中央政府の方たちも、今は積極的に参加してくださいます。また、日本では、毎年、ほぼすべてのGIAHS認定地域がERAHSに参加するための予算を確保し、国内はもちろん海外での開催にも参加することがすでに定着してきていると聞いています。

　　ERAHSの特徴は、学術的な交流にとどまらず、各国のGIAHS認定地域の関係者が、直接、顔の見える関係で交流し、お互いに経験を交流できることだと思います。とくに近年は、将来のGIAHSを支える各国の若い世代が、会議での発表にとどまらず、会議の外でも言葉の壁を乗り越えて、

積極的に交流を図っていることをとてもうれしく思っています。

　また、中国、日本、韓国の関係者が対等の関係で、お互いの国情の違いをよく理解し合って、協力関係を構築していることは素晴らしいことだと思います。

　この十年間の成果をもとに、ERAHSが次の十年に向けて大きく発展することを願っています。

　ERAHSは、現在は、東アジアの中国、日本、韓国の3か国だけの交流ですが、将来は他のアジアの国々からも参加してもらい、アジアのGIAHS認定地域の学術交流、人的交流が進むことを期待しています。また、東アジアのこのモデルが将来は世界の各地域に広がっていくことを願っています。

　最後に、ERAHS創設のときから私とともに名誉議長を務め、ERAHSの発展に大きな貢献を残された中国の故LI Wenhua院士に心から感謝と哀悼の意を捧げたいと思います。

MIN Qingwen

ERAHS，共同議長
中国科学院地理科学・資源研究所，教授
中国農学会農業遺産分会，委員長

　　つい昨日のことのように思われますが、もう10年経ちました。

　　10年前（2013年）の8月27日、韓国農漁村遺産学会などが主催する「韓中日農業遺産国際シンポジウム」に出席する際、途中で当時国際連合大学に勤務していたLIANG Luohuiさんと話し合い、農業遺産の研究成果の交流、実践経験の共有と比較研究を行い、東アジア地域、さらにより広い地域における農業遺産の保全と発展を促進するために、日中韓3か国間の交流プラットフォームの設立を提案しました。この考えは当時中国、日本、韓国の会議参加者全員から賛同をいただきました。

　　実際に、当時の3か国間においてGIAHSの申請と保全について交流が行われていましたが、そのほとんどが専門家間の交流に限られていました。イベントなども実施されていましたが、まだ制度化されていませんでした。GIAHSの発展に応じて、3か国間における、より安定的で、参加者のレベルがより豊富な交流体制を築く必要がありました。このような交流には、各専門分野間、各遺産管理者間、遺産保全と利用に関する人材の間で行われる「横方向の交流」と、科学者、管理者と保全者間で行われる「縦方向の交流」が含まれます。

　　このような背景のもとに、ERAHSは自然に生まれ出たとも言えます。

　　私は、この場をお借りして、ERAHS名誉議長・中国工程院院士、故LI Wenhua先生に心からの感謝と限りない追悼の意を表したいと思います。李名誉議長は中国におけるGIAHSの創設者であり、FAO GIAHS運営委員会の委員長を務めたこともあり、私をGIAHSの世界に導いてくれた案内人である同時に、私の博士課程の指導教師です。彼はERAHSの設立と発展を

非常に重要視し、いろいろなことを指導してくださいました。また、当時国際連合大学に勤務し、熱心な指導とご支援をいただいた武内和彦教授とLIANG Luohui 研究員に感謝します。ERAHSのイニシアチブに積極的に応え、10年間ともに努力してきた日本の中村浩二教授と永田明先生、韓国のYOON Won-keun 教授とPARK Yoon-ho 博士に感謝します。ERAHSの活動に携わってくれた私たちのチームの若いメンバーたち、特にERAHS中国事務局長を務めたBAI Yanying 博士とJIAO Wenjun 博士に感謝したいと思います。

　日中韓3か国におけるGIAHS認定数は世界全体（78地域）の半分を占め、いずれも国家農業遺産（NIAHS）の発掘と保全が展開され、NIAHSからGIAHSまでの完全な体制が作り上げられ、専門家委員会や学会などの科学的支援組織および認定地域間の保全ネットワークが構築されています。ERAHSはこの過程において非常に重要な役割を果たしました。

　「十年一剣を磨く」。10年の発展を経て、ERAHSは成長を続け、GIAHS分野で最も影響力のある地域連携交流プラットフォームとなっています。中国、日本、韓国におけるGIAHSと国家農業遺産の発掘と保全事業の促進に重要な役割を果たしたのみならず、ほかの地域におけるGIAHSの保全、交流と事業連携に参考にできる「モデル」を提供しています。

　「文化はその多様性がゆえに交流が必要で、交流を通じて学び合い、学び合いを通じて発展できる」。GIAHSファミリーはどんどん成長し続けており、GIAHSの保全研究と実践事業に献身するメンバーも拡大し続けています。ERAHSには美しく明るい未来が待っていると私たちは望んでおり、これからもそれに向かって努力していきます。

中村浩二

ERAHS，共同議長
日本金沢大学，名誉教授

　東アジア農業遺産学会(ERAHS)の設立10周年にあたり、成功を祝するとともに、皆さまのご支援と協力に感謝し、とくに中心的に貢献されてきた中国のMIN Qingwen教授とJIAO Wenjun博士、韓国のYOON Won-keun教授とPARK Yoon-ho博士に厚くお礼申し上げます。

　ERAHSは、2013年8月に韓国の済州島と莞島で開催された「韓中日農業遺産国際ワークショップ」の際に、MIN教授の提案により設立されました。日中韓の長年の歴史背景と政治・外交的な動向から距離を置くために「学会」としましたが、学術交流だけでなく、日中韓の連携と交流をひろくすすめ、東アジアにおけるGIAHS発展を目指しています。

　GIAHSは、FAOにより2002年にスタートし、2005年に中国浙江省の「青田の水田養魚システム」が世界初のGIAHSに認定され、ついで2011年に日本の佐渡市の「トキと共生する佐渡の里山」と石川県の「能登の里山里海」の2サイトが、先進国で初めて認定されました。韓国では、2014年に青山島の「チョンサンドのグドゥルジャン棚田灌漑管理システム」と済州島の「チェジュ島の石垣農業システム」の2サイトが初認定されました。その後、日中韓のGIAHSは、それぞれ15、19、6サイト（合計40サイト）まで増加し、さらに日中韓とも多数の国内農業遺産（NIAHS）を認定しています。いま世界の24か国から78地域が認定されていますが（2023年10月現在）、日中韓が世界全体の半数あまりを占め、世界をリードしています。その原動力のひとつはERAHSによる相互刺激と連携です。

　ERAHSは、初回（2014）～第6回（2019）まで、日中韓の回りもちで毎年開催されていましたが、コロナ禍で3年間休止し、4年ぶりに本年6月、中国浙江省慶元県のGIAHS「浙江省慶元県の森林とキノコ栽培の

共生システム」で現地開催されました。私は、これまで毎回ERAHS会議に参加してきましたが、今回も出席し、中国、韓国の方々との旧交を温めERAHSの素晴らしさを再確認しました。

　日本からの参加者は、回ごとに増えており、今回は国内11サイトから合計35人が参加しました。行政関係者（農林水産省、県庁・自治体など）、研究者（大学教員、大学院生など）、国際連合大学など多様な方々が参加し、すそ野が広がっています。日中韓の参加者が対面交流できることは大きなメリットですが、同時に会議中に日本人参加者同士のコミュニケーションが拡がり、密になるというメリットもあります。

　日中韓でERAHSを毎年回してゆくには、多大な運営コストが必要ですが、日中韓にはそれをしのぐ熱意とアイデアがあります。さらなる前進に向けて、いっそうのご支援をお願いします。

YOON Won-keun

ERAHS，共同議長
韓国協成大学，名誉教授

ERAHS設立10周年記念誌の出版を心からお祝い申し上げます。初めてERAHSの設立をめぐって話し合った時のことを今でも覚えています。

ERAHSによって農業遺産の研究水準が大幅に向上しました。当初の報告書は、深く入った学術研究というより、各国の農業遺産について簡単に説明しただけのものがほとんどでした。現在では科学的・学術的価値の高い研究が増えつつあり、農業遺産の認定基準、価値向上評価と保全対策の策定などの分野における研究成果が次々と出版されています。ERAHSは農業遺産研究の宝庫として、多くの研究者の原動力となっています。

ERAHS会議は毎年、中国、日本、韓国の持ち回りで開催され、毎年、農業遺産の事業に関心を持つ研究者と管理者が300人以上集まっています。

今、研究者たちはERAHSが農業遺産に関する研究成果を披露する最適な場であると、管理者たちも最新の動向や情報を得られる魅力的な機会であると意識し始めています。このほか、ERAHSは学術交流の場として、農業遺産の価値を認める人々の間で結束感を生み出しています

さらに、ERAHSは、GIAHSにおける「ベストプラクティス」を理解する機会を参加者たちに提供しています。参加者たちは、認定されたGIAHSが認定基準にどのように合致しているかを現場で確認できます。研究者たちは、これを通じて韓国と、中国、日本の農業遺産の同質性と多様性を学び、それを判断する能力を養うことができます。また、ある国の農業遺産の特徴が、その国特有のライフスタイルと自然に対する対応から生まれたことを理解できるようになります。

GIAHSの持続可能な発展と保全を目標とするERAHSが発足する前は、経済的利益に繋がると考えられたため、農村政策は主に生産性の向上と生

活環境の改善に重点が置かれていましたが、今は変わりつつあります。世界の環境問題のリスクが認識され、「開発指向」に代わり、「保全指向」で地域の発展を遂げたケースも現れました。ERAHSは理論と実際の事例から、このような農村政策の転換を推進する上で重要な役割を果たすことができます。農業遺産に基づく保全指向の政策を通じて、農村地域は特色のある発展を遂げ、新たに認識されることができます。

本書は、体系的な編集を通じてこれまでのERAHSの10年にわたる写真やデータをまとめ、GIAHSの歴史における記念となるドキュメントになるでしょう。

ERAHSの将来のために備えるときが来ました。中国、日本、韓国の3か国間の絶えぬ交流と緊密的な連携を考えて、農業遺産の新たな目標を浮かべさせ、次のステージに飛躍するビジョンを描くことができます。

最後に、ERAHSの設立と発展に多大な貢献をしてくださった中国科学院のMIN Qingwen研究員とJIAO Wenjun副研究員に感謝の意を表したいと思います。この10年間、ERAHSに参加できたことを光栄に思います。

JIAO Wenjun

ERAHS，共同事務局長
中国科学院地理科学・資源研究所，副研究員

　　ERAHSの事務局長を任され、主導者として第4回と第7回ERAHS会議を開催し、ERAHS共同事務局長として、第2回、第3回、第5回と第6回ERAHS会議の開催にも参画できたことを大変光栄に思っております。会議の開催のために数か月もかけて連絡や調整作業に没頭することがよくありましたが、会議が順調に開催できた瞬間、主幹事としての誇りと自慢でいつも胸がいっぱいになります。毎回の会議で旧友と再会して楽しい時間を過ごしたのみならず、新しい友達と出会って知り合うこともできました。わずか数年間で貴重な財産と言える多国籍の「友人の輪」を持つようになりました。また、日本と韓国における多くの農業遺産地域と研究機関を訪問し、農業遺産の保全に関する研究と実践の動向について交流する機会にも恵まれました。ERAHSの仕事を通じて、独自に国際交流活動を実施する機会と場をいただき、組織をまとめる能力と学術レベルが高まり、国際的視野と異文化コミュニケーション力が身に付きました。

　　ここに、ERAHS名誉会長・中国工程院のメンバー（院士）、故LI Wenhua様に深く感謝し、追悼の意を表したいと思います。また、ERAHS中国議長であるMIN Qingwen教授のご支援とご指導に深く感謝します。ERAHS名誉議長武内和彦教授、議長中村浩二教授とYOON Won-keun教授のご親切とご支援に感謝いたします。会議の運営にご尽力頂いた永田明事務局長とPARK Yoon-ho博士に深く感謝いたします。ERAHSの将来は明るいものであると信じており、ERAHSをより多くの国が農業遺産保全に関する事業連携と交流を行う重要な場として成長させるために努力していきます。

永田明

ERAHS，共同事務局長
国際連合大学サステイナビリティ高等研究所，客員研究員

　　振り返ってみると、ERAHSの10年はあっという間に過ぎてしまいました。

　　ERAHSの設立当初、私たちは、MIN Qingwen研究員をはじめとする中国の同僚たちの力強いリーダーシップと韓国同僚の助言と協力を得て、当時の厳しい国際情勢の中、学術を政治から切り離して、まず学術交流を始めました。ここに中国と韓国の同僚たちに改めて感謝したいと思います。

　　当時、私は武内和彦教授の指導の下、国際連合大学（UNU）での職務の一部として、ERAHS日本事務局の仕事を任されました。ERAHS日本事務局の仕事を通じて、中韓両国事務局の仲間との絆を深めたのみならず、日本における全てのGIAHS認定地域の責任者との連絡体制を作りました。ERAHS日本事務局のボランティアとしての仕事は楽なことではありませんが、そこから得たものも大きいです。私も今は後継者を探す必要のある年齢になりましたが、できる限りERAHSをサポートし続けていきたいと思っています。

PARK Yoon-ho

ERAHS，共同事務局長
韓国農漁村公社，理事
韓国農漁業遺産学会，副委員長

　　この10年間、私はERAHS韓国事務局に勤務し、忙しい日々が続いていました。

　　日中韓の3か国の中で、韓国は農業遺産申請作業が最も遅れていたため、最もERAHSの恩恵を受けていた国であると思います。

　　今までの10年間、ERAHSが築いた交流ネットワークのおかげで、日中韓3か国間の相互交流を通じて韓国は農業遺産事業の補完と発展が実現できました。

　　ERAHSは、「早く行きたければ一人で進め。遠くまで行きたければみんなで進め」と言われるように、共に長い道のりを歩んできた友人のような存在です。

　　中国と日本のERAHSの旧友に改めて感謝いたします。

집필자의 소감

TAKEUCHI Kazuhiko

동아시아 농업유산학회 (ERAHS), 명예의장
일본 지구환경전략연구소, 이사장
일본 동경대학, 초빙교수

올해는 2013 년 동아시아 농업유산학회 (ERAHS)가 설립된 지 10 주년입니다.

ERAHS 는 한중일 3 국의 연구진이 청산도로 가는 배안에서 합의하여 시작되었고 해마다 발전하고 있습니다. 코로나19로 인해 ERAHS 회의가 3년 연기됐지만 올해 중국 칭위안현에서 드디어 제 7회 회의를 개최했습니다.

지난 10년간 모든 관계자들의 지원과 협조에 진심으로 감사를 드립니다.

ERAHS 는 동아시아 3 개국, 즉 중국, 일본, 한국의 '농업문화'의 공통성을 바탕으로 각국과 세계중요농업유산(GIAHS)의 소재지에 큰 의미가 있습니다.

ERAHS 의 명예의장으로서 저는 ERAHS 제 1 회 회의 이후의 모든 회의에 참석했으며, 지난 몇 년 동안 ERAHS 가 안정적으로 발전하고 있다고 생각합니다. 한중일 관계가 미묘할 때도 있지만 ERAHS 회의는 영향을 받지 않고 갈수록 우호적인 분위기 속에서 개최된 것 같습니다. 처음에는 참석을 꺼리던 각국 정부 관료들까지 현재 적극적으로 참여하고 있습니다. 저도 일본의 거의 모든 GIAHS 유산지역에서 매년 ERAHS 회의 참석을 위한 예산을 확보한다고 들었는데 일본과 해외의 ERAHS 회의에 참석하는 것이 흔한 현상이 되었습니다.

ERAHS 의 독특한 점은 학술 교류뿐만 아니라 각 나라의 유산지역에서 온 사람들이 직접 만나서 이야기를 나누고 경험을 나눌 수 있다고 생각합니다. 특히 최근 몇 년 동안 GIAHS 의 미래가 걸린 각국의 젊은이들이 회의 뿐만 아니라 회의 밖에서도 언어 장벽을 극복하고 활발하게 교류하는 모습을 보게 되어 매우 기쁩니다.

또 한중일 3 국 관계자들이 대등한 입장에서 각국의 정책의 차이를 충분히 이해하고 협력관계를 맺는 것이 매우 좋습니다.

ERAHS가 지난 10년 동안의 성과를 바탕으로 향후 10년 동안 더 많은 발전을 이루기를 바랍니다.

ERAHS는 현재 중국, 일본, 한국 등 동아시아 3개국 사이에서만 운영하고 있지만, 앞으로는 아시아의 다른 나라들도 참여하여 아시아의 GIAHS 유산지역에 대한 학문적 또는 인문학적 교류를 촉진할 수 있으면 좋겠습니다. 그런 방향으로 진행할 수 있다면 좋겠고, 앞으로 이런 동아시아의 패턴이 세계 다른 지역으로 널리 확장될 수 있으면 좋겠습니다.

마지막으로 중국의 돌아가신 LI Wenhua 원사님께 진심으로 감사와 애도를 표합니다. 그 분은 ERAHS 설립 이후 저와 함께 명예의장을 맡아 ERAHS 발전에 큰 기여를 하였습니다.

MIN Qingwen

ERAHS, 공동의장
중국과학원 지리학·자원연구소, 교수
중국농학회 농업유산분과, 위원장

어떤 일들은 어제 발생한 것 같은데 실제로는 벌써 10년이 지났습니다.
10년 전(2013년) 8월 27일 한국농어촌유산학회 등이 주최한 '한중일 농업유산 국제 세미나'에 참석해 당시 유엔대학에서 근무하고 있던 LIANG Luohui 선생과 대화 도중에 연구 성과를 교류하고, 실천 경험을 공유하고, 비교 연구를 통해 동아시아는 물론 더 넓은 지역의 농업유산 보전과 발전을 위한 한·중·일 3국 간의 농업유산 교류 플랫폼을 만들자고 제안했습니다. 당시 이 아이디어는 한중일 참석자들 모두의 공감도 얻었습니다.

사실 GIAHS 등재와 보전 측면에서 당시 3국 간에는 이미 약간의 교류가 있었지만 대부분이 전문가들 사이에 한정되어 있었고, 몇 가지 활동을 추진했지만 아직 제도화되지는 않았습니다. GIAHS의 발전 요구에 따라 3국 간의 안정적인 교류 메커니즘을 확립하고 다양한 참여자가 가입할 수 있는 플랫폼을 구축할 필요가 있었습니다. 이러한 교류에는 다양한 전문 분야의 과학자 간, 유산 관리자 간, 유산 보전과 활용에 관련된 인재들간의 '수평적 교류'뿐만 아니라 과학자, 관리자 및 보호자 간의 '수직적 교류'도 포함되어야 합니다.

이를 배경으로 ERAHS의 설립은 시대의 요구에 의해서 자연스럽게 나타난 것이라고 할 수 있습니다.

이 기회를 빌어, 저는 특히 돌아가신 ERAHS 명예의장 LI Wenhua 원사님에 대한 진심어린 감사와 무한한 추도의 뜻을 전하고 싶습니다! 리 원사님께서는 중국의 GIAHS 창시자이고, FAO GIAHS 운영위원회 위원장을 역임했으며 저를 GIAHS의 세계로 이끌어 주신 인도자이자 저의 박사과정 지도교수이기도 합니다. 그는 ERAHS의 설립과 발전을 중시하고 핵심적인 지도 사상을 주셨습니다. 또한 당시 유엔대학에 재직하며 열정적인 지도와 아낌없는 도움을 주신 TAKEUCHI Kazuhiko 교수님과 LIANG Luohui 씨께 감사드립니다! 특히 ERAHS 이니셔티브에 적극적으로 호응하여 10년 동안 우리와 함께 해 주신 일본의 NAKAMURA Koji 교수님, NAGATA Akira 선생님과 한국의 윤원근교수님, 박윤호박사님께 감사드립니다! 또한, ERAHS의 활동에 참여하는 우리 팀의 모든 젊은 멤버, 특히 ERAHS 중국 사무국장을 역임한 BAI Yanying 박사와 JIAO Wenjun 박사님께 감사드립니다.

한중일 3국의 GIAHS 숫자가 전 세계 78개의 절반이상을 차지하고 있으며, 국가중요농업유산(NIAHS)의 발굴과 보전사업을 실시하여 NIAHS에서 GIAHS까지 포괄하는 통합시스템을 구축하고 있으며, 기술지원을 위한 전문가위원회 및 학회 등을 구성하고 유산지역간의 보전연맹이나네트워크를 구축하였습니다. 이러한맥락에서 ERAHS는 필수적인 역할을 합니다.

십년 동안 검 하나를 갈다. 십 년의 발전을 거쳐 ERAHS는 지속적으로 발전하는 GIAHS 분야에서 가장 영향력 있는 지역 협력플랫폼으로 발전했습니다. ERAHS는 한중일 3국의 GIAHS 및 국가농업유산의 발굴 및 보전을 촉진하는 데 중요한 역할을 했을 뿐만 아니라 다른 지역의 GIAHS 보전 교류 및 협력을 위한 주목할만한 '모델'을 제공하고 있습니다.

'문명은 다양성과 교류, 상호 학습과 발전을 통해 번성합니다.' GIAHS 가족이 계속 성장함에 따라 더 많은 사람들이 GIAHS 보전 연구 및 실천에 참여하고 있거나 참여할 것입니다. ERAHS는 우리가 원하고 있고 노력하는 방향으로 더 밝은 미래를 준비하고 있습니다.

NAKAMURA Koji

ERAHS, 공동의장
일본 가나자와 대학, 명예교수

 ERAHS 설립 10주년을 축하합니다! 저는 중국의 MIN Qingwen 교수님과 JIAO Wenjun 박사님, 그리고 한국의 윤원근 교수님과 박윤호 박사님께 진심으로 감사드립니다. 이분들의 중요한 공헌에 감사하고 여러분의 지지와 협력에도 감사의 마음을 전하고 싶습니다!

 ERAHS는 2013년 8월에 제주도와 완도에서 열린 '한중일 농업유산 국제 세미나'에서 민 교수의 제안으로 설립되었습니다 3국 간 미묘한 관계를 가진 역사, 정치 또는 외교 업무와 구분하기 위해 '연구회'라는 이름을 붙였지만 ERAHS가 학술 교류는 물론 동아시아 GIAHS의 발전을 위해 협력할 수 있기를 기대합니다.

 GIAHS는 2002년 국제 연합 식량 농업 기구에 의해 설립되었습니다. 2005년 중국은 세계 최초로 GIAHS 인증을 받은 국가(칭티엔 벼-물고기농업)가 되었습니다. 2011년 일본의 '따오기와 공생하는 사도시의 사토야마'와 '노토반도의 사토야마 사토우미'는 선진국 최초로 GIAHS로 지정된 두 곳의 농업유산입니다. 한국은 2014년 '청산도 구들장논'과 '제주 밭담 농업 시스템' 등 두 가지 농업유산이 처음으로 인정 받았습니다. 2023년 10월 현재 일본은 15개, 중국은 19개, 한국은 6개(총 40개)로 GIAHS 인정 건수가 늘었고 전 세계 24개국에서 78개의 유산이 인정을 받았습니다. 이를 통해 3개국은 전체 유산의 절반 이상을 차지하여 전 세계에서 선도적인 위치를 차지하고 있습니다. ERAHS를 통한 상호 발전 촉진 및 협력은 중요한 추진 역할을 하고 있습니다.

 ERAHS 회의는 제1회(2014년)부터 제6회(2019년)까지 매년 한중일 3개국을 돌아가며 개최했지만 코로나19로 3년동안 연기되었다. 올해 6월, 제7회 ERAHS 회의는 중국 저장성 칭위안현 '저장성 칭위안 숲-버섯 공동배양 시스템' 현장에서 개최되었습니다(2023년 6월). 저는 지난 회의를 모두 참석했고, 이번에도 참석해서 중국과 한국에서 온 친구들과 우정을 되새기고 ERAHS의 위대함을 다시 한 번 확인했습니다.

일본에서 온 참석자수가 매번 증가하고 있어서 이번에는 11개 지역에서 35명이 참석했습니다. 다양한 분야에서 온 정부 관료(농림수산성, 도·도·부·현 및 시정촌 포함), 연구자(대학 교수·대학원생·유엔대학 등)까지 참석했습니다. 각국 참석자들과 직접 교류할 수 있다는 것은 ERAHS 회의의 큰 장점이며 회의 기간동안 일본 참석자들 간의 교류도 확대하고 심화시키는 데 도움이 되었습니다.

매년 3개국 간에 ERAHS 회의를 개최하려면 운영 비용이 많이 들지만 우리의 열정과 아이디어는 이를 상쇄하기에 충분합니다. 여러분들이 우리가 나아가는 방향을 지속적으로 지지해 주시면 감사하겠습니다!

윤원근

ERAHS, 공동의장
협성대학, 명예교수

ERAHS 창설 10주년을 기념하는 책 발간을 진심으로 축하합니다. ERAHS를 창립하기 위하여 논의를 거듭하던 시간을 선명하게 기억합니다.

ERAHS는 농업 유산에 관한 연구 수준을 크게 진전시켰습니다. 초기에는 해당 국가의 농업 유산을 단순히 소개하는 발표가 다수였으나, 현재는 과학적 학술적 가치가 높은 연구가 늘어나고 있습니다. 이제 농업 유산의 기준, 가치 제고, 관련 정책 개발 등 다양한 분야의 연구가 발표되고 있습니다. ERAHS는 많은 연구자들에게 영감을 주는 농업 유산 연구의 보고(寶庫)입니다.

ERAHS 국제회의는 매년 한국, 중국, 일본이 돌아가면서 개최하고 있으며, 농업 유산에 관심이 있는 300여 명의 연구자와 행정가들이 이 자리에 모이고 있습니다.

이제 연구자들은 ERAHS를 농업 유산에 관한 연구 결과를 발표하는 최적의 회의로 인식하기 시작했고, 행정가들은 농업 유산과 관련된 새로운 동향과 정보를 얻을 수 있는 매력적인 기회로 여기고 있습니다. 뿐만 아니라 ERAHS는 농업 유산의 가치에 찬성하는 사람들끼리의 연대감을 형성할 수 있는 교류의 장(場)으로 거듭났습니다.

ERAHS는 GIAHS 등재 사례 중에서 우수 사례들을 견학할 수 있는 기회를 제공하기도 합니다. 참가자들은 사례지역이 GIAHS 선정 기준을 어떻게 충족하고 있는지를 현장에서 직접 확인할 수 있습니다. 이런 기회를 통해 연구자들은 한·중·일의 유산 간의 동질성과 차별성을 알게 되고, 농업 유산을 판단할 수 있는 눈을 갖게 됩니다. 또한 이러한 국가간 농업 유산의 특징은 사람들의 자연을 대하는 태도와 삶의 방식이 다른 데서 기인한다는 것도 느낄 수 있습니다.

ERAHS는 GIAHS의 지속 가능한 발전과 회복력의 향상을 지향합니다. GIAHS 개념이 도입되기 이전까지 한국의 농촌정책은 주로 생산성과 정주 여건의 개선에 중점을 두었습니다. 이는 경제적인 수익 창출에 유리하다고 생각했기 때문이다. 그러나 이제는 변화의 조짐이 나타나고 있습니다. 지구환경 문제가 매우 심각하다는 것을 사람들이 인지하고 있으며, 개발이 아닌 보전을 통해서도 지역이 성장하는 사례가 나타나고 있습니다. ERAHS는 농촌의 개발 지향적 정책을 보전 지향적인 정책으로 전환할 수 있는 이론과 사례를 만들어 나가는 데 구심점의 역할을 할 수 있습니다. 농업 유산을 핵심 자원으로 하는 보전 지향적 정책을 활용한다면 차별화된 특징과 정체성을 가지는 농촌으로 발전할 수 있을 것입니다.

ERAHS의 10년 여정 동안 생산된 많은 사진과 흩어진 자료들이 체계적인 편집과정을 통해 하나로 모여 아름다운 책으로 탄생했습니다. 이것은 GIAHS 발전사에 빠질 수 없는 역사적 기록물이 될 것입니다.

이제 ERAHS의 새로운 미래를 준비해야 할 때입니다. 한국, 중국, 일본의 지속적인 교류와 강한 연대를 통해 농업 유산의 나아갈 새로운 방향을 함께 꿈꾸며, 다음 단계로 도약할 수 있는 비전을 만들어갈 수 있기를 기대해봅니다.

마지막으로 ERAHS의 창설과 발전에 크게 이바지하신 중국과학원의 MIN Qingwen 교수, JIAO Wenjun 교수에게 감사의 말씀을 드리고자 합니다. 지난 10년간 ERAHS와 함께한 것은 나에게도 큰 보람이었습니다.

JIAO Wenjun

ERAHS, 공동 사무국장
중국과학원 지리학·자원연구소, 부교수

　저는 ERAHS 집행 사무국장이 되어 제 4 회 및 제 7 회 ERAHS 회의를 조직하고 ERAHS 공동 사무국장으로서 제 2 회, 제 3 회, 제 5 회 및 제 6 회 ERAHS 회의의 준비에 참여하게 되어 매우 영광스럽게 생각합니다. 몇 달 동안 소통과 조율에 매달릴 정도로 힘든 회의 준비 작업을 했지만 회의가 순조롭게 열리는 순간 주요 주최자로서 마음 속에 자부심과 긍지가 넘쳤습니다. 매번 회의에는 오랜 친구들과 다시 만나는 즐거운 시간을 기록했고, 새로운 친구들과 알게 된 아름다운 순간도 제공해주었습니다. 이러한 회의들을 통해서 저는 귀중한 초국적 '친구 서클' 을 구축할 수 있었습니다. 또한, 컨퍼런스를 통해 일본과 한국의 농업유산지역과 연구기관을 많이 방문하여 농업유산 보전 분야의 연구와 실천에 대해 이야기를 나눌 수 있는 기회도 갖게 되었습니다. ERAHS 는 제 조직 역량과 학문적 역량을 키우는 동시에 국제적인 시야, 다문화간 의사소통 능력, 독립적인 국제 교류 활동을 수행할 수 있는 기회와 플랫폼을 제공했습니다.

　돌아가신 ERAHS 명예의장 LI Wenhua 원사님께 깊은 감사와 추모의 뜻을 전하고 싶습니다! ERAHS 공동의장 MIN Qingwen 교수님의 도움과 지도에 감사드립니다! ERAHS 명예의장 TAKEUCHI Kazuhiko 교수님, 공동의장 NAKAMURA Koji 교수님, 윤원근교수님의 관심과 도움에 감사드립니다! 회의 준비를 위해 함께 일해 주신 공동 사무국장 NAGATA Akira 선생님과 박윤호 박사님께 감사드립니다! 저는 ERAHS 의 미래가 훨씬 더 밝을 것이라고 굳게 믿으며, ERAHS 를 더 많은 국가에서 농업유산 보전을 위한 협력과 교류를 촉진하는 중요한 플랫폼으로 계속 발전시켜 나갈 것입니다.

NAGATA Akira

ERAHS, 공동 사무국장
유엔대학 지속가능성 고등연구소,
객원연구원

　　돌이켜보면 ERAHS의 10년은 눈 깜빡하는 사이에 지나갔습니다.

　　ERAHS 설립 초기 우리는 MIN Qingwen 교수님과 중국인 동료들의 강력한 리더쉽 아래 한국 동료들의 조언으로 정치분야와 학문분야를 분리하여 당시의 어려운 국제 정세 속에서 먼저 학술분야부터 교류를 진행했습니다. 한중 양국 동료들의 성원에 다시 한 번 감사드립니다.

　　처음에는 TAKEUCHI Kazuhiko 교수님의 지도 아래 유엔대학((UNU)에서 직무 내용의 일부로 ERAHS 일본 사무국의 업무를 맡았습니다. ERAHS 일본 사무국에서 일하면서 중국과 한국의 사무국 동료들과의 우정을 돈독히 할 뿐만 아니라 일본의 모든 GIAHS 유산지역의 담당자들과도 관계를 맺었습니다. ERAHS 일본 사무국에서 자원봉사를 하는 것이 쉬운 일은 아니지만, 배운 것도 많습니다. 이제 후계자를 찾을 나이가 되었지만 ERAHS 업무를 계속 지원하기 위해 최선을 다하겠습니다.

박윤호

ERAHS, 공동 사무국장
한국농어촌공사, 지사장
한국농어촌유산학회, 부회장

　　지난 10년 동안 ERAHS 한국 사무국장으로 일하면서 매우 바쁜 일상을 보냈습니다.

　　한국은 한중일 3개국 중 농업유산과 관련해서는 가장 늦은 후발주자였습니다. 따라서 한국이 3개국 중 ERAHS로부터 가장 큰 혜택을 받는 국가라고 생각합니다.

　　지난 10년간 한국의 농업유산 제도가 발전되고 정착된 것은 ERAHS라고 불리는 교류 네트워크를 통한 3국간의 상호교류와 학습 덕분이었습니다.

　　ERAHS는 먼 길을 함께 걸어가는 친구처럼 생각됩니다.

　　'빨리 가려면 혼자서 가고, 멀리 가려면 함께 가라'

　　중국과 일본에 있는 ERAHS의 오랜 친구들에게 다시 한 번 감사드립니다.

Authors' Words

TAKEUCHI Kazuhiko

Honorary Chair, East Asia Research Association for Agricultural Heritage Systems (ERAHS)
President, Institute for Global Environmental Strategies, Japan
Project Professor, Institute for Future Initiatives, The University of Tokyo, Japan

This year marks the 10th anniversary of East Asia Research Association for Agricultural Heritage Systems (ERAHS) launch in 2013.

ERAHS, which began with an agreement among volunteer researchers from China, Japan, and South Korea on board a ship, has progressed year by year, and although it was forced to postpone the event for three years due to the COVID-19 pandemic, this year we were able to hold the 7th ERAHS Conference in Qingyuan County, China.

I would like to express my deep gratitude to everyone involved for their support and cooperation over the past 10 years.

ERAHS has great significance in considering the activities of each country and Globally Important Agricultural Heritage Systems (GIAHS) site based on the commonalities of "agri-culture" in the three East Asian countries of China, Japan, and South Korea.

As Honorary Chair of ERAHS, I have attended every ERAHS conference since the first conference, and I believe that ERAHS has become more stable over the years. Although China, Japan, and South Korea sometimes find themselves in a delicate relationship, I feel that ERAHS is not affected by such influences and is being held in an increasingly friendly atmosphere. Even people from the central governments of each country who seemed a little reluctant at first are now actively participating. I have also heard that in Japan, almost all GIAHS sites secure the budget to participate in ERAHS every year, and it is already becoming common for them to participate in ERAHS events both in Japan and overseas.

I believe that the unique feature of ERAHS is not only academic exchange, but also that people from GIAHS sites in each country can interact face-to-face and exchange experiences with each other. Especially in recent years, I am very happy to see that the young generation from each country who will support the future of GIAHS has not only given presentations at conferences, but also been actively interacting outside of conferences, overcoming the language barrier.

I also think it is wonderful that the people involved in China, Japan, and South Korea are on equal terms, have a good understanding of the differences in each country's circumstances, and are building cooperative relationships.

I hope that ERAHS will build on the achievements of the past ten years and make great progress over the next ten years.

ERAHS is currently an exchange between only the three East Asian countries of China, Japan and South Korea, but in the future, we hope to have other Asian countries participate as well, and to promote academic and people-to-people exchanges in the GIAHS sites in Asia. I hope that progress will be made. I also hope that this East Asian model will spread to other parts of the world in the future.

Finally, I would like to express my heartfelt gratitude and condolences to the late Academician LI Wenhua of China, who served as Honorary Chairman with me since the launch of ERAHS and left a great contribution to the development of ERAHS.

MIN Qingwen

Co-Chair, ERAHS
Professor, Institute of Geographic Sciences and Natural Resources Research, Chinese Academy of Sciences (CAS-IGSNRR)
Chair, Agricultural Heritage Systems Branch, China Association of Agricultural Science Societies (CAASS-AHSB)

Some events seem like they happened just yesterday, but in reality, it has been 10 years.

Ten years ago, on August 27, 2013, during the "South Korea-China-Japan Workshop on Agricultural Heritage Systems" organized by the Korea Rural Heritage Association and other institutions, I had a talk with Mr. LIANG Luohui, who was working at the United Nations University (UNU) at the time. I proposed the idea of establishing an exchange mechanism for agricultural heritage systems (AHS) among China, Japan, and South Korea to facilitate the exchange of research outcomes, share practical experiences, and conduct comparative studies, so as to better promote AHS conservation and development not only in East Asia but in a broader regional context. This idea received unanimous approval from the workshop participants of the three countries.

In fact, at that time, there were some exchanges on GIAHS application and conservation among the three countries, but they were mostly limited to experts, and the exchange activities already organized had not been formalized. Based on the needs of GIAHS development, it was crucial to establish a more stable exchange mechanism, covering a broader range of participants, which should encompass not only "horizontal collaboration" among scientists across diverse disciplines, among heritage managers, and among heritage custodians, but also "vertical collaboration" among scientists, managers, and custodians.

The founding of ERAHS can be described as both the organic culmination of trajectories and an initiative arising in timeliness.

I would like to take this opportunity to express my sincere gratitude and boundless remembrance for the late Academician LI Wenhua, the Honorary Chair of ERAHS. He was a pioneer in China's GIAHS initiative and served as the Chairman of the GIAHS Steering Committee of Food and Agriculture Organization of the United Nations (FAO). Additionally, he was my Ph.D. advisor and the one who introduced me to GIAHS. He attached great importance to the founding and development of ERAHS, providing crucial guidance. I would also like to extend special thanks to Professor TAKEUCHI Kazuhiko and Mr. LIANG Luohui, who were working at the UNU at the time, for their enthusiastic guidance and selfless assistance! Furthermore, my appreciation also goes to the proactive response to ERAHS's initiative and the decade-long collaboration from Professor NAKAMURA Koji and Mr. NAGATA Akira from Japan, and Professor YOON Won-keun and Dr. PARK Yoon-ho from South Korea! Lastly, I want to acknowledge all the young members of our team who actively participated in organizing ERAHS activities, especially Dr. BAI Yanying and Dr. JIAO Wenjun, who successively served as the ERAHS secretaries in China.

The combined number of GIAHS from China, Japan, and South Korea accounts for half of the global total (78). The three countries all have initiated efforts to discover and preserve Nationally Important Agricultural Heritage Systems (NIAHS), establishing a comprehensive system covering NIAHS to GIAHS. They have formed expert committees and/or societies to provide technical support, along with conservation alliances or networks among heritage sites. In this context, ERAHS plays an indispensable role.

Over the past decade, ERAHS has evolved into the most influential regional cooperative platform in the GIAHS field. It has played a crucial role in advancing

GIAHS initiatives in China, Japan, and South Korea, as well as the exploration and conservation of NIAHS. It has also provided a noteworthy "model" for GIAHS conservation-related exchanges and collaborations in other regions.

"Diversity spurs interaction among civilizations, which in turn promotes mutual learning and their further development." As the GIAHS family continues to grow, more individuals are or will be involved in GIAHS conservation research and practice. ERAHS is poised for a brighter future, representing not just our hope but also our dedicated direction.

NAKAMURA Koji

Co-Chair, ERAHS

Emeritus Professor, Kanazawa University, Japan

Congratulations on the 10th anniversary of the launching of ERAHS! I like to express my sincere gratitude to Professor MIN Qingwen and Dr. JIAO Wenjun from China, and to Professor YOON Won-keun and Dr. PARK Yoon-ho from South Korea for their key contribution. I also thank everyone for supports and cooperation.

ERAHS was established by the proposal of Professor MIN during the "South Korea-China-Japan Workshop on Agricultural Heritage Systems" held in Jeju and Wando, South Korea in August 2013. Although we named it a "research association" in order to distance ourselves from the a little bit of delicate historical, political and diplomatic matters between the three countries, we hope to promote not only academic exchange but also collaboration for the development of GIAHS in East Asia.

GIAHS was started by FAO in 2002. In 2005, China had the world's first certified GIAHS (Qingtian Rice-Fish Culture). In 2011, two sites in Japan, "Noto's *Satoyama* and *Satoumi*" and "Sado's *Satoyama* in Harmony with Japanese Crested Ibis", were certified as GIAHS for the first time in a developed country. In South Korea, two sites were certified for the first time in 2014, i.e., "Traditional Gudeuljang Irrigated Rice Terraces in Cheongsando", and "Jeju Batdam Agricultural System". The numbers of GIAHS sites in Japan, China, and South Korea have increased to 15, 19, and 6 (40 in total), respectively. Currently, 78 sites in 24 countries around the world are certified (as of October 2023), and the three countries lead the world, accounting for more than half of the total. One of the driving forces behind this is mutual stimulation and collaboration through ERAHS.

ERAHS conference was held every year from the first (2014) to the sixth (2019) in China, Japan, and South Korea in rotation, but it was suspended for three years due to the pandemic. In June of this year, the 7th ERAHS Conference was held on-site at "Forest-Mushroom Co-culture System" in Qingyuan County, Zhejiang Province, China (June, 2023). I have attended every conference in the past, and attended this time as well, renewing old friendships with people from China and South Korea, and reaffirming the greatness of ERAHS.

The number of participants from Japan is increasing each time, and this time a total of 35 people from 11 domestic sites participated. A wide variety of people are participating, including government officials from Ministry of Agriculture, Forestry and Fisheries of Japan (MAFF), prefectural and municipal offices, researchers (university teachers, graduate students, UNU researchers, etc.), and the field is expanding. Being able to have face-to-face interaction with participants among the countries is a great benefit, but there is also the benefit of expanding and deepening communication among Japanese participants during the conference.

Holding ERAHS every year among the three countries requires a significant amount of operational cost, but we have the enthusiasm and ideas to outweigh that cost. I look forward to your continued support as we move forward.

YOON Won-keun

Co-Chair, ERAHS
Emeritus Professor, Hyupsung University, Republic of Korea

I sincerely congratulate you on the publication of the commemorating book of 10th anniversary of ERAHS. I still remember the time when we first discussed the establishment of ERAHS.

ERAHS has dramatically improved the level of research on agricultural heritage. Initially, most presentations consisted of simple introduction of each country's agricultural heritage rather than in-depth academic research. Currently, research with high scientific and academic value is increasing. Studies in various fields including criteria for agricultural heritage, measurements for value enhancement, and agricultural heritage policy development are being published. ERAHS is a treasure house of agricultural heritage research that inspires many researchers.

The ERAHS conference is held annually in China, Japan and South Korea in turns. More than 300 researchers and administrators interested in agricultural heritage gather at each year's conference.

Now, researchers have recognized ERAHS as an optimal platform for presenting research results on agricultural heritage, and administrators have acknowledged it as an attractive opportunity to gain new trends and information on the subject. In addition, ERAHS has become a venue for academic exchange where people who agree with the value of agricultural heritage can form a sense of solidarity.

ERAHS also provides an opportunity for excursion to the "Best Practices" on the list of GIAHS. Participants can directly check on the site how each selected case meets the GIAHS selection criteria. Through this opportunity, researchers can learn about the homogeneity and diversity between Korean, Chinese, and Japanese agricultural heritage and develop the ability to judge them. They can also realize that the characteristics of a country's agricultural heritage derive from the different lifestyle and attitude toward nature inherent to each country.

ERAHS aims for the sustainable development and improved resilience of GIAHS. Before the introduction of GIAHS, rural policies mainly focused on enhancing productivity and settlement conditions. This was considered more advantageous for generating economic profits. However, now there are signs of change. People recognize that global environmental issues are threatening, and there are cases of regional growth through conservation-oriented rather than development-oriented policies. ERAHS can play a central role in creating theories and cases that transform rural development-oriented policies into conservation-oriented ones. Through conservation-orientated policies based on agricultural heritages, rural areas could develop outstanding characteristics and novel identities.

Photographs and data collected through the 10-year journey of ERAHS came together through a systematic editing process into this beautiful book. This book will become a monumental document in the history of GIAHS.

Now it is time to prepare for a new future of ERAHS. Through continuous exchanges and strong unity between South Korea, China, and Japan, I wish we could dream of new goals for agricultural heritage and create a vision to leap forward to the next stage.

Finally, I would like to express my gratitude to Professor MIN Qingwen and Professor JIAO Wenjun of the Chinese Academy of Sciences for their significant contribution to the foundation and growth of ERAHS. It was a great honor for me to be with ERAHS for the past decade.

JIAO Wenjun

Co-Secretary-General, ERAHS
Associate Professor, CAS-IGSNRR

I feel tremendously privileged to have served as Executive Secretary-General of the 4th and 7th ERAHS conferences, and as Co-Secretary-General assisting in the organization of the 2nd, 3rd, 5th and 6th ERAHS conferences. Although orchestrating these conferences demanded tremendous exertion, often entailing months of liaising and aligning, the sense of pride and accomplishment from seeing the successful convening always made it worthwhile for us as the main organizers. Beyond recurrent reunions with old friends, each conference also offered opportunities to befriend with new ones. Through these gatherings, I have cultivated an invaluable transnational "circle of friends". This is a precious treasure for me. In addition, the conferences also allowed me chances to visit many AHS and research institutes in Japan and South Korea, engaging in exchanges on progress in AHS conservation research and practice. It is fair to say ERAHS has fostered the growth of my organizational competency and academic caliber, while furnishing me with chances to develop an international perspective, intercultural communication skills, and independently carry out international exchange activities.

Here, I would like to express my deep gratitude and tribute to the late Honorary Chair of ERAHS, Academician LI Wenhua! Special thanks to Co-Chair Professor MIN Qingwen for his guidance and support! Thank you to Honorary Chair Professor TAKEUCHI Kazuhiko, Co-Chairs Professor NAKAMURA Koji and Professor YOON Won-keun for their benevolence and assistance! Thank you to my fellow Co-Secretary-Generals Mr. NAGATA Akira and Dr. PARK Yoon-ho for working together tirelessly with me on conference organization! I firmly believe ERAHS will have an even brighter future, and I will continue to develop it as a vital platform facilitating more countries in AHS conservation cooperation and exchange.

PARK Yoon-ho

Co-Secretary-General, ERAHS

Director, Korea Rural Community Corporation

Vice Chair, Korea Rural Heritage Association (KRHA)

It has been a very busy daily life since I served at the South Korea Secretariat of ERAHS for the past 10 years.

South Korea is the latest country to start the application for GIAHS among the three countries. Therefore, I think South Korea is the one that has benefited the most from ERAHS among the three countries.

Over the past decade, South Korea's AHS scheme has been developed and improved through mutual exchanges and learning among the three countries thanks to the network called ERAHS.

ERAHS is like a friend walking a long way together.

"If you want to go fast, go alone, if you want to go far, go together."

Once again, I would like to thank my old ERAHS friends in China and Japan.

2013.08.27 ERAHS 倡议

2013 年 8 月 25—28 日，由韩国农渔村遗产学会、韩国济州研究院和韩国青山岛板石梯田协会主办，韩国农村振兴厅、韩国农渔村研究院、中国科学院地理科学与资源研究所和联合国大学协办，济州特别自治道、全罗南道和莞岛郡共同资助的"中日韩农业文化遗产国际研讨会"在韩国济州岛和莞岛举行。会上，韩、中、日三国代表分别介绍了 GIAHS 试点的保护情况，并就三国之间的农业文化遗产合作问题进行了讨论。会后，与会代表考察了正在申报 GIAHS 的"韩国济州岛石墙农业系统"和"韩国青山岛传统板石灌溉稻作梯田"，并就建立 ERAHS 达成了初步协议。

> "
>
> 　　我至今清晰地记得，2013 年 8 月 27 日，在从韩国济州岛到莞岛的船上，我和梁洛辉先生一起交流的时候，认识到中国、日本、韩国在农业起源与发展、农业类型与技术、农耕文化与习俗等方面的相近或

会上讨论

相似，中国、日本都已经成功申请了 GIAHS 项目，韩国的两个项目也正在评议中。尽管我们在联合国大学的支持下，分别在中国、日本和韩国举办过相关活动，但有必要建立三国之间的农业文化遗产交流合作机制。这种合作既包括不同专业领域科学家之间、遗产管理者之间、遗产保护与利用人员之间的"横向合作"，也包括科学家、管理者、保护者之间的"纵向合作"。

随后我们就把这一想法与一同考察的来自日本的 TAKEUCHI Kazuhiko 先生、NAKAMURA Koji 先生、NAGATA Akira 先生，来自韩国的 YOON Won-keun 先生、PARK Yoon-ho 先生等进行了交流，得到了他们的积极响应，我也第一时间向当时在北京的李文华院士进行了汇报，得到了他的认可和支持。这就促成了我们到莞岛的那天晚上在晚宴期间举行了一个简短的仪式，我和梁洛辉先生、NAGATA Akira 先生、PARK Yoon-ho 先生分别用汉语、英语、日语和韩语宣读了"关于成立 ERAHS 的倡议"，并且约定两个月后的 10 月在北京召开第一次工作会议，正式宣布 ERAHS 成立。

闵庆文

2023 年 6 月 6 日

2013.08.27 ERAHS イニシアティブ

2013年8月25日から28日にかけて、「韓中日農業遺産国際シンポジウム」は韓国農漁村遺産学会、韓国チェジュ研究院と韓国青山島グドゥルジャンノン協会の主催、韓国農村振興庁、韓国農漁村研究院、中国科学院地理科学・資源研究所と国際連合大学の共催、チェジュ特別自治道、全羅南道と莞島郡の協賛により、韓国チェジュ島と莞島で開催されました。中国、日本、韓国からの代表はそれぞれGIAHSパイロットサイトの保全状況を紹介し、3国間における農業遺産の連携について話し合いました。シンポジウムの後、出席者たちはGIAHS認定を申請中の「韓国チェジュ島の石垣農業システム」と「韓国チョンサンドのグドゥルジャン棚田灌漑管理システム」を視察し、ERAHSの設立に合意しました。

"

　　今でも鮮明に覚えています。2013年8月27日、韓国チェジュ島から莞島へ向かう船の中で、私はLIANG Luohui氏といろいろ話し合って、農業の発祥と発展、農業の種類と技術、農耕文化と風習に関する日中韓3国の類似性と共通性を改めて認識しました。中国と日本は既にGIAHSに認定されたプロジェクトがあって、韓国も評価中のプロジェクトが2件ありました。国際連合大学の支援の下、中国、日本、韓国でそれぞれイベントを開催しましたが、3国間における農業遺産交流連携体制の構築も必要になっていました。この連携には各専門分野の学者間、各遺産管理者間、遺産保全と利用に関する人材間で行われる「横方向の連携」と科学者、管理者と保全者間で行われる「縦方向の連携」が含まれました。

　　私たちはその後、この考えを考察に同行した日本の武内和彦教授、中村浩二教授、永田明氏および韓国からのYOON Won-keun教授、PARK Yoon-ho博士に共有したところ、積極的に応えてくれました。私はこのことを速やかに当時北京にいたLI Wenhua院士に報告し

レセプションの集合写真

たところ、賛同と支持を得ました。このようなこともあって、莞島に着いた夜の晩餐会で簡単な儀式を行い、私とLIANG Luohui氏、永田明氏、PARK Yoon-ho氏がそれぞれ中国語、英語、日本語、韓国語で「ERAHS設立イニシアティブ」を読み上げ、2か月後の10月に北京でERAHSの正式な設立のための第1回の作業会合を開催することを決めました。

MIN Qingwen

2023年6月6日

2013.08.27 ERAHS 이니셔티브

　　2013년 8월 25일부터 28일까지 한국농어촌유산학회, 제주연구원, 청산도 구들장논협회가 주최하고 농촌진흥청, 농어촌연구원, 중국과학원 지리학 자원연구소와 유엔대학이 후원하고 제주특별자치도, 전라남도, 완도군이 공동 후원하는 '한중일 농업유산 국제 세미나'가 제주도와 완도에서 개최되었다. 이 자리에서 한중일 3국 대표들은 각각 GIAHS 시범 지역의 보존 실태를 발표하고 3국 간 농업유산 협력 문제를 논의했다. 회의 후 참석자들은 GIAHS를 등재 신청 중인 '제주 밭담 농업시스템'과 '청산도 전통 구들장논'을 답사하고 ERAHS 설립을 위한 기초적인 협의를 이루었습니다.

"
　　2013년 8월 27일, 제주도에서 완도로 가는 배에서 LIANG Luohui 선생님과 함께 교류하면서 한국, 중국, 일본은 농업의 기원과 발전, 농

ERAHS 이니셔티브 선언

업의 유형과 기술, 농업문화와 관습 등이 비슷하거나 유사하다는 점을 깨달았고, 중국과 일본은 성공적으로 GIAHS 지정을 받았고, 한국은 두 지역의 GIAHS 지정을 기다리고 있었다. 유엔대학의 지원으로 중국, 일본, 한국에서 각각 관련 행사를 열었지만 3국 간 농업유산 교류 협력 메커니즘이 필요했다. 이러한 협력 체계에는 다양한 분야의 과학자 간, 유산 관리자 간, 유산 보전과 활용 관계자들 간의 '수평적 협력' 뿐만 아니라 과학자, 관리자 및 보호자 간의 '수직적 협력'까지 포함된다.

이어 함께 답사했던 일본의 TAKEUCHI Kazuhiko 선생님, NAKAMURA Koji 선생님, NAGATA Akira 선생님, 한국에서 온 윤원근선생님, 박윤호 선생님 등과 교류하며 긍정적인 반응을 얻었고, 저도 당시 베이징에 있던 LI Wenhua 원사님께 즉시 보고하여 그의 승인과 지지를 받았습니다. 이에 따라 완도에 도착한 날 저녁 만찬에서 LIANG Luohui 선생님과 NAGATA Akira 선생님, 박윤호 선생님은 각각 중국어, 영어, 일본어, 한국어로 'ERAHS 설립에 관한 이니셔티브'를 발표하고 두 달 뒤인 10월에 베이징에서 첫 실무 회의를 개최하고 ERAHS 설립을 공식적으로 발표했습니다.

MIN Qingwen

2023년 6월 6일

2013.08.27 ERAHS Initiative

From August 25-28, 2013, the "South Korea-China-Japan Workshop on Agricultural Heritage Systems" was held in Jeju Island and Wando County of South Korea. The workshop was hosted by KRHA, Jeju Research Institute, and Cheongsando Guldejangnon Association of South Korea, and co-organized by Rural Development Administration of Ministry of Agriculture, Food and Rural Affairs of South Korea (MAFRA), Korea Rural Research Institute, Institute of Geographic Sciences and Natural Resources Research, Chinese Academy of Sciences (CAS-IGSNRR), and UNU, with joint funding support from Jeju Special Self-Governing Province, South Jeolla Province and Wando County in South Korea. During the workshop, representatives from South Korea, China, and Japan presented the conservation efforts of GIAHS pilot sites and discussed AHS collaboration among the three countries. After the workshop, attendees visited the Jeju Batdam Agricultural System and Traditional Gudeuljang Irrigated Rice Terraces in Cheongsando, South Korea, both under GIAHS consideration, and reached a preliminary agreement on establishing ERAHS.

"

I still remember on August 27, 2013, while aboard a ship from South Korea's Jeju Island to Wando Island, my conversation with Mr. LIANG Luohui helped me realize the similarities shared by China, Japan, and South Korea in agricultural origins, development, cultivation types/technologies alongside farming cultures/customs, with China and Japan having successfully attained GIAHS designations and South Korea awaiting result notifications on two proposals. Despite the fact that we had organized related activities in all three countries with the support of UNU, we both believed it imperative to establish a trilateral cooperation mechanism encompassing not only "horizontal collaboration" among scientists across diverse disciplines, heritage managers, and stakeholders in heritage conservation and utilization but also "vertical collaboration" spanning scientists, managers, and custodians.

We thereafter communicated this aspiration to Mr. TAKEUCHI Kazuhiko, Mr. NAKAMURA Koji, and Mr. NAGATA Akira from Japan, Mr. YOON Won-keun and Mr. PARK Yoon-ho from South Korea, and other experts on that trip, receiving overwhelmingly positive feedback. I immediately reported the notion to Academician LI Wenhua in Beijing, securing his endorsement and support. Based on this, at our Wando Island dinner banquet we conducted an impromptu ceremony where Mr. LIANG Luohui, Mr. NAGATA Akira, Mr. PARK Yoon-ho and I declared the "ERAHS Initiative" in English, Japanese, Korean and Chinese respectively, and collectively committed to an inaugural working meeting in Beijing two months later in October to formally establish ERAHS.

MIN Qingwen

June 6, 2023

,,

A Decade of Partnership ": Research Collaboration on Conservation of Agricultural Heritage Systems in East Asia (2013-2023)

052

2013.10.22 ERAHS第一次工作会议

　　2013年10月22日，ERAHS第一次工作会议在位于中国北京的中国科学院地理科学与资源研究所召开。此次会议由中国科学院地理科学与资源研究所自然与文化遗产研究中心举办，来自农业部国际合作司、国际交流服务中心，中国科学院地理科学与资源研究所，日本金泽大学，韩国农渔村遗产学会，韩国协成大学以及联合国大学可持续性高等研究所、联合国粮食及农业组织（FAO）驻华代表处的代表参加了会议。

　　中国科学院地理科学与资源研究所自然与文化遗产研究中心副主任闵庆文主持了开幕式，FAO GIAHS项目指导委员会主席、中国科学院地理科学与资源研究所自然与文化遗产研究中心主任李文华院士、中国科学院地理科学与资源研究所副所长刘毅、FAO驻华代表处项目官员戴卫东、农业部国际合作司国际处副处长赵立军分别致辞，对ERAHS的成立表示祝贺，并对进一步加强中日韩农业文化遗产保护研究与实践方面的合作、促进国际农业文化遗产保护提出了希望与建议。

领导致辞

会上，与会代表就组织架构、发展策略、近期（2014—2016年）工作计划及第一次学术研讨会筹备方案等问题分别进行了讨论。ERAHS的基本任务是：在三国轮流举办年度学术研讨会以促进农业文化遗产的信息交流与经验分享；开展合作研究和培训等活动共同应对农业文化遗产保护中所面临的挑战；依托通信、网站和其他出版物等多种方式交流农业文化遗产保护与发展的成功经验和相关信息，促进东亚地区农业文化遗产的动态保护与可持续发展。经过协商，决定聘请李文华院士、联合国大学高级副校长TAKEUCHI Kazuhiko为ERAHS荣誉主席，中国科学院地理科学与资源研究所研究员闵庆文为第一届执行主席，日本金泽大学荣誉教授NAKAMURA Koji和韩国农渔村遗产学会会长、韩国协成大学教授YOON Won-keun为共同主席，并商定"第一届东亚地区农业文化遗产学术研讨会"于2014年在中国海南省[1]举行。

1　后调整为江苏省兴化市。

2013.10.22 ERAHS第1回作業会合

　2013年10月22日、ERAHS第1回作業会合は中国北京の中国科学院地理科学・資源研究所で開催されました。中国科学院地理科学・資源研究所自然・文化遺産研究センターの主催によるこの会合には、中国農業部国際協力局および国際交流サービスセンター、中国科学院地理科学・資源研究所、金沢大学、韓国農漁村遺産学会、韓国協成大学および国際連合大学サステイナビリティ高等研究所、国際連合食糧農業機関（FAO）駐中代表事務所の代表たちが出席しました。

　中国科学院地理科学・資源研究所自然・文化遺産研究センターのMIN Qingwen副所長が開幕式の司会を務め、FAO GIAHS運営委員会委員長、中国科学院地理科学・資源研究所自然・文化遺産研究センター所長のLI Wenhua院士、中国科学院地理科学・資源研究所のLIU Yi副所長、FAO駐中代表事務所のDAI Weidongプロジェクトオフィサー、中国農業部国際協力局のZHAO Lijun副課長がスピーチを行い、ERAHSの設立を祝うとともに、

ゲストの挨拶

農業遺産の保全に関する研究と実践における日中韓の連携を強化し、国際社会における農業遺産保全を促進することを提案しました。

　会合では、ERAHSの組織体制、発展戦略、近未来（2014—2016年）の作業計画および第1回ERAHS会議の準備計画について議論が行われました。ERAHSの基本的な課題として、持ち回りで毎年農業遺産の情報交換と経験共有を促進するためのERAHS会議を開催すること、農業遺産保全の課題に取り組むための共同研究や研修活動を実施すること、および東アジア地域における農業遺産の動的な保全と持続可能な開発を促進するために、ニュースレターやウェブサイト、その他の出版物を通じて農業遺産の保全と開発に関する成功経験や関連情報を交換することが挙げられました。検討した結果、ERAHSの名誉会長に、LI Wenhua院士と国際連合大学上級副学長の武内和彦教授、中国科学院地理科学・資源研究所のMIN Qingwen教授を第1回会議の議長に、日本の金沢大学の中村浩二名誉教授と韓国農漁村遺産学会会長、韓国協成大学のYOON Won-keun教授を共同議長に選任し、2014年に中国の海南省[1]で第1回東アジア農業遺産学会を開催することに合意しました。

1　後に中国江蘇省興化市に調整。

2013.10.22 ERAHS 제1차 실무 회의

회의에서 토론

　　2013년 10월 22일, ERAHS의 첫 번째 실무 회의가 중국 베이징에 있는 중국과학원 지리학 자원연구소에서 개최되었습니다. 중국과학원 지리학 자원연구소 자연 문화유산연구센터가 주최한 이번 회의에는 중국 농업부 국제협력국과 국제교류서비스센터, 중국과학원 지리학 자원연구소, 일본 가나자와 대학, 한국 농어촌유산학회, 한국 협성대학, 한국 농어촌연구원, 유엔대학 지속가능성 고등연구소, 국제연합 식량농업기구(FAO) 주중 대표사무소에서 오신 대표들이 회의에 참석했습니다.

　　중국과학원 지리학 자원연구소 자연 문화유산연구센터 부소장 MIN Qingwen 교수가 개회식을 주재하고 FAO GIAHS 사업지도위원회 의장 겸 중국과학원 지리학 자원연구소 자연 문화유산연구센터 소장인 LI Wenhua 원사, LIU Yi 중국과학원 지리학 자원연구소 부소장, DAI Weidong FAO 주중 대표사무소 프로젝트 담당관, ZHAO Lijun 중국 농업부 국제협력국 부처장은 각각 인사말을 하고 ERAHS 설립을 축하하고, 한중일 농업유산 보전 연구 및 실천

협력이 더욱 강화되기를 희망했습니다.

　회의에서 참가 대표들은 조직 구조, 개발 전략, 단기(2014-2016년) 사업 계획 및 제1회 학술 컨퍼런스 준비 계획 등의 주제를 논의했다. ERAHS의 기본 목표는 농업유산에 대한 정보 교류 및 경험 공유 촉진을 위해 3개국에서 연례 국제 컨퍼런스를 번갈아 개최하고, 농업유산의 보존과 발전을 위한 성공 경험과 관련 정보를 교류하고, 통신, 웹사이트 및 기타 출판물 같은 다양한 수단을 활용하여 동아시아 농업유산의 동적 보존과 지속 가능한 발전을 촉진하는 것이다. 협의를 거친 후 LI Wenhua 원사와 TAKEUCHI Kazuhiko 유엔 대학 부총장이 ERAHS 명예의장을 담당하고 중국과학원 지리학 자원연구소 자연 문화유산연구센터 MIN Qingwen 교수가 제1회 집행의장을 담당하고, NAKAMURA Koji 일본 가나자와 대학 명예교수와 한국농어촌유산학회 회장인 윤원근 한국 협성대학 교수가 공동의장을 담당하고 2014년 중국 하이난성에서 제[1]회 ERAHS 컨퍼런스를 개최할 것을 결정했다.

1　그 후 중국 장쑤성 싱화시로 조정됨.

2013.10.22 The 1st Working Meeting of ERAHS

On October 22, 2013, the 1st Working Meeting of ERAHS was convened at CAS-IGSNRR in Beijing, China. Organized by Center for Natural and Cultural Heritage (CNACH) at CAS-IGSNRR, the meeting saw the participation of representatives from International Cooperation Department and International Exchange Service Center of Ministry of Agriculture of China (MOA), CAS-IGSNRR, Kanazawa University in Japan, KRHA, Hyungsung University in South Korea, Institute for the Advanced Study of Sustainability, United Nations University (UNU-IAS), and the FAO Representative Office in China.

The opening ceremony was chaired by MIN Qingwen, Deputy Director of CNACH at CAS-IGSNRR, with featured speeches from Academician LI Wenhua, Director of CNACH and Chairman of FAO GIAHS Steering Committee; LIU Yi, Deputy Director of CAS-IGSNRR; DAI Weidong, Project Officer at FAO Representative Office in China; and ZHAO Lijun, Deputy Division Director of International Cooperation Department of MOA. They congratulated ERAHS on its establishment and expressed hopes for enhanced cooperation in the research and practice of AHS conservation across China, Japan, and South Korea to promote international cooperation.

During the meeting, attendees delved into discussions on various topics, encompassing ERAHS's organizational structure, development strategy, short-term (2014-2016) work plan, and preparations for its first conference. ERAHS's core missions include hosting an annual conference in rotation among the three countries to facilitate the exchange of AHS-related information and experiences, engaging in collaborative research and training to collectively address challenges in AHS conservation, and utilizing diverse communication channels such as newsletters, websites, and publications to disseminate successful experiences and pertinent information for the dynamic conservation and sustainable development of AHS in East Asia. Following deliberations, it was decided to appoint Academician LI Wenhua and UNU Senior Vice-Rector TAKEUCHI Kazuhiko as Honorary

Group photo

Chairs of the 1st ERAHS Conference, Professor MIN Qingwen from CAS-IGSNRR as Executive Chair, Emeritus Professor NAKAMURA Koji from Kanazawa University and YOON Won-keun, Professor at Hyupsung University and President of KRHA as Co-Chairs, with the 1st ERAHS Conference to be convened in 2014 in Hainan Province[1], China.

---

1   Later changed to Xinghua City, Jiangsu Province, China.

2014.04.07 第一届ERAHS学术研讨会[1]

1 会议概况

2014年4月7—10日，由ERAHS联合中国工程院农学部、中国农学会农业文化遗产分会、江苏省兴化市人民政府、中国科学院地理科学与资源研究所和FAO/GEF GIAHS中国项目办公室共同举办的"第一届东亚地区农业文化遗产学术研讨会"在中国江苏省兴化市召开。本次会议得到了FAO，农业部国际合作司、农产品加工局，GIAHS专家委员会和中国重要农业文化遗产（China-NIAHS）专家委员会的支持。来自FAO、农业部、中国科学院地理科学与资源研究所等相关部门负责人、中日韩三国科研人员、农业文化遗产地的代表、新闻记者近200人参加了会议。

会议开幕式由ERAHS执行主席、中国科学院地理科学与资源研究所研究员闵庆文主持，兴化市委书记陆晓声、FAO驻华代表处代表Percy

合影

1　闵庆文，何露．从传承保护到协同发展："第一届东亚地区农业文化遗产学术研讨会"纪要 [J]. 古今农业，2014, (2): 117-120.

MISIKA、农业部国际合作司巡视员
屈四喜、中国科学院地理科学与资源
研究所原党委书记成升魁、泰州市副
市长陈明冠等先后致辞。中国农学会
为本次会议发了贺信。学术讨论会分
为主旨报告、专题报告和讨论会三
部分，分别由ERAHS执行主席闵庆
文、共同主席日本金泽大学荣誉教授
NAKAMURA Koji和韩国协成大学教
授YOON Won-keun主持。本次会议
的目的是促进东亚地区农业文化遗产

大会报告

的学术交流、分享东亚地区农业文化遗产保护与发展的成功经验、加强农业
文化遗产地之间的交流与合作。会议期间，还举办了农业文化遗产保护成果
展、农业文化遗产地农产品展等。与会代表实地考察了"江苏兴化垛田传统
农业系统"。

2 主要交流成果

2.1 农业文化遗产的保护与管理模式

中国工程院院士、中国科学院地理科学与资源研究所研究员李文华以《亚
洲地区农业文化遗产的保护》为题，阐述了亚洲地区悠久灿烂的农耕文化以
及所蕴含的天人合一的哲学思想，为现代农业发展提供了物质基础和技术支
撑，对于农业可持续发展具有十分重要的价值；分析了生物多样性保护、间套
轮作、农林复合、动植物共生、庭院农业、农业工程、复合技术等主要农业文
化遗产类型，提出了农业文化遗产可持续发展的"发掘（Discover）、动态保护
（Dynamic conservation）、示范和推广（Demonstration & Diffusion）"3D模式。

FAO高级顾问、世界农业遗产基金会主席Parviz KOOHAFKAN在《作
为农业可持续性科学基准的GIAHS》的报告中认为，农业文化遗产是可持续
农业发展的典范，农业文化遗产的保护要把多样的文化系统与农业的健康发
展联系起来，中日韩三国要进行跨学科、跨部门的合作研究。联合国大学高
级副校长TAKEUCHI Kazuhiko作了题为《传统农业的适应性》的报告，阐
述了农业文化遗产的适应性及其评估框架，认为东亚三国面临共同的挑战，

应当拓展思路，通过更好的合作提高农业系统应对各种风险的适应性，从而在保护遗产的同时，促进农业可持续发展。FAO GIAHS 协调员 ENOMOTO Masahito 在题为《GIAHS 及 ERAHS 的发展》的报告中，简单回顾了 GIAHS 的概念、内涵、保护途径与评选标准，指出小农户在农业文化遗产保护中的作用，认为中日韩三方应进一步就此开展合作，打造三方在政府间、科学家间、遗产地间的交流合作，促进区域的可持续发展和农民生活水平的提高。

2.2   农业文化遗产的生态与文化价值

农业文化遗产具有多重价值，中国科学院地理科学与资源研究所客座研究员 Anthony FULLER 认为，GIAHS 是研究复杂性的最佳场所，应当具有一个新的高度统筹协调框架，它所具有的复合性、适应性和可持续性都是未来需要深入的课题。农业生物多样性是农业文化遗产保护的主要内容之一，韩国东国大学副教授 OH Choong-hyeon 介绍了乡村林地对生物多样性的保护作用。韩国目前共有 634 个乡村林地，尽管面积比例很低，但其生物多样性丰富。日本国东半岛宇佐地区 GIAHS 推进协会主席 HAYASHI Hiroaki 介绍了"日本国东半岛宇佐林农渔复合系统"农业和生物多样性的关系。当地进而建造了灌溉池塘，为两栖动物的保护发挥了重要作用。

虽然农业文化遗产具有生物多样性和景观保护等生态功能，但它们都不具有市场价值。如何将其附加在产品上获取经济收益从而留住年轻人是遗产保护需要思考的问题。日本九州大学教授 YABE Mitsuyasu 探讨了发展"生命品牌（Life Brand）"产品，通过提高此类环境友好型农产品价值来促进生物多样性保护的可能性。从消费者的认识和意愿调查结果可以看出，仅通过"生命品牌"农产品来促进生物多样性的保护是远远不够的，政府支持和公共活动是必不可少的。日本九州大学讲师 NOMURA Hisako 通过调查顾客对附加环境价值的纪念品的支付意愿，分析了这种保护方式的可行性。农业起源是农业文化遗产文化价值的重要组成部分。中国社会科学院考古研究所研究员赵志军在题为《中国农业起源研究的考古新资料》报告中，介绍了用浮选法研究五谷起源的有关成果。

2.3   农业文化遗产的保护与发展途径

农业文化遗产的申报只是一个开始，未来的保护与发展才是关键。南京农业大学教授王思明回顾了我国农业文化遗产研究的历史发展，并提出农业文

化遗产保护是一项系统工程，需要综合各方力量，从政策、法律、物质、资金到学术、科普和大众，全面深入地开展工作。农业生物多样性是农业文化遗产保护的重要内容之一。日本金泽大学研究员KOJI Shinsaku通过野外试验研究了日本能登半岛稻田的V型沟直播法与常规方式对稻田水生昆虫、节肢动物和植物多样性的影响差异。日本金泽大学副教授USIO Nisikawa的报告探讨了影响日本佐渡岛农民实施野生动物友好型耕作（Wildlife-friendly Farming）的因素并提出相应的推广政策。日本金泽大学研究员ITO Koji认为农业文化遗产地的保护需要城乡社区的共同努力，介绍了日本能登半岛通过学习小组观测稻田、次生草地、林地等的植被变化，并依此开展了相应的保护行动。

对于农业文化遗产的发展，中国艺术研究院研究员苑利认为应当从农业、工业、服务业和文化产业这四个产业入手。针对特定农业文化遗产地，不同学者也提出了相应的保护与发展途径。云南农业大学教授李成云探讨了"云南红河哈尼稻作梯田系统"的保护与发展。韩国忠南研究院研究员YI In-hee介绍了韩国稻作梯田现状。南京农业大学副教授卢勇介绍了江苏兴化垛田的历史及其保护传承。

农业文化遗产的监测与评估对于遗产长期保护、规划和管理具有深远意义。联合国大学可持续性高等研究所高级项目协调员NAGATA Akira介绍了日本农业文化遗产综合评估项目的研究方法和进展，并对未来研究方向提出设想。韩国国立农业科学院研究员KIM Sang-bum介绍了韩国国家重要农业文化遗产的评价和监测方法。联合国大学可持续性高等研究所项目官员梁洛辉探讨了如何有效跟踪监测农业文化遗产地的现状，并定期提供动态保护的反馈信息。

2.4　农业文化遗产地经验交流

来自各农业文化遗产地的代表分别介绍了各自的经验。中国的八位农业文化遗产地代表主要谈了已开展的农业文化遗产保护工作，面临的主要问题以及下一步的工作计划。浙江省青田县农业局副局长张小海将青田县的工作归纳为"谁在保护""保护什么""怎么保护""让谁收益"四大问题。云南省红河州世界遗产管理局局长张红臻将工作总结为健全法规、完善机制、以产促保、注重科研、保护品牌和强势宣传六大块。贵州省从江县农业局副局长谌洪光谈了如何利用农业文化遗产品牌推动特色产业发展。江西省万年县农业局局长陈章鑫认为应当抓系统保护开发，促永续传承发展。云南省普洱

市政府副秘书长杨绍武分析了"云南普洱古茶园与茶文化系统"面临的主要问题及未来工作重点。内蒙古自治区敖汉旗农业局总农艺师徐峰认为应当坚持保护与发展并重的原则，在保护中发展，在发展中更好地保护。河北省张家口市宣化区副区长孙辉亮介绍利用"河北宣化城市传统葡萄园"为区域经济发展增添新活

会后考察

力。浙江省绍兴市林业局经济特产站站长陈锦宇介绍自2011年10月绍兴市人民政府启动"浙江绍兴会稽山古香榧群"申遗工作以来，开展了各项保护工作，取得了一定成效。

联合国大学可持续性高等研究所研究助理YIU Evonne介绍了"日本能登里山里海[1]"在被认定为GIAHS后的保护工作进展。日本佐渡市农林水产部室长YAMAMOTO Masaaki报告了佐渡岛如何解决朱鹮栖息地恢复和稻米种植面积不断减小的问题。日本静冈大学教授INAGAKI Hidehiro介绍了"日本静冈传统茶—草复合系统"的多重价值以及当地开展的农业提升活动。日本金泽大学教授NAKAMURA Koji着重报告了"日本能登里山里海"和"菲律宾伊富高稻作梯田"在人力资源能力建设方面的合作问题。韩国名所IMC代表HWANG Kil-sik介绍了"韩国青山岛传统板石灌溉稻作梯田"基础数据库，建议编制国家农业文化遗产保护管理和利用规划、构建基于公共部门的保障系统和相关利益组织构成的合作交流系统、提出推荐项目的经营管理办法。韩国农渔村公社副经理BEAK Seung-seok介绍了韩国农业文化遗产的保护与发展规划。

3 总结与展望

通过对此次会议的报告整理，发现以下几个方面值得关注。

（1）中日韩三国未来可开展联合研究与对比研究

截至目前，在31个GIAHS中，东亚的中日韩三国就占了18个。三个国家地域相近，有相近的农业起源与发展历史，而社会经济和农业发展处于不

1　按照日语 *Satoyama* 和 *Satoumi* 字面译为"里山里海"，可以理解成"山地乡村景观"和"滨海乡村景观"。

同阶段。为了推动GIAHS的发展并为农业文化遗产保护提供科技支撑，中国成立了中国农学会农业文化遗产分会，日本成立了日本GIAHS网络，韩国成立了韩国农渔村遗产协会。通过ERAHS这个平台，在研究层面上，可以开展农业文化遗产及其保护的联合研究与对比研究，尽可能获得较多的资源支持，就一些共同性问题进行合作研究，如多功能评估、政策与机制、适应气候变化等方面。在保护实践层面上，可以组织各农业文化遗产地的代表进行相互参观学习，组织针对不同利益相关者的培训活动，联合开展媒体宣传工作等。同时，考虑到亚洲其他国家的发展，ERAHS应当逐步扩大到更大范围，从东亚扩展到整个亚洲地区，并带动与其他地区间的交流。

（2）进一步加强农业文化遗产的监测和评估研究

农业文化遗产具有生态、经济、文化等多方面的价值，目前许多评估工作针对的都是某一方面的价值，缺少综合全面的价值评估。日本目前已建立综合评估框架，其出发点是农业文化遗产地对未来变化的适应能力，其是否能全面反映农业文化遗产的价值还需要进一步验证。2013年举行的第四届GIAHS国际论坛发布了《能登公报》，明确提出"建议对农业文化遗产开展定期监测以确保其活力"。韩国建立了各农业文化遗产地基础数据库，日本也利用其综合评估框架对已有的10个农业文化遗产地及候选点开展了评估工作，这些都为未来的监测和评估工作提供了基础。中国的有关工作还处于起步阶段，应当尽快建立监测和评估体系，对现有农业文化遗产开展监测评估工作。

（3）未来应加强产品开发和社区参与

从农业文化遗产地保护经验来看，中国一直秉持政府主导、多方参与的原则。这种自上而下的保护方式效率高，从政策制度、法律法规以及人力物力资源上都提供了有效的保障。但与日本、韩国相比，中国的农业文化遗产地在产品开发和社区参与等方面都还有待提高。这不但需要管理部门的投入，还需要研究人员、社区、企业、非政府组织等多方利益相关者的参与。从活动开展的形式与方法、居民的接受程度和参与意愿、资金渠道拓展等多方面开展研究和实践，更好地带动农业文化遗产地居民以及外部民众参与到遗产的保护与发展中，从而实现农业文化遗产地的可持续发展。

江苏兴化垛田传统农业系统

江苏兴化垛田传统农业系统以其独特的低洼地水土利用方式和罕

见的规模庞大的垛田地貌集群而闻名于世，可谓天下奇观。垛田因湖荡沼泽而生，每块面积不大，形态各异，大小不等，四周环水，各不相连，形同海上小岛，人称"千岛之乡"。兴化共有6万多亩这样的耕地，分布在垛田、缸顾、李中、西郊、周奋一带，形成了独特的文化景观。

兴化地区自古地势低洼，历来饱受洪涝侵害。千百年来，兴化先民为了应对水患灾害，架木浮田、垒土成垛，渐而形成一块块垛田，使蛮荒之地可以种植，发展出一种独特的土地利用方式。垛田这种独特的耕地形态，是兴化先民和后代子民利用自然、改造自然、与自然和谐相处的结晶与典范，也是里下河地区农田防洪避灾的杰作。兴化垛田地貌经历了利用自然、架木浮田到就地堆积的"造田"过程，对研究中国水网地区的种植业历史具有较高的科学价值。

垛田是里下河地区最具典型意义的活化石，是研究当地生态环境变迁和土地利用方式转变的一件珍贵标本。几百年来垛田地区基本保持原有的地貌特征，田间劳作无舟不行。至今，垛田还保存着传统的农耕方式，用天然生态的肥料种植蔬菜。油菜、龙香芋和香葱是该地区具有传统特色的农业品种，具有较高的经济价值。

江苏兴化垛田传统农业系统是人与水和谐相处的历史产物，是里下河地区水文化的突出代表。它不仅具有独特的水土利用方式和景观，而且还孕育了具有垛田特色的种植文化、建筑文化、饮食文化、民俗文化等。江苏兴化垛田传统农业系统于2013年被农业部认定为China-NIAHS，于2014年被FAO认定为GIAHS。

春季景观

2014.04.07 第1回ERAHS会議[1]

1　会議の概要

　　2014年4月7日から10日にかけて、第1回東アジア農業遺産学会は、ERAHSの主催、中国工程院農学部、中国農学会農業遺産分会、中国江蘇省興化市人民政府、中国科学院地理科学・資源研究所およびFAO/GEF GIAHS中国プロジェクト事務所の後援により中国江蘇省興化市で開催されました。この会議はFAO、中国農業農村部国際協力局、中国農業農村部農産品加工局、GIAHS専門家委員会、農業農村部中国農業遺産専門家委員会（China-NIAHS）の支援を受け、FAO、中国農業農村部、中国科学院地理科学・資源研究所など関連部門の責任者、中国・日本・韓国3国の研究者、農業遺産地域の代表者およびジャーナリストなど200人近くが参加しました。

　　開会式は、ERAHS議長で中国科学院地理科学・資源研究所のMIN Qingwen教授が司会を務め、中国興化市共産党委員会書記のLU Xiaosheng氏、FAO駐中代表事務所のPercy MISIKA氏、中国農業農村部国際協力局巡視員のQU Sixi氏、中国科学院地理科学・資源研究所元党委員会書記のCHENG Shengkui氏、泰州市副市長のCHEN Mingguan氏らがスピーチを行いました。中国農学会から祝電が届きました。会議は基調発表、研究発表とディスカッションに分けられ、それぞれERAHS議長MIN Qimgwen、共同議長金沢大学の中村浩二名誉教授と韓国協成大学のYOON Won-keun教授氏が司会を務めました。会議は、東アジア農業遺産に関する学術交流を促進し、東アジア農業遺産の保全・開発に関する成果と経験を共有し、農業遺産地域間の交流と連携を強化することを目的としていました。会議期間中、農業遺産保全成果展示と農業遺産地域の農産品展示なども行われました。また、参加者は江蘇省の「興化嵩上げ畑農業システム」も訪問しました。

1　から翻訳する MIN Qingwen, HE Lu. 従継承保護到協同発展：「第1回東アジア農業遺産学会」紀要. 古今農業, 2014, (2): 117-120.

2　主な交流成果

2.1　農業遺産の保全・管理モデル

　　中国工程院院士で中国科学院地理科学・資源研究所のLI Wenhua教授が「アジアにおける農業遺産の保全」をテーマに、アジア地域における歴史の長い豊かな農耕文化と天人合一の哲学思想について詳しく紹介し、現代農業の発展を物質的・技術的な面から支え、農業の持続可能な発展にとって非常に重要な価値を持つと強調しました。さらに、生物多様性の保全、輪作、農林複合経営、動植物共生、庭園農業、農業工学、複合技術など農業遺産の主な種類を分析し、農業遺産の持続発展のための「発掘（Discover）、動的な保全（Dynamic conservation）、実証・普及（Demonstration & Diffusion）」の3Dモデルを提案しました。

　　FAOシニアアドバイザー、世界農業遺産基金代表のParviz KOOHAFKAN氏は「農業におけるサステイナビリティ サイエンスのベンチマークとしてのGIAHS」と題した報告で、農業遺産が持続可能な農業発展のモデルであり、農業遺産保全のために多様な文化システムと農業の健全な発展を結びつけ、日中韓3か国間における学際的・分野横断的な共同研究が必要であると主張しました。国際連合大学上級副学長の武内和彦教授は基調講演の「伝統的農業のレジリエンス」において、農業遺産のレジリエンスとその評価の枠組みについて述べ、農業遺産の保全とその持続可能な発展を促進するために、同じような課題を抱える東アジア3か国がより効率的な連携で様々なリスクに対処できるレジリエン

開会式

スを向上させる必要があると主張しました。FAOのGIAHSコーディネーターの榎本雅仁氏は基調講演「GIAHS : ERAHSの発展と共に」において、GIAHSのコンセプト、意義、保全方法と評価基準を簡潔に振り返って、農業遺産の保全における小規模農家の役割を指摘し、日中韓3か国がこの点で更なる協力を行い、3者の政府、科学者と遺産地域間の交流と協力を創出し、地域の持続可能な発展と農家の生活水準の向上を促進すべきであると主張しました。

2.2　農業遺産の生態学的・文化の価値

　　農業遺産には様々な価値があります。中国科学院地理科学・資源研究所のAnthony FULLER客員研究員は、GIAHSはその複雑性を研究する最適な場として、高度の統合・調整の枠組みが求められ、今後の深く入り込んだ研究が必要な課題として農業遺産の複雑性、レジリエンスと持続可能性が挙げられると考えました。農業遺産保全の主要課題の1つとして生物多様性が挙げられます。韓国東国大学准教授のOH Choong-hyeon氏は農村林による生物多様性の保全の役割について紹介しました。韓国には現在農林地が634箇所あって、面積の割合が低いものの、生物多様性に富んでいます。国東半島宇佐地域世界農業遺産推進協議会会長の林浩昭氏は「クヌギ林とため池がつなぐ国東半島・宇佐の農林水産循環」における農業と生物多様性の関係性を紹介しました。地元では水稲栽培のために灌漑用ため池を作り、両生類の保全にも役立っています。

　　農業遺産は生物多様性と景観の保全など生態学上の役割を果たしていますが、市場価値がありません。それをいかにして商品化し経済的利益を得て、若者が定着できるようにするかは遺産保全の事業で考えるべき課題です。九州大学の矢部光保教授は、「生き物のブランド（Life Brand）」製品の開発を考え、環境にやさしい農産品の価値を向上させることで生物多様性の保全に繋げる可能性を探りました。消費者意識・意欲調査の結果から、生物多様性の保全には、「生き物のブランド」農産品だけでは不十分であり、政府の支援と市民活動が必要不可欠であることが分かりました。九州大学講師の野村久子氏は、環境価値を付加した土産品に対する消費者の購入意欲を調査することでこの保全アプローチの実現可能性を分析しました。農業の起源は農業遺産の文化の価値の重要な一部です。中国社会科学

院考古研究所研究員のZHAO Zhijun氏は「中国農業起源研究のための新しい考古学的データ」と題した文書の中で浮選法による穀物の起源研究の関連成果を紹介しました。

2.3　農業遺産の保全・開発アプローチ

農業遺産認定の申請は始まりに過ぎず、今後の保全と開発が重要です。南京農業大学のWANG Siming教授は、中国における農業遺産の研究の歴史を振り返り、農業遺産の保全は体系的なプロジェクトであり、政策、法律、物質、資金から学術研究と一般市民への普及まで各方面とあらゆる関係者の力を集結し、全面的に展開する必要があると述べました。農業の生物多様性も農業遺産の保全の重要な一部です。金沢大学の小路晋作研究員は、野外実験を通じて、能登半島におけるV溝直直播水田と慣行の移植水田における水生昆虫、節足動物および水田雑草の多様性に及ぼす影響の違いを研究しました。金沢大学の西川潮准教授の報告では、佐渡島における農家の野生動物配慮型耕作（Wildlife-friendly Farming）に影響を及ぼす要因を研究し、その普及のための対策を提案しました。金沢大学の伊藤浩二研究員は、農業遺産地域の保全には都市と農村の共同作業が必要であるとし、能登半島の水田、二次草原、森林の植生変化を研究グループによって観察し、それに応じた保全活動を実施している事例を紹介しました。

中国芸術研究院のYUAN Li研究員は、農業遺産を開発するには、農業、工業、サービス業と文化産業の4つの分野から進めていくべきであると考えました。特定の農業遺産地域に対して、学者たちは様々な保全・開発方法を提案しています。中国雲南農業大学のLI Chengyun教授は、中国雲南紅河の「ハニ族の棚田」の保全と開発について論じました。韓国忠南研究院のYI In-hee研究員は、韓国の棚田の現状について紹介しました。南京農業大学のLU Yong准教授は江蘇省「興化の嵩上げ畑」の歴史・保全・継承について紹介しました。

記念撮影

農業遺産のモニタリングと評価は、その長期的保全、企画と管理にとって重要な意味を持っています。国際連合大学サステイナビリティ高等研究所の永田明シニアプログラムコーディネーターは、日本における農業遺産の総合評価プロジェクトの研究方法と進捗状況を紹介し、今後の研究の方向性について展望を述べました。韓国国立農業科学院のKIM Sang-bum研究員は、韓国における農業遺産の評価・モニタリング方法について紹介しました。国際連合大学サステイナビリティ高等研究所プロジェクトオフィサーのLIANG Luohui氏は、農業遺産地域の現状を効率的にモニタリングし、その動的な保全に関する進捗を定期的に報告する方法について述べました。

2.4　農業遺産地域間の経験交流

　　各農業遺産地域からの代表たちがそれぞれ経験を紹介しました。中国の8地域の代表者は主にこれまで実施してきた農業遺産保全作業、今直面している主な課題および次の作業計画について紹介しました。中国浙江省青田県農業局のZHANG Xiaohai副局長は、青田県における農業遺産保全事業を「誰が保全を実施するか」、「何を保全するか」、「どのように保全するか」、「誰が利益を受けるか」という4つの問題にまとめました。中国雲南省紅河州世界遺産管理局のZHANG Hongzhen局長は、農業遺産の保全を法律法規の完備化、組織体制の健全化、生産性による保全促進、科学的研究の重視、ブランド保護と強力な宣伝という6大ブロックにまとめました。中国貴州省従江県農業局のCHENG Hongguang副局長は、農業遺産ブランドを活用して特色ある産業を開発する方法を紹介しました。中国江西省万年県農業局のCHENG Zhangxin局長は、体系的な保全と開発を通じて継承と発展を促進することを主張しました。中国雲南省プーアル市政府のYANG Shaowu副秘書長は、中国雲南省「プーアルの伝統的茶農業」が抱える主な課題および今後の作業の焦点について分析しました。内モンゴル自治区敖漢旗農業局のXU Feng主任農学者は、保全と開発を両立する原則を貫き、保全した上で開発を行い、開発を通じて保全を強化するようにすべきと考えました。中国河北省張家口市宣化区のSUN Huiliang副区長は、「宣化のぶどう栽培の都市農業遺産」を利用し、地域の経済発展に新たな活力を注ぎ込むことを紹介しました。中国浙江省紹興市林業局経済特産所のCHEN Jinyu所長は、

十年一剣を磨く 2013―2023 年東アジア農業遺産保全研究協力の歩み

072

2011年10月から中国紹興市人民政府が「会稽山の古代中国トレヤ」の農業遺産認定申請を始めてからの保全事業の進捗状況と成果を紹介しました。

国際連合大学サステイナビリティ高等研究所のEvonne YIU 研究員は「能登の里山里海[1]」のGIAHS認定後の保全活動の進捗について紹介しました。佐渡市農林水産課長の山本雅明氏は、佐渡島におけるトキ生息地の整備と水田面積の縮小との矛盾を解決する経験を紹介しました。静岡大学の稲垣栄洋教授は、「静岡の茶草場農法」の多面的価値と地元で行われた農業価値向上活動を紹介しました。金沢大学の中村浩二教授は、「能登の里山里海」とフィリピンの「イフガオの棚田」における人材資源の育成とスキル向上の連携を紹介しました。韓国の（株）名所IMCのHWANG Kil-sik 代表は、「韓国チョンサンドのグドゥルジャン棚田灌漑管理システム」のデータベースを紹介し、農業遺産の保全・管理・利用計画の作成、公共部門を基盤とした保障体制の構築、関連利益団体による協力・コミュニケーション体制の構築、推奨プロジェクトの管理・運営方法などを提案しました。韓国農漁村公社のBEAK Seung-seok 次長は韓国における農業遺産の保全・開発計画を紹介しました。

3　まとめと展望

今回の会議レポートを整理すると、以下の点が注目されるべきと考えられます。

（1）日中韓3か国間の共同研究と比較研究が期待される

これまでのGIAHS 31地域のうち、東アジアでは中国、日本、韓国が18地域を占めています。日中韓3か国は地理的に近く、農業の起源や発展の歩みも似ているが、社会経済や農業の発展段階は異なっています。GIAHSの発展を促進し、農業遺産の保全に科学的・技術的支援を提供するために、中国では中国農学会農業遺産分会、日本ではJ-GIAHSネットワーク会議、韓国では韓国農漁村遺産協会が設立されました。ERAHSというプラットフォームを通じて、研究レベルでは、農業遺産とその保全に関する共同研究や比較研究を実施し、可能な限りの資源支援を得ると

1　「里山里海」を「山間地農業景観」と「沿岸海域農業景観」として理解してよいと思われる。

ともに、多面的機能評価、政策や体制、気候変動への適応など、多くの共通課題について共同研究を実施することが可能です。保全の実践レベルでは、各農業遺産地域の代表者を対象とした相互訪問や研究、様々な利害関係者を対象とした研修活動、メディアへの共同アウトリーチ活動などを行うことができます。また、他のアジア諸国の発展に伴い、ERAHSも東アジアからアジア全域へと徐々に広がり、他の地域間の交流につなげていくべきです。

（2）農業遺産のモニタリングと評価・研究の更なる強化が期待される

　　農業遺産は、生態学的価値、経済的価値、文化的価値など様々な価値を有しているが、現在行われている評価は、そのいずれかの価値を対象にするものが多く、総合的・包括的な価値評価には至っていません。日本では、包括的な評価の枠組みが確立されているが、その目的は将来の変化への農業遺産地域の適応性であり、農業遺産の価値を十分に反映できるか検証が必要です。2013年に開催された第4回GIAHS国際フォーラムで採択された「能登コミュニケ」において、「農業遺産の活力を確保するため、定期的なモニタリングを実施することが推奨される」と明記されました。韓国は各農業遺産地域の基本データベースを構築し、日本は包括的な評価枠組みを利用して既存の農業遺産10地域と候補地の評価を実施し、今後のモニタリングと評価作業の礎としました。中国はまだ初期段階にあり、農業遺産のモニタリング・評価のための体制を早急に立ち上げるべきです。

（3）将来的には商品開発と住民参加が期待される

　　農業遺産地域の保全経験からみると、中国は政府主導・多者参加の原則を貫いてきました。このようなトップダウン方式による保全は非常に効率的であり、政策・体制、法律・規制、人的・物的資源の面で強力な保障を提供しています。しかし、日本や韓国と比べると、中国の農業遺産地域は商品開発と市民関与の面でまだまだ成長の余地があります。そのためには、管轄部門の意見だけではなく、研究者、地域社会、企業、非政府組織（NGO）といった複数の利害関係者の参画が必要であり、農業遺産地域の住民だけでなく、外部の人々も農業遺産の保全と発展に参加し、農業遺産地域の持続可能な発展を実現するために、活動の形態や方法、住民の受け入れや参加意欲、資金調達ルートの拡大などについて、研究・実践が進められるべきです。

江蘇省興化の嵩上げ畑農業システム

　　江蘇省興化の嵩上げ畑農業システムは、低地でのユニークな水土利用法とその見事な嵩上げ畑の景観によって独特の世界レベルのワンダー（不可思議）となっています。嵩上げ畑は湖や沼から生まれたもので、面積が小さく、形も大きさも異なり、水に囲まれ、互いにつながっておらず、海に浮かぶ小島のようなことから「千島の郷」と呼ばれています。興化市にはこのような耕作地が6万ムー（1ムーは約6.667アール）以上あり、垜田、缶顧、李中、西郊、周奮の周辺に分布し、独特な文化の景観を形成しています。

　　興化地域は古くからの低地で、長年洪水の被害に遭っていました。興化の先祖たちは洪水災害に対処するために、木を立てて田畑を浮かせ、土を積み重ねるという独特の土地利用法を編み出しました。それが次第に嵩上げ畑となり、不毛の土地での耕作を可能にしました。この独特な耕地形態である嵩上げ畑は、興化の先祖とその子孫がいかに自然を利用し、自然を変化させ、自然と共生してきたかの結晶であり、模範であり、下流域の農地における洪水防止と災害回避の傑作でもあります。興化の嵩上げ畑地形は、大自然を利用し、木で畑を持ち上げる「畑作り」で形成されたもので、中国における水網地域の耕作史研究にとって高い科学的価値があります。

夏の景観

嵩上げ畑は里下河地域における最も典型的な生きた化石であり、地元の生態系や環境の変化、土地利用の変容を研究するための貴重な標本です。嵩上げ畑は数百年にもわたり、その地形を変えずに維持されており、水田作業に舟も利用されています。いまでも伝統的な耕作法が守られており、野菜は天然肥料で栽培されています。ナタネ、サトイモ、タマネギなどの野菜は、この地域の伝統的な特産品であり、高い経済価値を持っています。

　江蘇省興化の嵩上げ畑農業システムは、水と共生する歴史から生まれたもので、里下河地域の水文化を代表するものです。独特な水と土地の利用法や景観だけではなく、嵩上げ畑の特色ある耕作文化、建築文化、食文化と民俗文化などを育みました。江蘇省興化の嵩上げ畑農業システムは2013年に中国農業部によりChina-NIAHSに、2014年にFAOによりGIAHSに認定されました。

2014.04.07 제1회 ERAHS 컨퍼런스[1]

1   회의 개요

2014년 4월 7일 부터 10일까지 중국공학원 농학부, 중국농학회 농업유산분과, 장수성 싱화시 인민정부, 중국 과학원 지리학 자원연구소, FAO/GEF GIAHS 프로젝트 중국사무소와 공동으로 개최한 제1회 동아시아 농업

개막식

유산 국제 컨퍼런스가 중국 장수성 싱화시에서 개최되었다. 이번 회의는 FAO, 중국 농업부 국제협력국, 농산품가공국, GIAHS 전문가위원회, 중국 국가중요농업유산(China-NIAHS) 전문가위원회의 지원을 받았다. FAO, 중국 농업부, 중국과학원 지리학 자원연구소 등 관련 부서장, 한중일 3국의 연구자, 농업유산지역의 대표, 기자 등 200여 명이 참석했다.

회의 개막식은 ERAHS 집행의장인 MIN Qingwen 중국과학원 지리학 자원연구소 교수가 주재하고 LU Xiaosheng 싱화시 시 위원회 서기, Percy MISIKA FAO 주중 사무소 대표, QU Sixi 중국 농업부 국제협력국 순시원, CHENG Shengkui 중국과학원 지리학 자원연구소 전 당위원회 서기, CHEN Mingguan 타이저우시 부시장 등이 차례로 인사말을 했고, 중국농학회도 이번 회의에 축하 메시지를 보냈습니다. 국제 컨퍼런스는 기조 연설, 특별 발표, 토론회 총 3개 세션으로 구성되어 MIN Qingwen ERAHS 집행의장, 공동의장인 NAKAMURA Koji 일본 가나자와 대학 명예교수, 윤원근 한국 협성대학 교

---

1 MIN Qingwen, HE Lu. 전승 보전부터 협동 발전까지 : "제1회 동아시아 농업유산 학술세미나" 요약에서 번역함. 고금농업, 2014, (2): 117-120.

수가 주재하였다. 이번 회의의 목적은 동아시아 농업유산의 학술교류를 촉진하고, 동아시아 농업유산의 보전과 발전을 위한 성공적인 경험을 공유하며, 농업유산지역 간의 교류와 협력을 강화하는 것이었다. 회의 기간에는 농업유산 보전의 성과물 전시, 농업유산 농산물 전시 등의 행사도 개최되었다. 또한, 회의 참석자들은 '싱화 듀이티안 농업시스템'을 현장 답사하였다.

2 주요 교류 성과

2.1 농업유산의 보전 및 관리 모델

중국공학원 원사인 LI Wenhua 중국과학원 지리학 자원연구소 교수는 '아시아 농업유산의 보전'이라는 주제로 아시아의 유구하고 찬란한 농업문화와 천인합일의 철학사상을 설명하고 현대 농업 발전에 물질적 기반과 기술지원을 제공하여 농업의 지속 가능한 발전에 매우 중요한 가치를 지녔으며 생물 다양성 보전, 간작윤작, 혼농임업, 동식물공생, 정원농업, 농업인프라 및 복합기술 등을 포함한 주요 농업유산시스템의 유형을 분석하고 농업유산의 지속 가능한 발전을 위한 '발굴(Discover), 동적 보전(Dynamic conservation), 시범과 보급(Demonstration & Diffusion)'이라는 3D 모델을 제안했습니다.

FAO 고문인 Parviz KOOHAFKAM 세계농업유산재단 이사장은 '농업의 지속가능성을 위한 과학적 기준으로서의 GIAHS'라는 주제발표에서 농업유산이 지속 가능한 농업 발전의 패러다임이며, 농업유산의 보전은 다양한 문화 시스템을 농업의 안정적인 발전과 결합해야 하며, 한중일 3국이 학제적 또는 부문적 공동연구를 진행해야 한다고 주장했습니다. TAKEUCHI Kazuhiko 유엔대학 부총장은 '전통농업의 적응성'이라는 주제발표를 했고, 농업유산의 적응성과 그 평가체계를 설명하였으며, 동아시아 3국이 공동의 도전에 직면하여 생각을 넓히고, 더 나은 협력을 통해 농업시스템의 각종 위험에 대한 적응성을 높임으로써 유산 보전과 동시에 농업의 지속가능성을 촉진할 것을 제안하였다. ENOMOTO Masahito FAO GIAHS 코디네이터는 'GIAHS 및 ERAHS의 발전'이라는 주제발표에서 GIAHS의 개념, 의미, 보전 방법 및 선정 기준을 간단히 설명하고 농업유산 보전에서 소규모 농가의 역할을 강조하면서 한중일 3국이 이에 관한 협력을 진행하고 정부 간, 과학자 간, 유산지역 간의 교류 협력을 통해 지역의 지속 가능한 발전과 농민 생활 수준 향상을 촉진해야 한다고 주장했다.

2.2   농업유산의 생태적 · 문화적 가치

농업유산은 다양한 가치를 가지고 있습니다. Anthony FULLER 중국과학원 지리학 자원연구소의 객원연구원은 GIAHS가 복잡성 연구를 위한 최적의 장소이며 새로운 포괄적인 조정 프레임워크를 구축하고 복합성, 적응성, 지속가능성 모두 향후 깊이 연구해야 할 과제라고 했다. 농업생물 다양성은 농업유산 보전의 주요 내용 중 하나이며, 한국 동국대학 오충현 교수는 비록 면적은 제한적이지만 한국의 634개 마을숲의 생물 다양성에 대한 보전 역할을 설명했습니다. HAYASHI Hiroaki 일본 쿠니사키 반도 우사 지역 GIAHS 추진협회 회장은 '일본 쿠니사키 반도 우사지역의 농림어업 통합시스템'에서 보이는 농업과 생물 다양성의 관계성을 소개했다. 원목을 활용한 Note: Irrigation pond is not for shiitake mushroon but for rice cultivation 의 재배를 촉진하기 위해 관개용 연못을 만드는 것은 양서류의 보호에도 중요한 역할을 하고 있음을 제시했습니다.

농업유산은 생물 다양성과 경관 보전 등 생태적 기능을 가지고 있지만 시장 가치가 없다. 이것을 어떻게 상용화하고 제품에 부가적인 경제적 수익을 창출해 젊은이들을 붙잡을 수 있을지는 유산 보전에서 고민해야 할 문제이다. YABE Mitsuyasu 일본 큐슈대학 교수는 이러한 친환경 농산물의 가치를 높여 생물 다양성 보전을 촉진할 수 있는 '라이프 브랜드(Life Brand)' 제품의 개발 가능성을 살펴보고 소비자의 인식과 구매의향에 대한 조사 결과로 부터 '라이프 브랜드' 농산물만으로는 생물 다양성의 보전을 촉진하기에 충분하지 않으며 정부 지원과 시민 활동이 필요하다는 것을 제시하였다. NOMURA Hisako 일본 큐슈대학 강사는 환경가치가 부가된 기념품에 대한 고객의 지불 의사를 조사해 이 같은 보전 방식의 타당성을 분석했다. 농업의 기원은 농업유산의 문화적 가치의 중요한 부분이다. ZHAO Zhijun 중국사회과학원 고고학연구소 연구원은 '중국 농업 기원 연구를 위한 새로운 고고학적 데이터'를 주제로 한 발표에서 부유법을 활용한 곡물 기원 연구의 관련 성과를 소개했습니다.

2.3   농업유산의 보전과 발전 방법

농업유산의 등재 신청은 시작에 불과하며 미래의 보전과 발전이 관건입니다. WANG Siming 중국 난징 농업대학 교수는 중국 농업유산 연구의 발전 과정을 돌아보고 농업유산 보전은 체계적인 프로젝트이며 정책, 법률, 물질과 자금뿐만 아니라 학술, 과학 지식 보급과 대중까지 모든 당사자의 종합적인 역량이 필요하고, 농업 생물 다양성은 농업유산 보전의 중요한 구성 부분이라고 제시했다. KOJI Shinsaku 일본 가나자와 대학 연구원은 야외 실험을 통해 일본 노토반도 논 V-홈 직접재배 방법과 일반 방법이 논에서 수생 곤충, 절지 동물 및 식물의 다양성에 대해 미치는 영향의 차이점을 연구했다. USIO Nisikawa 일본 가나자와 대학 부교수의 보고에 따르면 일본 사도 섬에서 농부들의 야생동물친화적 경작(Wildlife-friendly Farming) 시행에 영향을 미치는 요인을 살펴보고 관련 홍보 정책을 제안했다. KOJI Shinsaku 일본 가나자와 대학 연구원은 농업유산지역 보전을 위해 도시와 농촌의 공동 노력이 필요하고 일본 노토반도에서 스터디그룹을 통해 논, 2차 초지, 임지 등의 식생 변화를 살펴보고 이에 따른 보전 활동을 수행했다고 소개했다.

농업유산의 발전에 대해 YUAN Li 중국국립예술연구원 연구원은 농업, 공업, 서비스업과 문화산업의 4가지 산업으로부터 시작해야 한다고 했다. 특정 농업유산지역에 대해 다른 학자들도 보전 및 발전 방법을 제안했다. LI Chengyun 연난 농업대학 교수는 '홍허 하니 다랑논'의 보전과 개발을 논의하였다. 충남연구원 이인희 연구위원은 한국의 다랑이논 현황을 소개했다. LU Yong 난징 농업대학 부교수는 장수성 싱화 듀이타안의 역사, 보전 및 전승 실태를 소개했다.

농업유산의 모니터링 및 평가는 유산의 장기적인 보전, 계획 및 관리에 큰 의미가 있다. NAGATA Akira 유엔대학 지속가능성 고등연구소 코디네이터는 일본 농업유산 종합평가 프로젝트의 연구 방법과 진행 상황을 소개하고 향후 연구 방향을 제시했다. 김상범 한국 국립농업과학원 연구원은 한국 국가중요농업유산의 평가와 모니터링 방법을 소개했다. LIANG Luohui 유엔대학 지속가능성 고등연구소 프로젝트 담당관이 농업유산지역의 현황을 효과적으로 추적 및 모니터링하고 동적 보전에 대한 피드백을 정기적으로 제공하는 방법을 논의하였다.

2.4 농업유산지역 간의 경험 교류

각 농업유산지역에서 온 대표들이 각자의 경험을 소개했다. 중국의 8개 농업유산지역 대표들은 주로 이미 수행한 농업유산 보전 작업, 직면한 주요 문제, 다음 단계 사업계획에 대해 논의했다. ZHANG Xiaohai 저장성 칭톈현 농업국 부국장은 칭톈현의 업무를 '누가 보전하고 있는가', '무엇을 보전하고 있는가', '어떻게 보전하고 있는가', '누가 수익을 받을 것인가' 등 4가지의 문제로 요약했다. ZHANG Hongzhen 윈난성 홍허주 세계유산관리국 국장은 유산 관련 업무를 법규 보완, 메커니즘 최적화, 생산을 통한 보전 촉진, 과학 연구 중시, 브랜드 보전 및 강력한 홍보 6개 부분으로 요약하여 제시하였다. CHENG Hongguang 구이저우성 충장현 농업국 부국장은 농업유산 브랜드를 활용하여 특색 산업의 발전을 촉진하는 방법을 살펴보았다. 장시성 완년현 농업국장 CHEN Zhangxin 은 체계적인 보전과 개발에 중점을 두고 지속가능한 전승과 발전을 촉진해야 한다고 주장하였다. YANG Shaowu 윈난성 푸얼시 부비서장은 '푸얼 전통차 농업시스템'의 현재 주요 문제점 및 향후 작업의 우선순위를 분석했다. XU Feng 내몽고 자치구 아오한기 농업국 수석농업경제학자는 보전과 발전을 모두 중시하는 원칙을 준수하고 보전으로 발전하며 발전을 통해 더 잘 보전할 수 있음을 제시하였다. SUN Huiliang 허베이성 장자커우시 쉬안화구청 부구청장은 '선화 포도재배 도시농업유산'을 활용하여 경제 발전에 새로운 활력을 가져준다고 소개했다. CHEN Jinyu 저장성 사오싱시 임업국 국장은 2011년 10월 사오싱시 인민정부가 '콰지산 고대중국 토레야' 등재 신청을 시작한 이래 각종 보전 사업을 벌여 일정한 성과를 거뒀다고 소개했다.

Evonne YIU 유엔대학 지속가능성 고등연구소 연구원은 '일본 노토반도의 사토야마 사토우미[1]'가 GIAHS 인정을 받은 후 보전 작업 진행 상황을 소개했다. YAMAMOTO Masaaki 일본 사도시 농림수산과장은 벼 재배 면적 손실을 줄이면서 따오기 서식지 복원을 위한 사도섬의 솔루션을 발표했다. INAGAKI Hidehiro 일본 시즈오카 대학 교수는 '일본 시즈오카의 전통 차-풀 통합시스템'의 다중 가치와 현지 농업 발전 활동을 소개했다. 일본 가나자와 대학 NAKAMURA Koji 교수는 '일본 노토반도의 사토야마 사토우미'와 '필리핀 이푸가오 다랑논'의 현장간의 인적역량 강화 협력에 대해 중점적으로 발표했다. 황길식 한국 ㈜명소IMC 대표는 '한국 청산도 전통 구들장논' 기초 데이터베이스를 소개하고 공공부문을 기반으로 한 보전계획과 관련 이해집단의 협력네트워크를 구성하고 운영관리 방법 등과 관련된 국가 농업유산 보전 및 활용계획의 개선방향을 제안했다. 백승석 한국농어촌공사 차장이 한국 농업유산의 보존과 발전 계획을 소개했다.

3   요약 및 전망

이번 회의의 발표 내용 정리를 통해 아래와 같이 몇 가지 부분에 주목할 필요가 있다.

---

1 일본어로 Satoyama Satoumi 는 사토야마 사토우미 (里山里海) 다 . '산지 농촌 경관' 과 '해안 농촌경관'으로 이해할 수 있다 .

(1) 한중일 3국 향후 공동연구와 비교연구 진행

지금까지 지정된 31개의 GIAHS 지역중 동아시아의 한중일 3개국에 18 지역이 위치하고 있다. 세 나라는 지리적 위치가 가깝고 농업의 기원과 발전의 역사가 비슷하지만 사회 경제적 및 농업 발전은 서로 다른 단계에 있다. GIAHS의 발전을 촉진하고 농업유산 보전을 위한 과학기술적 지원을 제공하기 위해 중국은 중국농학회(CAASS) 농업유산 분과를 설립했고 일본은 일본 GIAHS 네트워크(J-GIAHS), 한국은 한국농어촌유산학회를 설립했다. ERAHS 플랫폼을 통해 3개국은 이론적 차원에서 농업유산시스템 및 그 보전에 대한 공동 연구 및 비교 연구를 수행할 수 있으며, 다기능 평가, 정책 및 메커니즘, 기후변화 등 상호 이익이 되는 연구를 위해 최대한 많은 자원을 활용할 수 있습니다. 실천적 측면에서는 다양한 농업유산지역 간의 교차방문을 조직하고, , 농업유산 이해관계자를 대상으로 한 교육활동, 공동 언론홍보사업을 실시할 수 있습니다. 더 넓은 아시아 지역의 발전의 측면에서 ERAHS는 점차 동아시아를 넘어 아시아 전역으로 점차 확대하여 대륙 전체에 걸쳐 지역 농업유산시스템의 교류를 활성화할 수 있습니다.

(2) 농업유산에 대한 모니터링 및 평가 연구 강화

농업유산은 생태, 경제, 문화 등 다양한 가치를 가지고 있습니다. 하지만, 현재의 평가 작업은 포괄적인 접근방식이 부족하며 특정한 분야를 대상으로 하는 경우가 많습니다. 일본은 미래 변화에 대한 농업유산의 적응성을 향상시키기 위한 종합적인 평가체계를 구축했지만, 농업유산의 가치를 충분히 반영할 수 있을지는 좀 더 검증할 필요가 있다. 2013년 개최된 제4회 GIAHS 인터내셔널 국제포럼에서 발표된 '노토 헌장'에서는 '농업유산 시스템의 활력을 보장하기 위해 농업유산에 대한 정기적인 모니터링'을 명시적으로 요구했습니다. 한국은 각 농업유산에 대한 기초 데이터베이스를 성공적으로 구축했고, 일본은 종합적 평가체계를 활용해 기존 10개 농업유산지역과 후보지역에 대한 평가 작업을 벌여 향후 모니터링 및 평가의 토대를 마련했다. 중국은 관련 작업이 아직 초기 단계에 있으며 기존의 농업유산시스템의 평가를 위한 모니터링 및 평가 시스템을 신속하게 구축해야 할 필요성이 강조되고 있습니다.

(3) 향후 제품 개발과 지역 사회 참여 강화

농업유산지역 보전 경험에 있어서 중국은 '정부 주도, 다양한 이해관계자 참여' 같은 원칙을 지켜 왔다. 이러한 하향식 접급방법은 정책 시스템, 법적 프레임워크, 인적 및 물적 자원 측면에서 강력한 지원을 제공함으로서 효과적인

패널 토론

것으로 입증되었습니다. 그러나 중국 농업유산지역은 일본과 한국에 비해 특히 제품 개발과 지역 사회 참여 등의 부분에서 아직 개선할 여지가 남아있습니다. 이러한 문제를 해결하기 위해서는 연구자, 지역 사회, 기업, NGO 및 기타 이해관계자의 참여가 필수적입니다. 활동 형태와 방법, 주민의 수용도와 참여의지, 자금조달 채널의 확대 등 다각적인 연구와 실천을 통해 농업유산지역 주민과 외부 공동체가 유산의 보전과 개발에 더 적극적으로 참여할 수 있도록 유도할 수 있고, 궁극적으로 농업유산지역의 지속 가능한 발전을 실현할 수 있다.

싱화 듀이티안 농업시스템

싱화 듀이티안 농업시스템은 독특한 저지대의 토양과 물 활용 방식과 융기된 밭의 화려한 경관은 세계적 수준의 뛰어난 경관이라고 할 수 있다. 듀이티안은 호수와 늪으로 인해 생겨났으며, 밭마다 면적이 크지 않고, 모양이 다르고, 크기가 같지 않으며, 주변에 물로 둘러싸여 있고, 서로 연결되어 있지 않고, 바다 위의 작은 섬과 같아 '천섬의 도시' 라고 불린다. 싱화시에는 이런 경작지가 40 Km^{2}가 있으며, 듀이티안, 강구, 리두중 시쟈오, 저우펀 일대에 분포되어 독특한 경관을형성합니다.

싱화 지역은 예로부터 저지대에 위치하여 역사상 홍수와 침수로 많은 피해를 입었다. 수천 년 동안 싱화 지역 선조들은 수해에 대처하기 위해 나무 구조물을 만들고 진흙을 작은 더미로 쌓아 높은 밭을 만들어 경작지를 조성하였다. 그들은 독특한 방식으로 수역과 야생지를 경작가능한 토지로 개발했습니다. 이 특별한 경작지 조성방식으로 융기된 밭은 싱화주민들이 자연을 활용하고 자연서식지를 변화시키고 자연과 조화롭게 생활할 수 있는 완벽한 모델이며, 이는 또한 리샤허 지역의 농경지 홍수 방지를 위한 걸작이기도 한다. 싱화 듀이티안 지형은 자연을 이용하여 나무를 쌓아 밭을 띄워 그 자리에 쌓는 '밭 만들기' 과정을 거쳤으며, 이는 중국 수로망 지역의 농업 역사를 연구하는 데 높은 과학적 가치를 가지고 있다.

듀이티안은 리샤허 지역의 가장 대표적인 살아있는 화석이며 지역 생태환경의 변화와 토지이용 방법의 변화 연구에 귀중한 표본이라고 할 수 있다. 수백 년 동안 듀이티안 지역은 기본적으로 원래의 지형적 특징을 유지하여 배 없이는 밭일을 할 수 없었다. 오늘날에도 지역 주민들은 천연 비료를 사용하여 곡물과 채소를 재배하는 전통적인 농업 방식을 보존하고 있다. 유채, 용향토란, 쪽파가 이 지역의 가장 전통적인 농산물로 경제적 가치도 높다.

싱화 듀이티안 농업시스템은 인간과 물의 조화로운 공존의 역사적 성과물이며 리샤허 지역의 물 문화의 대표적 모델이다. 이는 독특한 물과 토양 이용 방식과 경관을 가지고 있을 뿐만 아니라 듀이티안의 특성을 지닌 재배문화, 건축문화, 음식문화, 민속문화 등을 발전시켜왔다. 싱화 듀이티안 농업시스템은 2013년 중국 농업부로부터 China-NIAHS로 인증을 받았고, 2014년 FAO로부터 GIAHS로 지정받았다.

2014.04.07 The 1st ERAHS Conference[1]

1 Overview

From April 7 to 10, 2014, the 1st ERAHS Conference was held in Xinghua City, Jiangsu Province, China, co-hosted by ERAHS, Agriculture Department of Chinese Academy of Engineering, Agricultural Heritage Systems Branch of China Association of Agricultural Science Societies (CAASS-AHSB), People's Government of Xinghua City, CAS-IGSNRR, and FAO/GEF GIAHS Project China Office. The conference was supported by FAO, Department of International Cooperation of MOA, Bureau of Agricultural Product Processing of MOA, GIAHS Expert Committee of MOA, and China Nationally Important Agricultural Heritage Systems (China-NIAHS) Expert Committee of MOA. The event attracted nearly 200 participants, including officials from FAO, MOA, and CAS-IGSNRR, researchers from China, Japan, and South Korea, representatives from agricultural heritage sites, and journalists.

The opening ceremony was presided over by Professor MIN Qingwen, Executive Chair of ERAHS and CAS-IGSNRR, and included speeches by LU Xiaosheng, Secretary of the Xinghua City Committee; Percy MISIKA, the FAO Representative in China; QU Sixi, Inspector of the International Cooperation Department of MOA; CHENG Shengkui, former Party Secretary of CAS-IGSNRR; and CHEN Mingguan, Vice Mayor of Taizhou City. CAASS sent a letter of congratulation for the conference. The conference agenda included keynote speeches, special reports, and discussion sessions, chaired by ERAHS Executive Chair MIN Qingwen, Co-Chair NAKAMURA Koji (Emeritus Professor at Kanazawa University, Japan), and Co-Chair YOON Won-keun (Professor at Hyungsung University, South Korea). The purpose of the conference was to promote academic exchange on AHS in East Asia,

---

1   Translated from MIN Qingwen, HE Lu. From Inheritance and Preservation to Collaborative Development: Summary of The 1st ERAHS Conference. Ancient and Modern Agriculture, 2014, (2): 117-120.

share successful experiences in AHS conservation and development, and strengthen communication and cooperation among agricultural heritage sites. Various activities were organized during the conference, including exhibitions showcasing achievements in AHS protection and displays of agricultural products from agricultural heritage sites. Participants also visited the "Xinghua Duotian Agrosystem" in Jiangsu Province.

2　Main Achievements

2.1　Conservation and Management Models for AHS

In his presentation entitled "Conservation of Agricultural Heritage Systems in Asia", LI Wenhua, Academician of the Chinese Academy of Engineering and professor at CAS-IGSNRR, elaborated on the magnificent ancient farming cultures in Asia and the inherent philosophy of unity between man and nature, which provide the material foundations and technological support for modern agricultural development and are of great value for agricultural sustainability. He also analyzed major AHS types including biodiversity conservation, intercropping rotations, agroforestry, plant-animal symbiosis, home garden agriculture, agricultural infrastructure and composite technologies, and proposed a "Discover, Dynamic Conservation and Demonstration & Diffusion (3D)" model for sustainable AHS development.

In the report on "GIAHS: a Scientific Baseline for Agricultural Sustainability", Parviz Koohafkan, senior FAO advisor and president of the World Agricultural Heritage Foundation, pointed out that AHS are paradigms for sustainable agricultural development, that preserving AHS requires linking diverse cultural systems with healthy agricultural growth and called for interdisciplinary, interdepartmental cooperation among China, Japan and South Korea in this regard. In his speech on "Adaptability of Traditional Agriculture", UNU Senior Vice-Rector Kazuhiko Takeuchi elaborated on AHS adaptability and related assessment frameworks. Facing common challenges, he advised the three East Asian nations to broaden their thinking on enhancing cooperation to improve the resilience of agricultural system to various risks, thus promoting agricultural sustainability alongside heritage conservation. In another presentation entitled "Development of GIAHS and ERAHS", FAO GIAHS Coordinator Masahito Enomoto briefly reviewed GIAHS concepts, implications, conservation approaches, and evaluation criteria while highlighting small farmers' roles in AHS conservation. He advocated further cooperation on AHS among China, Japan, and South Korea to build exchange/cooperation networks spanning governments, scientists, and heritage sites across all three countries, and to promote sustainable regional development and improve farmers' livelihood.

2.2 Ecological and Cultural Values of AHS

AHS hold multiple values. Visiting scholar at CAS-IGSNRR Anthony Fuller believes GIAHS are optimal sites for complexity research, for which we should establish a novel overarching coordinating framework and conduct further in-depth research on their compositionality, adaptability, and sustainability. Protecting agricultural biodiversity is an important part of AHS conservation. Associate Professor OH Choong-hyeon at Dongguk University, South Korea, illuminated the role of communal forests in preserving biodiversity. Although limited in area, the 634 communal woods of South Korea harbor abundant biodiversity. Chairman HAYASHI Hiroaki of the Council for the Promotion of GIAHS in Kunisaki Peninsula Usa Area examined the interrelations between agriculture and biodiversity within the "Kunisaki Peninsula Usa Integrated Forestry, Agriculture and Fisheries System" in Japan, indicating that local irrigation ponds built to promote rice cultivation have played a vital role in protecting amphibian wildlife.

Although boasting ecological functions like biodiversity conservation and landscape preservation, AHS bear no market value. To retain young practitioners and ensure heritage continuity, we need to find ways to incorporate AHS elements into profitable products. Professor YABE Mitsuyasu of Kyushu University, Japan, explored the prospect of developing "Life Brand" products, hoping to promote biodiversity conservation by elevating the value of related eco-friendly agricultural products. However, according to consumer awareness and willingness surveys, it is far from enough to just rely on "Life Brand" agricultural products as institutional backing and public engagement are indispensable for the promotion of biodiversity conservation. NOMURA Hisako, a lecturer at Kyushu University, analyzed the feasibility of this conservation approach by investigating customers' willingness to pay for souvenirs with added environmental value. The origin of agriculture constitutes a monumental constituent of AHS cultural value. In his presentation "New Archaeological Data on the Origins of Agriculture in China", Professor ZHAO Zhijun at the Institute of Archaeology, Chinese Academy of Social Sciences, introduced relevant findings from studying the origins of the five grains using the flotation method.

2.3 Approaches to the Conservation and Development of AHS

The designation of AHS marks merely a beginning, and the key is to ensure their future conservation and development. Professor WANG Siming from Nanjing Agricultural University reviewed the domestic research history of AHS and posited the conservation of AHS as a systematic undertaking that necessitates integrated efforts spanning multiple domains, including policy, law, infrastructure, funding, academia, science popularization, and the general public. Shielding agricultural biodiversity constitutes a pivotal component of the conservation of AHS. Through field experiments on the Noto Peninsula, research fellow KOJI Shinsaku at Kanazawa University, Japan, investigated the differences in impacts of the new V-shaped furrow direct seeding method compared with conventional seeding on the diversity of aquatic insects, arthropods, and plants in rice fields. Associate Professor USIO Nisikawa's presentation explored factors influencing Sado island farmers' adoption of wildlife-friendly farming in Japan and proposed relevant promotion policies. Research fellow ITO Koji from Kanazawa University believed the conservation of agricultural heritage sites requires joint urban-rural community efforts and introduced vegetation change and responsive conservation actions through his study group observation across rice paddies, grasslands, and forests on Japan's Noto Peninsula.

Regarding the development of AHS, Professor YUAN Li from China National Academy of Arts believes agriculture, industry, service, and cultural industries should all play a part. For specific agricultural heritage sites, scholars also proposed tailored conservation and development paths. For example, Professor LI Chengyun of Yunnan Agricultural University discussed the conservation and development of the Honghe Hani Rice Terraces in Yunnan, China. Research Fellow YI In-hee from

A photo among friends

the Chungnam Institute presented the current status of Korean rice terraces. Associate Professor LU Yong from Nanjing Agricultural University presented the history and traditional conservation practices of the raised fields in Xinghua, Jiangsu, China.

The monitoring and assessment of AHS bear profound implications for their long-term conservation and related planning and management. Senior Programme Coordinator NAGATA Akira of UNU-IAS shared the research methodology/ progress of Japan's integrated AHS assessment initiative while envisioning future research orientations. Research fellow KIM Sang-bum from the National Academy of Agricultural Science, illustrated the evaluation and monitoring methodology for NIAHS in South Korea. Project officer LIANG Luohui from UNU-IAS discussed how to effectively monitor and provide regular feedback on the dynamic conservation of AHS.

2.4 Experience Sharing from agricultural heritage sites

During the conference, representatives from various agricultural heritage sites shared their experience. Among them, representatives from eight agricultural heritage sites in China mainly covered the current local heritage conservation undertakings, main issues encountered, and next-step plans. Specifically, deputy director ZHANG Xiaohai from Qingtian County Agricultural Bureau in Zhejiang province summarized their work under four key questions: who does the work, what to conserve, how to protect, and who benefits. Director ZHANG Hongzhen of the Honghe Hani Rice Terraces World Heritage Management Bureau in Yunnan province summed up six priority areas: improving regulations, optimizing mechanisms, conservation through development, emphasizing research, building brands, and intensive promotion. Deputy director CHENG Hongguang from the Agriculture Bureau of Congjiang County in Guizhou province talked about leveraging AHS brands to boost specialty industry growth. Director CHEN Zhangxin from the Agriculture Bureau of Wannian County in Jiangxi province advocated system conservation as a means to enable sustainable development and inheritance. Deputy secretary general YANG Shaowu of the Pu'er City Government, Yunnan Province, analyzed the main problems facing the Pu'er Traditional Tea Agrosystem and introduced future priorities for its preservation. Chief agronomist XU Feng from the Agriculture Bureau of Aohan Banner in Inner Mongolia called for balanced conservation and development, achieving development through conservation and enabling better conservation through development. Deputy director SUN Huiliang of Xuanhua District, Zhangjiakou City, Hebei Province, introduced how the Urban Agricultural Heritage–Xuanhua Grape Garden is helping to invigorate regional economic growth. CHEN Jinyu, the director of the Forestry Bureau in Shaoxing City, Zhejiang Province, provided a briefing on the conservation achievements made since the Shaoxing City Government initiated the application process for the Kuaijishan Ancient Chinese *Torreya* in 2011.

Among representatives from Japan and South Korea, Research Assistant Evonne YIU from UNU-IAS reported on the conservation progress made at the Noto's *Satoyama* and *Satoumi*[1] GIAHS site in Japan. Director YAMAMOTO Masaaki of the Agricultural Policy Division, Agriculture, Forestry and Fisheries Department, Sado City, reported on Sado Island's solutions to restore the habitat of Japanese Crested Ibis while reducing the loss of rice fields' area. Professor INAGAKI Hidehiro from Shizuoka University, Japan, introduced multifaceted values of Traditional Tea-grass Integrated System in Shizuoka and related agricultural enhancement activities. Professor NAKAMURA Koji from Kanazawa

1 *Satoyama* and *satoumi* (in Japanese) could be interpreted as mountainous village landscape and coastal village landscape.

University, Japan, focused his presentation on the collaboration between Noto's *Satoyama* and *Satoumi* site and the Philippine's Ifugao Rice Terraces GIAHS site on human capacity building. Representing Myungso IMC of South Korea, HWANG Kil-sik presented the fundamental database of the Traditional Gudeuljang Irrigated Rice Terraces in Cheongsando of South Korea and advised on instituting national planning on safeguarding and utilizing agricultural heritage, establishing public sector-based assurance schemes, and constituting cooperative networks of relevant interest groups, alongside recommending operational management methodologies. Deputy manager BEAK Seung-seok from the Korea Rural Community Corporation shared conservation and development plans for Korean agricultural heritage sites.

3   Summary and Outlook

By reviewing presentations from this conference, the following are identified as areas that deserving focused attention:

(1) Potential for China, Japan and South Korea to conduct joint research and comparative studies

Of the 31 GIAHS sites designated so far, 18 are located in East Asia across China, Japan and South Korea. These three nations are linked by geographical proximity and analogous agricultural advent and evolution but are currently at different stages of socioeconomic and agricultural development. To boost GIAHS advancement and provide scientific support for AHS conservation, China, Japan and South Korea have respectively founded CAASS-AHSB, Japanese GIAHS Network (J-GIAHS) and KRHA. Via the ERAHS platform, the three nations can undertake joint research and comparative studies on AHS and their conservation at the theoretical level, leveraging as many resources as possible for mutually beneficial studies including those on multifunctional assessments, policies and mechanisms, and climate change adaptations. At the practical level, they can organize cross-visits between various agricultural heritage sites, training for stakeholders in AHS , and joint media promotion efforts. In terms of developments in the wider Asian areas, ERAHS activities can be gradually expanded beyond East Asia to encompass the entire Asian region, thus promoting regional exchanges of AHS across the whole continent.

(2) Further Strengthening Research on the Monitoring and Assessment of AHS

AHS hold multifaceted values in ecology, economy, and culture. However, current assessments often target specific aspects and lack a comprehensive approach. Japan has established a holistic assessment framework aimed at enhancing the adaptability of AHS to future changes. Yet, its ability to fully capture the overall value of AHS requires further validation. The "Noto Communiqué", issued during the 4th International Forum on GIAHS in 2013, explicitly called for "regular monitoring of AHS to ensure their vitality". South Korea has successfully established foundational databases for each agricultural heritage site, and Japan has used its comprehensive assessment framework to assess 10 existing and potential agricultural heritage sites, laying the groundwork for future monitoring and assessments. In China, relevant initiatives are at an early stages, highlighting the urgent need to promptly establish a monitoring and assessment system to evaluate of existing AHS.

(3) The Need to Enhance Product Development and Community Engagement in AHS in the Future

Drawing from the experience of agricultural heritage sites in China, AHS conservation has consistently followed the principle of government leadership and multi-stakeholder participation. This top-down approach has proven to be effective, offering robust support in terms of policy systems, legal frameworks, and human and material resources. However, compared with Japan and South Korea, Agricultural Heritage System conservation in China still has room for improvement, particularly in the areas of product development and community engagement. To address these challenges, the involvement of different stakeholders, including researchers, communities, businesses, and non-governmental organizations, is essential. Through multifaceted research and practical efforts encompassing activity forms and methods, residents' acceptance levels, willingness to participate, and the expansion of funding channels, it is possible to better mobilize residents of agricultural heritage sites and external communities to actively participate in the conservation and development of the heritage, ultimately achieving the sustainable development of agricultural heritage sites.

Xinghua Duotian Agrosystem, China

Xinghua Duotian Agrosystem is a world-level wonder for its unique water-land utilization method in low-lying land and its splendid raised field landscape. Raised fields are formed on the basis of wetlands, with different sizes and shapes. They are surrounded by water and look like small islands floating on the sea. Thus, people call Xinghua as "the city with thousand islets". There are over 40 km^2 of raised fields in Xinghua City, which are located in Duotian Town, Ganggu Town, Lizhong Town, Xijiao Town and Zhoufen Town, forming a unique landscape.

Xinghua area was located in low-lying land for centuries. Xinghua suffered a lot from floods in its history. In the past thousands of years, in order to fight against floods, the ancestors in Xinghua built wooden structure to support field, raised mud into small stacks, and formed the original raised field. They developed a unique way of water-land utilization and turned water and wild land into cultivable land. As a special way of land cultivation, the raised field was a perfect model for utilizing nature, transform natural habitat and live in harmony with nature for Xinghua people. It was also a masterpiece of flood prevention in the Lixiahe area. The Xinghua raised field landscape, having gone through processes of utilizing nature, building wooden structures

Spring scenery

to support field and field raising, is of great scientific value for researchers to study the farming history of this water course network area in China.

The raised field is the most important living fossil in the Lixiahe area and is also a precious specimen for researching local eco-environmental changes and land use methods of transformation. For hundreds of years, the original geomorphic features in the raised field area were preserved and farming activities could not be carried out without boats. Even today, people in this area still adopt traditional farming methods in this area and use natural and ecological fertilizer to grow crops, especially vegetables. Longxiang taro, Xinghua chive and Xinghua repeseed rape are the most traditional agricultural products with higher economic value in this area.

Xinghua Duotian Agrosystem is a historic product of human beings living in harmony with land and water and also an outstanding model of water culture in Lixiahe area. It has not only provided unique water-land use method and landscape, but also cultivated unique planting culture, architecture, food and drinking culture, as well as folklore culture with raised field characteristics. Xinghua Duotian Agrosystem was designated by MOA as a China-NIAHS in 2013 and designated by FAO as a GIAHS in 2014.

A Decade of Partnership ·· Research Collaboration on Conservation of Agricultural Heritage Systems in East Asia (2013-2023)

094

2014.04.10 ERAHS第二次工作会议

　　ERAHS第二次工作会议于2014年4月10日在中国江苏省兴化市召开。ERAHS第一届执行主席、中国科学院地理科学与资源研究所研究员闵庆文主持会议，来自中国科学院地理科学与资源研究所、中国农业科学院农业经济与发展研究所、中国农业博物馆、中国艺术研究院、日本金泽大学、日本静冈大学、韩国协成大学、韩国建国大学、韩国农渔村研究院、韩国济州研究院以及联合国大学的相关专家参加了会议。参会人员对"第一届东亚地区农业文化遗产学术研讨会"给予了高度肯定。经过协商，决定第二次学术研讨会于2015年6月下旬在日本佐渡市举行，日本金泽大学荣誉教授NAKAMURA Koji担任ERAHS第二届执行主席，中国科学院地理科学与资源研究所研究员闵庆文和韩国协成大学教授YOON Won-keun担任共同主席。与会代表还讨论了会议成果出版、ERAHS标识、网站建设等问题。

合影

2014.04.10 ERAHS 第2回作業会合

　　ERAHS 第2回作業会合は2014年4月10日に中国江蘇省興化市で開催されました。ERAHS 第1回会議議長、中国科学院地理科学・資源研究所のMIN Qingwen 教授が司会を務め、中国科学院地理科学・資源研究所、中国農業科学院農業経済・発展研究所、中国農業博物館、中国芸術研究院、金沢大学、静岡大学、韓国協成大学、韓国建国大学、韓国農漁村研究院、韓国チェジュ研究院および国際連合大学からの専門家たちが会議に参加しました。参加者は「第1回東アジア農業遺産学会」を高く評価し、協議した上で、2015年6月下旬に日本の佐渡市で第2回 ERAHS 会議を開催することで合意しました。金沢大学の中村浩二名誉教授が ERAHS 第2回会議の代表議長を、中国科学院地理科学・資源研究所の MIN Qingwen 教授と韓国協成大学の YOON Won-keun 教授が共同議長を務めることになりました。参加者たちは会議成果の出版、ERAHS のロゴマークとウェブサイトの作成などについて議論しました。

2014.04.10 ERAHS 제2차 실무 회의

      ERAHS 제2차 실무 회의는 2014년 4월 10일에 중국 장수성 싱화시에서 개최되었다. ERAHS 제1기 집행의장인 MIN Qingwen 중국과학원 지리학 자원연구소 교수가 회의를 주재하고 중국과학원 지리학 자원연구소, 중국농업과학원 농업경제 발전연구소, 중국농업박물관, 중국국립예술연구원, 일본 가나자와 대학, 시즈오카 대학, 한국 협성대학, 건국대학, 농어촌연구원, 제주연구원 및 유엔대학 관련 전문가들이 참석했다. 참석자들은 '제1회 동아시아 농업유산 국제 컨퍼런스'를 높이 평가했다. 제2회 국제 컨퍼런스는 2015년 6월 하순에 일본 사도시에서 NAKAMURA Koj 일본 가나자와 대학 명예교수가 ERAHS 제2기 집행의장을 맡고 MIN Qingwen 중국과학원 지리학 자원연구소 교수와 윤원근 한국 협성대학 교수가 공동의장을 맡기로 결정했다. 참석자들은 컨퍼런스 결과물의 출판, ERAHS 로고 디자인, 홈페이지 제작 등의 주제에 대해서도 논의했다.

2014.04.10 The 2nd Working Meeting of ERAHS

The 2nd ERAHS Working Meeting was held in Xinghua City, Jiangsu Province, China on April 10th, 2014. Chaired by MIN Qingwen, Executive Chair of the First ERAHS Conference and professor from CAS-IGSNRR, the meeting was attended by experts from institutions including CAS-IGSNRR, Institute of Agricultural Economics and Development of Chinese Academy of Agricultural Sciences, China Agricultural Museum, China National Academy of Arts, Kanazawa University and Shizuoka University of Japan, Hyupsung University, Konkuk University, Korea Rural Research Institute, Jeju Research Institute of South Korea, and UNU. Attendees spoke highly of the inaugural ERAHS Conference. Through consultations, participants decided to convene the 2nd ERAHS Conference in late June 2015 in Sado City, Japan. Emeritus Professor NAKAMURA Koji of Kanazawa University will serve as Executive Chair, with Professor MIN Qingwen of CAS-IGSNRR and Professor YOON Won-keun of Hyupsung University as Co-Chairs. Participants at the meeting also discussed other topics such as publishing conference proceedings, ERAHS logo design, and website development.

A Decade of Partnership : Research Collaboration on Conservation of Agricultural Heritage Systems in East Asia (2013-2023)

098

2015.03.04 ERAHS第三次工作会议

ERAHS第三次工作会议于2015年3月4日在位于日本东京的联合国大学召开。ERAHS第二届执行主席、日本金泽大学荣誉教授NAKAMURA Koji主持会议，共同主席、中国科学院地理科学与资源研究所研究员闵庆文和韩国协成大学教授YOON Won-keun以及来自中国科学院地理科学与资源研究所、韩国农渔村研究院、联合国大学、日本东海大学和日本国东半岛宇佐地区GIAHS推进协会的相关专家、日本佐渡岛的地方代表参加了会议。

中日韩三国代表首先就"第一届东亚地区农业文化遗产学术研讨会"之后各国在推动农业文化遗产保护与管理方面取得的进展进行了交流。随后，参会人员对计划于6月22—25日在日本佐渡市举行的"第二届东亚地区农业文化遗产学术研讨会"的主题和议程进行了详细讨论。经研究，会议的主题定为"生态脆弱地区的乡村复兴——生物多样性与传统农业"，会期3天，由两个主旨演讲和25个专题报告组成。会议期间将组织考察"日本佐渡岛稻田—朱鹮共生系统"以及矿山地质公园。会议还将提供展位进行农业文化遗产地海报和农产品展示，并遴选优秀论文在国际期刊上发表。

ERAHS成员还参加了3月3日在联合国大学举办的"农业—文化系统国际研讨会：GIAHS视角"。联合国大学可持续性高等研究所高级项目协调员NAGATA Akira主持会议，联合国大学可持续性高等研究所所长TAKEMOTO Kazuhiko和日本农林水产省农林水产政策研究所所长YAMASHITA Masayuki分别致辞。中国科学院地理科学与资源研究所研究员闵庆文、韩国协成大学教授YOON Won-keun和韩国国立农业科学院研究员KIM Sang-bum分别介绍了中国和韩国在农业文化遗产保护与管理领域的研究进展。日本文化厅长官AOYAGI Masanori、联合国大学高级副校长TAKEUCHI Kazuhiko、日本农村发展规划委员会主任研究员OCHIAI Mototsugu、日本九州大学教授YABE Mitsuyasu、日本岛根大学副教授HAMANO Tsuyoshi、日本北海道大学副教授MORIMOTO Junko和日本长崎大学教授YOSHIDA Kentaro从农业文化遗产的视角介绍了日本农业系统保护与开发研究的进展。

ERAHS成员还参加了3月5日在东京大学举办的"GIAHS与地域农业振兴国际研讨会：日中韩的比较与经验交流"。日本德岛大学教授TAMAMA

专家报告

Shinnosuke 主持会议，中国科学院地理科学与资源研究所研究员闵庆文、韩国协成大学教授 YOON Won-keun、联合国大学可持续性高等研究所高级项目协调员 NAGATA Akira 分别介绍了中国、韩国和日本在农业文化遗产保护与管理领域的研究进展。日本金泽大学荣誉教授 NAKAMURA Koji 和日本静冈大学教授 INAGAKI Takahiro 分别以"日本能登里山里海"和"日本静冈传统茶—草复合系统"为例，介绍了农业文化遗产在区域农业振兴中所发挥的作用。报告结束后，参会人员与报告人进行了近两个小时的自由讨论，就 GIAHS 认定后对农业文化遗产地产生的影响、农业文化遗产地农民观念的改变、农业文化遗产地之间的合作等主题展开了深入讨论。

2015.03.04 ERAHS第3回作業会合

専門家による発表

　「ERAHS第3回作業会合」は2015年3月4日に東京の国際連合大学で開催されました。ERAHS第2回会議代表議長、金沢大学の中村浩二名誉教授が司会を務め、共同議長で中国科学院地理科学・資源研究所のMIN Qingwen教授と韓国協成大学のYOON Won-keun教授および中国科学院地理科学・資源研究所、韓国農漁村研究院、国際連合大学、東海大学と国東半島宇佐地域世界農業遺産推進協議会からの専門家たち、佐渡地域代表が会議に参加しました。

　日中韓3か国の代表者はまず「第1回東アジア農業遺産学会」後の農業遺産の保全・管理に関する各国の進捗状況について意見交換を行いました。その後、6月22日から25日まで佐渡市で開催される「第2回東アジア農業遺産学会」のテーマや議題について議論が行われました。検討した結果、会議は「生態学的に脆弱な地域における農村再生：生物多様性と伝統農業」をテーマとし、3日間にわたり、2件の基調講演と25件の発表が行われることで合意しました。会議期間中には、「トキと共生する佐渡の里山」

および鉱山やジオパークへの見学も行われる予定になりました。また農業遺産地域のポスターと農産品を展示するブースも設けられ、国際学術誌に掲載される優秀論文の選考も行われることになりました。

　ERAHSのメンバーは、3月3日に国際連合大学で開催された「農文化システムに関する国際シンポジウム：世界農業遺産の視点から考える」にも参加しました。国際連合大学サステイナビリティ高等研究所の永田明シニアプログラムコーディネーターが司会を務め、国際連合大学サステイナビリティ高等研究所の竹本和彦所長と農林水産省農林水産政策研究所の山下正行所長が挨拶を行い、中国科学院地理科学・資源研究所のMIN Qingwen教授、韓国協成大学のYOON Won-keun教授と韓国国立農業科学院研究官のKIM Sang-bum氏がそれぞれ中国と韓国における農業遺産保全・管理分野の研究の進展を紹介しました。文化庁の青柳正規長官、国際連合大学上級副学長の武内和彦教授、農村開発企画委員会の落合基継主任研究員、九州大学の矢部光保教授、島根大学の濱野強准教授、北海道大学の森本淳子准教授と長崎大学の吉田謙太郎教授は、農業遺産の視点から日本における農業システムの保全と開発研究の進捗を紹介しました。

　ERAHSのメンバーは、3月5日に東京大学で開催された国際シンポジウム「世界農業遺産と地域農業振興-日中韓の比較と経験交流」に参加しました。徳島大学の玉真之介教授が司会を務め、中国科学院地理科学・資源研究所のMIN Qingwen教授、韓国協成大学のYOON Won-keun教授、国際連合大学サステイナビリティ高等研究所シニアプログラムコーディネーターの永田明氏はそれぞれ中国、日本、韓国における農業遺産の保全と研究の進捗について紹介しました。金沢大学の中村浩二名誉教授と静岡大学の稲垣栄洋教授はそれぞれ「能登の里山里海」と「静岡の茶草場農法」を例に、農業遺産と地域農業振興との関連を紹介しました。スピーチの後、参加者たちはGIAHS認定による農業遺産地域への影響、農業遺産地域の農業者の意識の変化、農業遺産地域間の協力体制などについて2時間近くのディスカッションを行いました。

2015.03.04 ERAHS 제3차 실무 회의

'ERAHS 제3차 실무 회의'는 2015년 3월 4일에 일본 도쿄에 위치한 유엔대학에서 열렸다. ERAHS 제2기 집행의장을 담당한 NAKAMURA Koji 일본 가나자와 대학 명예교수가 회의를 주재하고 공동의장인 MIN Qingwen 중국과학원 지리학 자원연구소 교수와 윤원근한국 협성대학 교수, 중국과학원 지리학 자원연구소, 한국 농어촌연구원, 유엔대학, 일본 토카이대학과 일본 쿠니사키 반도 우사 지역 GIAHS 추진협회 관계자, 일본 사도시의 지역 대표 등이 참석했다.

한중일 3국 대표들은 먼저 '제1회 동아시아 농업유산 국제 컨퍼런스' 이후 농업유산의 보전과 관리 등의 분야에서 각국이 거둔 발전 성과에 대한 의견을 교환했다. 이어 6월 22일부터 25일까지 일본 사도시에서 열릴 예정인 제2회 동아시아 농업유산 국제 컨퍼런스의 주제와 아젠다에 대해 자세히 논의했다. 회의 결과에 따르면 컨퍼런스 주제는 '생태적으로 민감한 지역의 농촌 활성화: 생물 다양성 및 전통 농업'으로 결정되었으며, 3일 동안 개최되며 세션은 2개의 기조 연설과 25개의 특별 발표로 구성될 예정이다. 회의 기간에 '일본 따오기와 공생하는 사도시의 사토야마'와 지질공원의 현장 답사를 진행하고 농업유산 포스터 전시와 농산물 전시 부스를 마련하고 국제저널에 발표할 우수 논문을 선정하기로 하였다.

ERAHS 멤버들은 3월 3일 유엔대학에서 열린 '농업-문화 시스템 국제 세미나: GIAHS 시각' 회의도 참석했다. NAGATA Akira 유엔대학 지속가능

패널 토론

단체 사진

성 고등연구소 코디네이터가 회의를 주재하고 TAKEMOTO Kazuhiko 유엔대학 지속가능성 고등연구소장과 YAMASHITA Masayuki 일본 농림수산성 농림수산정책연구소장이 각각 인사말을 했다. MIN Qingwen 중국과학원 지리학자원연구소 교수와 윤원근한국 협성대학 교수, 김상범한국 국립농업과학원 연구원은 각각 중국과 한국의 농업유산 보전 및 관리 분야 연구 진행 상황을 소개했다. AOYAGI Masanori 일본 문화청 장관, TAKEUCHI Kazuhiko 유엔대학 부총장, OCHIAI Mototsugu 일본 농촌개발기획위원회 주임연구원, YABE Mitsuyasu 일본 큐슈대학 교수, HAMANO Tsuyoshi 일본 시마네대학 부교수, MORIMOTO Junko 일본 호카이도대학 부교수, YOSHIDA Kentaro 일본 나가사키대학 교수는 농업유산 시각에서 일본 농업시스템의 보전과 개발 관련 연구결과를 소개했다.

ERAHS 멤버들은 3월 5일 동경대에서 열린 GIAHS와 지역농업진흥 국제 세미나: 한중일 비교와 경험 교류' 회의에도 참석했다. TAMAMA Shinnosuk 일본 도쿠시마 대학 교수가 회의를 주재하고 중국과학원 지리학 자원연구소 MIN Qingwen 교수, 한국 협성대학 윤원근 교수, NAGATA Akira 유엔대학 지속가능성 고등연구소 코디네이터가 각각 중국과 한국, 일본의 농업유산 보전 및 관리 분야의 연구 진행 상황을 소개했다. NAKAMURA Koji 일본 가나자와 대학 명예교수와 INAGAKI Hidehiro 일본 시즈오카 대학 교수는 각각 '일본 노토반도의 사토야마 사토우미'와 '일본 시즈오카의 전통 차-풀 통합시스템'을 예로 들어 농업유산이 지역농업진흥에 대한 역할을 소개했다. 발표가 끝난 뒤 참석자들과 발표자들은 2시간 가까이 자유 토론을 진행하며 GIAHS 승인 후 농업유산지역에 미칠 영향, 농업유산지역에서 농민의 인식 변화, 농업유산지역 간의 협력 등을 주제로 심도 있는 토론을 벌였다.

2015.03.04 The 3rd Working Meeting of ERAHS

The 3rd ERAHS Working Meeting was held at UNU in Tokyo, Japan on March 4, 2015. The meeting was chaired by Emeritus Professor NAKAMURA Koji, Executive Chair of the 2nd ERAHS Conference, co-chaired by Professor MIN Qingwen of CAS-IGSNRR and Professor YOON Won-kuen of Hyupsung University and attended by experts from institutions including CAS-IGSNRR, Korea Rural Research Institute, UNU, Tokai University, Council for the Promotion of GIAHS in Kunisaki Peninsula Usa Area, alongside local Sado Island representatives.

Participants from China, Japan, and South Korea first exchanged the latest progress made in agricultural heritage conservation and management since the inaugural ERAHS conference. Participants then discussed in detail the theme and agenda for the upcoming 2nd ERAHS Conference to be held June 22-25 in Sado City, Japan. After deliberations, the 2nd conference theme was set as "Rural Revitalization in Ecologically Fragile Areas: Biodiversity and Traditional Agriculture", spanning three days including two keynote speeches and 25 feature presentations. Attendees would visit the Sado's *Satoyama* in Harmony with Japanese Crested Ibis and geoheritage sites in Sado Island. In addition, the conference will also provide booths to display posters and agricultural products from agricultural heritage sites and select outstanding papers for publication in international journals.

ERAHS members also participated in the "International Symposium on Agri-Culture Systems: GIAHS Perspectives" at UNU on March 3rd. This symposium, chaired by UNU-IAS Senior Programme Coordinator NAGATA Akira, featured opening remarks from UNU-IAS Director TAKEMOTO Kazuhiko and Director General of Agricultural, Forestry and Fisheries Policy Research Institute, MAFF Yamashita Masayuki. Professor MIN Qingwen from CAS-IGSNRR, Professor

YOON Won-keun from Hyupsung University, and Research Fellow KIM Sang-bum from National Academy of Agricultural Science of South Korea provided updates on AHS conservation and management studies in China and South Korea. From the perspective of AHS, insights into Japan's research progress in AHS conservation and development were shared by key figures including the Japan Cultural Affairs Agency Chief, AOYAGI Masanori; Senior Vice-Rector of UNU, TAKEUCHI Kazuhiko; Research Director of the Japanese Rural Development Planning Commission, OCHIAI Mototsugu; along with YABE Mitsuyasu, Professor at Kyushu University; HAMANO Tsuyoshi, Associate Professor at Shimane University; MORIMOTO Junko, Associate Professor at Hokkaido University; and YOSHIDA Kentaro, Professor at Nagasaki University.

Furthermore, ERAHS members actively participated in the "International Symposium on GIAHS and Regional Agricultural Revitalization – Comparison and Experience Sharing Among Japan, China, and South Korea" held at the University of Tokyo on March 5th. Hosted by TAMAMA Shinnosuke, a professor at Tokushima University, this event had featured presentations from experts including MIN Qingwen from CAS-IGSNRR, YOON Won-keun from Hyupsung University, and NAGATA Akira, Senior Programme Coordinator at UNU-IAS, who shared insights into advancements in AHS research and management in China, South Korea,

Discussion in the meeting

and Japan. The conference highlighted the role of AHS in regional agricultural revitalization, with examples such as "Noto's *Satoyama* and *Satoumi*" and the "Traditional Tea-grass Integrated System in Shizuoka" presented by Emeritus Professor NAKAMURA Koji from Kanazawa University and Professor INAGAKI Takahiro from Shizuoka University, respectively. Following the presentations, attendees engaged in a two-hour in-depth open discussion on different topics, including the impact of GIAHS designation on agricultural heritage sites, changing perceptions among farmers in these areas, and collaboration between different agricultural heritage sites.

2015.06.22 第二届ERAHS学术研讨会[1]

1 会议概况

　　为促进中日韩三国农业文化遗产的学术交流、分享东亚地区农业文化遗产保护与发展的成功经验，加强遗产地之间的交流与合作，由ERAHS和日本佐渡市政府主办，日本农林水产省支持，FAO、联合国大学、中国科学院地理科学与资源研究所、韩国农渔村遗产学会、日本GIAHS网络和日本新潟县政府协办的"第二届东亚地区农业文化遗产学术研讨会"于2015年6月22—26日在日本佐渡市召开。来自FAO、联合国大学、日本国际协力机构和日本农林水产省的官员，以及中国、日本、韩国和菲律宾的科研人员、农业文化遗产地代表、企业家以及新闻记者120余人参加了会议。此次会议的主题为"生态脆弱地区的乡村复兴——生物多样性与传统农业"。

　　开幕式上，日本佐渡市市长KAI Motonari致欢迎辞，日本新潟县佐渡地区振兴局局长SASAKI Minoru、日本农林水产省农村振兴局农村环境处处长KODAIRA Hitoshi、日本国际协力机构高级顾问ENOMOTO Masahito分

中国代表团合影

1　闵庆文，史媛媛. 科学支撑乡村复兴——"第二届东亚地区农业文化遗产学术研讨会"纪要 [J]. 古今农业，2015, (3): 111-115.

别讲话。FAO驻日联络处主任Mbuli Charles BOLIKO、联合国大学高级副校长TAKEUCHI Kazuhiko、日本农林水产省农村振兴局农村环境处副处长MORITA Kentaro、中国科学院地理科学与资源研究所研究员闵庆文、韩国协成大学教授YOON Won-keun和日本金泽大学荣誉教授NAKAMURA Koji分别围绕GIAHS的未来之路、传统农业的可持续发展、日本农业文化遗产的工作进展、中国农业文化遗产的进展与展望、韩国农业渔业遗产进展和GIAHS能力建设培训等方面作主旨报告。来自中日韩三国的科研人员、各农业文化遗产地管理人员以专题报告、墙报展示等形式围绕农业文化遗产的重要性及价值研究、动态保护措施和农业文化遗产地经验进行了介绍。会议期间，还举办了农业文化遗产保护成果展、农业文化遗产地农产品展等，与会代表实地考察了"日本佐渡岛稻田—朱鹮共生系统"。

2　主要交流成果

2.1　农业文化遗产的重要性及其价值研究

FAO驻日联络处主任Mbuli Charles BOLIKO以《GIAHS的未来之路》为题，阐述了FAO于2002年发起GIAHS项目目的，肯定了GIAHS项目在推广过程中对妇女地位改善、经济生产率提高和乡村地区家庭生活的维持所起到的积极作用，并表明2015年GIAHS将成为FAO的一项常规工作，未来工作将主要围绕GIAHS规范化管理、农业文化遗产地利益相关方能力建设与培养、南南合作推动与发展以及搭建GIAHS知识交流平台等方面开展。通过对农业文化遗产多重价值的分析，中国水产科学研究院研究员杨子江阐述了渔文化在东亚地区农业文化遗产交流中的重要作用，强调了渔业作为人类最早的经济形态之一，不仅对遗产保护至关重要，而且对促进中日友好邦交也具有重要意义。

农业文化遗产是一个复合性概念，应从多维度对其价值进行分析与研究。南京农业大学副教授李明从静态横向共时性维度分析了农业文化遗产的历史价值、审美价值、科技价值、生态价值、经济价值、文化价值和社会价值，并从动态纵向历史性维度将农业文化遗产价值分为"过去时""现在时"和"将来时"价值。民俗文化价值是农业文化遗产的另一主要特征，其衍生出的旅游产业会为农业文化遗产地带来经济收益和市场价值。中国科学院地理科学与资源研究所博士生田密提出了农业文化遗产旅游的定义，认为农业

文化遗产旅游是文化遗产旅游、自然生态旅游与农业旅游的结合，具有鲜明的季节变化，并从经济、环境、社会、文化、政治五方面提出了农业文化遗产地的旅游发展框架。

衡阳师范学院副教授胡最以湖南新化紫鹊界梯田的特色饮食、传统习俗为切入点，分析了紫鹊界传统文化的发展演变过程、文化信仰特征及相关生产活动，总结了影响稻作梯田传统文化特色各因子之间的相互作用，并绘制了关系图谱。中国科学院地理科学与资源研究所博士生李静、张永勋和孙雪萍分别介绍了传统文化在云南红河哈尼稻作梯田系统成功抵御旱灾过程中的重要作用，分析了哈尼梯田农业文化遗产的经济、生态、美学、文化、科研和社会等多重价值，评价了山东夏津黄河故道古桑树群的生态系统服务功能，肯定了古桑树群系统"以桑治沙"模式对促进农业环境与生态系统保护的重要意义。

2.2 农业文化遗产的动态保护措施

2.2.1 国家重视

国家重视是农业文化遗产保护全面实施的重要保障。韩国协成大学教授YOON Won-keun介绍了韩国将农业文化遗产分成"韩国重要农业文化遗产（KIAHS）"和"韩国重要渔业文化遗产（KIFHS）"，并于2015年正式开展国家级评选，在原有国家法律基础上增加KIAHS和KIFHS相关保护条款。他还介绍了韩国农林畜产食品部对KIAHS所在地相关配套保护行动计划和财政预算的支持，确保农业文化遗产地政府的保护力度。

现代科技的进步、人口负增长和老龄化问题使得农业文化遗产地大量农田被抛荒，农业发展形势严峻。日本农林水产省农村振兴局农村环境处副处长MORITA Kentaro介绍了日本政府围绕GIAHS申报、政策制定、交流合作、产品开发等采取的积极措施，推动乡村发展和农业复兴。联合国大学可持续性高等研究所研究助理Evonne YIU结合"日本阿苏草原可持续农业系统"和"日本佐渡岛稻田—朱鹮共生系统"实例，分析了中日韩三国制定的农业文化遗产申报、监测与评估标准，认为应从自然、社会和经济三个方面，对农业文化遗产进行评价和研究，分析全球、国家和地方三个层面各利益相关者间的相互关系及影响。

2.2.2 政策保障

　　相关保障政策的制定，使农业文化遗产保护更加有章可循。建立完善的监测评估体系是使农业文化遗产地活力得以持续的保障，也是农业文化遗产保护的基础工作和重要组成部分，中国科学院地理科学与资源研究所助理研究员焦雯珺提出对农业文化遗产地生态保护、经济发展、社会维系及文化传承四大方面及地方政府所采取的相关措施进行监测，并在监测数据基础上构建国家、省、地区三级监测网络，建立年度报告制度，搭建数据库和管理系统，完善国家级巡视与监督制度。

　　农业文化遗产一般分布在重要的生态功能区、生物多样性热点区和生态脆弱敏感区，具有减缓温室气体排放、生产安全食品的优势，拥有丰富的生物多样性、独特的农业知识技术和与之相适应的传统文化等自然、社会和文化多功能性，但是由于这些地区的农业多数使用传统的生产方式，因此生产效率低，农民生产的主动性差。中国科学院地理科学与资源研究所副研究员刘某承分析认为农业文化遗产地利用生态补偿方式来保护农业文化遗产是一种非常有益的尝试，建议通过对农民进行一定的经济补偿来推动农业文化遗产地生态、有机的种植方式。

2.2.3 资源挖掘

　　农业文化遗产是实现传统农业可持续发展的关键。联合国大学高级副校长TAKEUCHI Kazuhiko呼吁从经济、社会及生态三方面挖掘农业文化遗产地农产品的附加价值，以自然资源为中心，开发多种形式的农产品资源，创建第六产业，建立多层管理机制，实现区域循环共生圈。

　　生态农业是农业文化遗产地的特色与优势，安全、健康的农产品生产可以给农业文化遗产地的农民带来最实际的经济效益。日本新潟大学教授NAGATA Hisashi列举了2008年起佐渡市政府实施的"朱鹮米"有机认证制度对佐渡岛朱

展示与交流

鹮数量恢复、生物多样性保护和生态环境修复有重要作用，形成了"朱鹮—人—稻田"和谐共存的良好氛围的成功案例。

农业文化遗产地多处于物种资源丰富而环境比较艰难的地区，其中半干旱地区水资源短缺是限制农业生产的重要因素。日本东海大学教授KABATA Kiyotaka以日本对水葫芦的回收、利用为例介绍了半干旱地区的水资源问题及修复技术。

2.2.4　多方参与

在中国，10年来GIAHS项目取得了显著的生态效益、经济效益和社会效益，已成为农村经济社会可持续发展的重要方面。中国科学院地理科学与资源研究所研究员闵庆文回顾了农业文化遗产在中国的进展，强调要加大科普宣传，加强协同发展，发挥各利益相关方参与保护的积极性，最终促进生态保护、文化传承与经济繁荣的和谐发展，让农民从"自卑"到"自信"与"自觉"，最终走向"自豪"与"自珍"。

农业文化遗产在推动区域发展的同时，也存在土地过度利用与开发的问题。韩国农渔村公社研究员PARK Yoon-ho从土地利用角度探讨了农业文化遗产地保护与可持续发展的平衡问题，建议进行综合管理并制定相关保护条例，结合各农业文化遗产地自身特色在农民、企业等多方积极参与下进行有区别的管理和保护。

2.2.5　科学管理

农业文化遗产是一个完整的系统。中国政法大学教授刘红婴认为农业文化遗产是集传统性和当代性于一体的活态遗产，既是人类与其所处环境建立起来的稳定关系，又要依靠当代法律、规则和价值观进行保护，应重视农业文化遗产传统性和当代性之间的平衡。

城镇化促进经济增长的同时也带来了城市粗放式发展、资源过度消耗、生态环境严重破损、食品安全等挑战，城市与农村平衡发展成为制约中国发展的瓶颈。中国科学院地理科学与资源研究所研究助理史媛媛提出了以农业文化遗产为切入点的城市支持农业发展模式，认为农业文化遗产地传统文化的传承、绿色农产品开发、特色景观旅游等都是农业文化遗产地的发展优势，应利用城市的资金和技术对农村进行"反哺"，最终达到城市生态化、农田田园化的平衡。

2.2.6 人才培养

人才的培养是农业文化遗产保护的一个重要抓手，确保了农业文化遗产的传承及可持续发展。日本金泽大学教授NAKAMURA Koji介绍了"日本能登里山里海"联合"菲律宾伊富高稻作梯田"开展关于GIAHS人才培养的"里山里海"人才培训课程，建议国家间通过"结对子"的方式，因地制宜，建立多方参与的可持续培训课程，以促进农业文化遗产的保护与发展。

2.2.7 宣传推广

农业文化遗产的科普宣传是其可持续发展的另一重要抓手。韩国区域规划研究所所长GU Jin-hyuk提出基于生态博物馆理念的综合保护方法，认为生态博物馆是一种没有围墙的"活态博物馆"，包括农村生活、农业生产系统本身及农业文化等内涵，强调了保护和保存文化遗产的真实性、完整性和原生性的必要。韩国名所IMC代表HWANG Kil-sik以"韩国青山岛传统板石灌溉稻作梯田"及其周围相关资源的动态保护与有效利用为例，呼吁建立社区参与的生态文化博物馆，促进农业文化遗产有效发展，复兴传统农业地区农耕文化。

2.3 农业文化遗产地经验交流

来自中日韩三国农业文化遗产地代表主要介绍了各地已开展的农业文化遗产保护工作，面临的问题以及下一步的工作计划。河北省张家口市宣化区副区长孙辉亮针对宣化葡萄古、特、多、保、优、富、唯和高八大特点，围绕政策制定、宣传推广、科技创新以及文化培养四个方面介绍了"河北宣化城市传统葡萄园"的保护经验。山东省夏津县县长才玉璞将"山东夏津黄河故道古桑树群"的保护工作总结为提升发展规划、推进产学研相融和挖掘文化内涵三个方面。河南省灵宝市市长杨彤分析了"河南灵宝川塬古枣林"的变迁及其作为农业文化遗产的价值内涵。

日本佐渡市市长KAI Motonari强调了朱鹮对于农民改善耕作方式、促进粮食安全生产发挥的重要作用，介绍了佐渡市政府从认知、保护、利用三个方面制定的90年战略期的"里山计划"，让三代人共享GIAHS价值。日本静冈县茶产业发展处处长KAMIYA Kenta介绍了"日本静冈传统茶—草复合系统"的传统茶草农法在保护农田生物多样性、维持环境平衡和社区振兴中的重要作用。

会后考察

　　韩国东国大学博士生PARK Eun-ha通过对"韩国青山岛传统板石灌溉稻作梯田"进行生物多样性调查，肯定了板石梯田具有的独特水渠结构，为生物的生长提供了良好的生产环境。"韩国锦山传统人参农业系统"于2015年被认定为KIAHS，韩国忠南研究院研究员KIM Ki-hueng介绍了为实现高丽人参种植的可持续发展、提高人参的品牌价值，地方政府所开展的系列保护活动。韩国求礼郡政府办公室主任JEONG Haeng-suk介绍了"韩国求礼山茱萸农业系统"的特征及其独特的农业传统知识、技术和生态文化价值。

3　总结与展望

　　此次学术研讨会为中日韩三国农业文化遗产保护提供了广阔的交流平台，经过各国政府官员、科研人员以及农业文化遗产地代表的共同探讨，农业文化遗产保护呈现出以下发展趋势。

　　（1）农业文化遗产保护呈现多学科综合研究特征

　　此次会议无论是从主旨报告、专题报告、墙报展示，还是论文征集都不难看出，农业文化遗产保护吸引了多个学科、多个领域专家学者的关注。自

2002年起，农业文化遗产经过10多年的发展，已经初步形成了以多学科、综合性为特征的研究格局，构建了一支包括农业历史、农业生态、农业经济、农业政策、农业旅游、农业民俗以及民族学与人类学等领域专家在内的科研队伍。

（2）农业文化遗产保护呈现多单位联合研究特征

中国科学院地理科学与资源研究所、南京农业大学等高校和科研单位设置了农业文化遗产的研究生培养方向，并定期组织学生进行交换学习；金泽大学与伊富高州立大学合作，针对年轻人联合开展"里山里海"人才培训课程；韩国农渔村公社、东国大学等机构从农业政策制定、生态学等方面对农业文化遗产进行了系统性分析。通过ERAHS这个平台，在研究层面上，中日韩三国可以开展农业文化遗产及其保护的联合研究，将各国先进的科研技术和成熟的保护思路进行交流与合作，推动东亚地区的农业文化遗产保护研究向更加深入、全面的方向发展。

（3）农业文化遗产保护呈现专题式深入研究特征

截至2015年8月，全球共有14个国家32个传统农业系统被批准为GIAHS，其中18项在中国、日本和韩国。纵观中日韩三国的18项GIAHS，其中包括5项稻作农业文化遗产和3项茶类农业文化遗产，梯田类农业文化遗产也相对集中。中日韩三国科研人员针对较为集中的农业文化遗产类型进行相互合作，如围绕茶类、草类、梯田类及林果类农业文化遗产进行针对性、专题性研究，积极挖掘各国潜在的同类型农业文化遗产，推动农业文化遗产研究的深入，为同类型农业文化遗产保护与发展提供了有力的科学支撑与借鉴。

（4）农业文化遗产保护呈现多方参与共同发展特征

农业文化遗产管理的机制是"政府主导、科学论证、分级管理、多方参与、惠益共享"。农业文化遗产的保护不仅是地方管理部门的工作任务，也不仅是科研工作者个人的研究课题，它需要地方政府、科研人员、非政府组织等多利益相关方积极参与，共同寻找城市与乡村的平衡发展。农业文化遗产地政府部门的重视、专家学者的关注与指导、农产品加工企业的参与、成熟社区参与制度和志愿者招募制度的建立以及非政府组织的支持与监督，确保了当地农业文化遗产的保护与和谐发展。相信在"政府主导，多方参与"的大环境下，农业文化遗产管理将更加科学、规范并赋有活力。

日本佐渡岛稻田—朱鹮共生系统

位于新潟县沿海的佐渡岛，由两座山脉横跨，中部是宽阔的平原。地貌及海拔高度的多样性，造就了独特的里山（satoyama）景观。这是一个由次生林、人工林、草地、稻田、湿地、灌溉池、运河等组成的动态镶嵌式社会—生态系统，与由海滨、岩岸、潮汐滩、海藻/海草床组成的里海（satoumi）景观即海洋—海岸生态系统紧密相连、相互依存。

复杂的里山景观和里海景观，蕴藏了丰富的农业生物多样性，如水稻、豆类、蔬菜、土豆、荞麦、水果、稻田和旱地种植的作物、牲畜、森林中的野生植物和蘑菇以及沿海地区的许多海产品。佐渡的稻米、牛肉和柿子都是日本最优的。佐渡里山也是野生朱鹮最后的栖息地。这里的水稻种植和其他的农业活动可以追溯到1700多年前的弥生时代。几个世纪以来，岛上的人民创造并维持了多样化的景观，并发展了适合当地的资源利用和管理做法。例如，修建了1000多个灌溉池进行水资源管理，解决由于雨水快速入海造成的水资源短缺问题；同时创造了丰富的地方稻作文化，如被列为重要的非物质文化遗产的Kuruma水稻种植技术。江户时代（1603—1868年）的淘金热时期，由于粮食生产的压力，人们在山坡开垦水稻梯田，这对景观的美感及朱鹮觅食地的扩大都有贡献。

岛上传统农业活动在将朱鹮重新引入野生环境的努力下开始复兴。里山地区的传统生态知识与现代技术及政府政策相结合，以修复朱鹮依赖的生态系统。岛上居民正在与研究人员、政府合作进行下一步措施，以期实现更为可持续的农业发展道路。日本佐渡岛稻田—朱鹮共生系统于2011年被FAO认定为GIAHS。

2015.06.22 第2回ERAHS会議[1]

1 会議の概要

　　日中韓3か国間の農業遺産に関する学術交流を促進し、東アジアにおける農業遺産の保全と発展の成功経験を共有し、遺産地域間の交流と協力を強化するため、東アジア農業遺産学会と佐渡市が主催し、FAO、国際連合大学、中国科学院地理科学・資源研究所（CAS-IGSNRR）、韓国農村遺産協会（KRHA）、J-GIAHSネットワーク会議（J-GIAHS）、新潟県が共催、農林水産省が後援した「第2回東アジア農業遺産学会」は、2015年6月22日から26日まで佐渡市で開催されました。「生態学的に脆弱な地域における農村再生：生物多様性と伝統農業」をテーマとするこの会議には、FAO、国際連合大学、国際協力機構（JICA）と農林水産省の関係者、中国、日本、韓国、フィリピンからの研究者、農業遺産地域の代表者、企業家、ジャーナリストなど120名以上が参加しました。

　　開会式では、地元佐渡市の甲斐元也市長が歓迎の挨拶を述べ、新潟県佐渡地域振興局の佐々木稔局長、農林水産省農村環境課の小平均課長、国際協力機構の榎本雅仁上級顧問がそれぞれ挨拶しました。FAO駐日連絡事務所のMbuli Charles BOLIKO所長、国際連合大学上級副学長の武内和彦教授、農林水産省農村振興局農村環境課の森田健太郎課長補佐、中国科学院地理科学・資源研究所のMIN Qingwen教授、韓国協成大学のYOON Won-keun教授、金沢大学の中村浩二名誉教授はそれぞれ、GIAHSのこれからの方向、伝統的農業の持続可能な開発、日本農業遺産の作業進捗、中国農業遺産の進捗と展望、韓国農業漁業遺産の進捗とGIAHS建設・教育などについて基調講演を行いました。日中韓3か国からの研究者、各農業遺産地域の代表者は、研究発表、ポスターセッションなどの形で農業遺産の重要性や価値研究、動的な保全対策と農業遺産地域の経験を紹介しました。会議期間中、農業遺産保全の成果展示会や農業遺産地域の農産物展

1　から翻訳する MIN Qingwen, SHI Yuanyuan. 科学支撑農村复興——「第2回東アジア農業遺産学会」紀要. 古今農業, 2015, (3): 111-115.

示会も開催され、代表団は「トキと共生する佐渡の里山」の現地視察を行いました。

2 主な交流成果

2.1 農業遺産の重要性と価値に関する研究

　FAO駐日連絡事務所のMbuli Charles BOLIKO所長は「GIAHSのこれからの方向」についてFAOが2002年からGIAHSを発足させた目的を紹介し、GIAHSの普及における農村地域の女性の地位向上、経済生産性の向上、家族生活の維持にプラスの影響を与えたことを高く評価し、2015年よりGIAHSをFAO業務の一部として、GIAHSの標準化管理、農業遺産地域の関係者の能力向上と育成、南南協力の促進と発展、GIAHSの知識交換プラットフォームの構築に重点を置いて業務を展開していくことを明確にしました。中国水産科学研究院のYANG Zijiang研究員は、農業遺産の多面的な価値を分析することにより、東アジア地域の農業遺産交流における漁業文化の重要な役割について詳しく説明し、漁業は人類最古の経済形態の一つであり、遺産保全にとって極めて重要であるだけでなく、日中友好と外交関係の促進にとっても重要であることを強調しました。

　農業遺産は複合的なコンセプトであり、多元的にその価値を分析研究する必要があります。南京農業大学のLI Ming准教授は、農業遺産の歴史的価値、美的価値、科学技術的価値、生態的価値、経済的価値、文化的価値、社会的価値を静的な水平共時的次元から分析し、農業遺産の価値を動的な垂直歴史的次元から「過去形」「現在形」「未来形」の価値に分類しました。民俗文化価値は農業遺産のもう一つの大きな特徴であり、そこから派生する観光産業は農業遺産地域に経済的利益と市場価値をもたらします。中国科学院地理科学・資源研究所のTIAN Mi博士課程学生は、農業遺産観光の定義を提案し、季節により変化する農業遺産観光は文化遺産観光、自然生態観光、農業観光を組み合わせたもので、経済、環境、社会、文化、政治の5つの側面から農業遺産地域の観光発展の枠組みを提示しました。

　中国衡陽師範学院准教授のHU Zuiは、中国湖南興化紫鵲界棚田の特徴的な食生活と伝統風習を切り口に、紫鵲界伝統文化の発展と推移、文

集合写真

化信仰の特徴、関連する生産活動を分析し、棚田の伝統文化に影響を与える要因の相互作用をまとめ、関係図式を作成しました。中国科学院地理科学・資源研究所博士課程学生のLI Jing氏、ZHANG Yongxun氏、SUN Xueping氏は、中国雲南紅河ハニ族棚田の耐干対策における伝統文化の重要な役割を紹介し、ハニ族棚田農業遺産の経済、生態、美学、文化、科学研究、社会などの多元的な価値を分析しました。中国山東省夏津における伝統的桑栽培システムの生態系機能を高く評価し、桑栽培システムの「桑による砂対策」モデルの農業環境と生態系の保全を促進する上での重要な意義を確認しました。

2.2　農業遺産の動的な保全対策

2.2.1　国の重視

　　農業遺産保全が完全に実施されるためには、国の重視が必要不可欠です。韓国協成大学のYOON Won-keun教授は、韓国では農業遺産を「韓国農業遺産（KIAHS）」と「韓国漁業遺産（KIFHS）」に分け、2015年より正式に国家レベルの選定を行い、既存の国内法にKIAHSとKIFHS関連の保全規定を追加したことを紹介しました。また、韓国農林畜産食品部がKIAHSの所在地に関連する保全行動計画や財政予算を支援することで、農業遺産の地方政府の保全努力を確実なものにしていることを紹介しました。

　　現代技術の進歩、人口のマイナス成長、高齢化問題により、農業遺

産地域の農地は大量に耕作放棄されており、農業開発の状況は厳しいです。農林水産省農村振興局農村環境課の森田健太郎課長補佐は、GIAHS認定の申請、政策立案、交流・協力、商品開発などを中心に農村開発と農業活性化を促進するために日本政府がとっている積極的な施策を紹介しました。国際連合大学サステイナビリティ高等研究所のEvonne YIU研究員は、「阿蘇の草原の維持と持続的農業」と「トキと共生する佐渡の里山」の事例を踏まえながら、日中韓3か国における農業遺産認定の申請、モニタリングと評価基準を分析し、自然的、社会的、経済的観点から農業遺産を評価・研究し、世界レベル、国レベル、地域レベルのステークホルダー間の相互関係や影響を分析すべきであると主張しました。

2.2.2　政策支援

支援政策の策定により農業遺産の保全がなりますあるものになります。モニタリングと評価体制の完備化は農業遺産地域の活力を持続的に維持するためのものであって、農業遺産保全の基本的且つ重要な一部です。中国科学院地理科学・資源研究所のJIAO Wenjun研究補佐員は生態保全、経済発展、社会維持、文化継承の4点及び地方政府の関連措置に基づきモニタリングを行い、そのデータに基づき国、省、地域レベルの三段階モニタリング体制と年次報告体制を作り、データベースと管理システムを構築することで国家レベルの検査監督体制を完備すると提案しました。

農業遺産は一般的に重要な生態系機能地域、生物多様性に富んだ地域と生態学的に脆弱で敏感な地域に分布しており、温室効果ガス排出の緩和、安全な食料の生産、豊かな生物多様性の保全、独自の農業知識・技術、それらに適合する伝統文化など自然的・社会的・文化の多機能性を有します。しかし、これらの地域における農業のほとんどは伝統的な生産方法を用いているため、生産効率が低く、農民の生産に対する主体性は乏しいです。中国科学院地理科学・資源研究所のLIU Moucheng准研究員は、農業遺産保全のために、農業遺産地域の生態補償は非常に有

展示と交流

益な試みであると分析し、農業遺産地域の生態有機栽培法を促進するために、農民に対して一定の経済補償を与えることができると提案しました。

2.2.3　資源の発掘

　　農業遺産は伝統農業の持続の発展を実現するための鍵です。国際連合大学上級副学長の武内和彦教授は、農業遺産地域における農産物の付加価値を経済・社会・環境の3点から発掘することを呼びかけ、自然資源を中心に多種多様な農産品を開発し、6次産業を立ち上げ、地域循環型共生の輪を実現するための重層的な管理の仕組みを構築することを主張しました。

　　生態系農業は農業遺産地域の特徴で強みであり、安全で健康的な農産品の生産により農業遺産地域の農家が現実的な経済効益を獲得できます。新潟大学の永田尚志教授は、佐渡市が2008年から実施している「トキ米」の有機認証制度が、佐渡のトキの生息数の回復、生物多様性の保全、生態環境の回復に重要な役割を果たし、「トキ・人・水田」の調和のとれた共存に好ましい環境を形成している成功事例を紹介しました。

　　農業遺産地域は、豊かな生物資源を持ちながら比較的厳しい環境にある地域に多く、半乾燥地帯の水不足が農業生産を制限する重要な要因となっています。東海大学の椛田聖孝教授は、日本におけるホテイアオイの再生利用を例に、半乾燥地域における水資源問題と再生技術を紹介しました。

2.2.4　多様な主体の参加

　　中国でGIAHSは過去10年間で、生態学的、経済的、社会的に大きな利益を達成し、持続可能な農村経済・社会発展の重要な一部となっています。中国科学院地理科学・資源研究所のMIN Qingwen教授は、中国における農業遺産の進展を振り返り、科学の普及と共同発展を強化し、多様な主体の参加意欲を高め、生態保全、文化継承と経済成長という調和のとれた発展を達成し、農家が「劣等感」から「自信」、「自意識」、そして最終的には「誇り」、「自尊心」を感じさせるように努力すべきと強調しました。

　　農業遺産は地域発展を促進する一方で、土地の過剰利用と開発の問題も伴っています。韓国農漁村公社のPARK Yoon-ho研究員は土地利用の観点から農業遺産地域の保全と持続可能な開発のバランスについて論じ、包括的な管理・保全規定を策定し、農業遺産地域ごとの特性に合わせ、農家や

企業の積極的な参加のもと、差別化された管理・保全を行うべきであると提言しました。

2.2.5　科学的管理

　　農業遺産は完全なシステムです。中国政法大学のLIU Hongying教授は、農業遺産は伝統性と現代性を併せ持つ生きた遺産であり、人間と環境の間に築かれた安定した関係であると同時に、その保全は現代の法律、規則と価値観によるため、農業遺産の伝統性と現代性のバランスに注意を払うべきだと考えています。

　　都市化は経済成長を促進する一方で、粗放的な都市開発、資源の過剰消費、生態環境への深刻なダメージ、食の安全リスクといった課題ももたらすため、都市と農村の均衡ある発展は中国の発展を制限するボトルネックとなっています。中国科学院地理科学・資源研究所のSHI Yuanyuan研究助手は、農業遺産を切り口とする都市支援型農業発展モデルを提案しました。農業遺産地域の伝統文化の継承、グリーン農産物の開発、特色ある景観観光がその強みであるため、都市の資金と技術を支えに農村の発展を促し、最終的には都市の生態保全と農村の田園化というバランスをとれた発展を実現できると主張しました。

2.2.6　人材育成

　　農業遺産の保全にとって人材の育成は農業遺産の継承と持続可能な発展を保証するための非常に重要な手段です。金沢大学の中村浩二教授は、「能登の里山里海」とフィリピンの「イフガオの棚田」が共同で行った「里山里海」GIAHS人材育成コースを紹介し、「ツイニング」という手法で、各国が持続可能な研修コースを設置し、地域の実情に合わせ、農業遺産の保全と発展を促進することを提案しました。

2.2.7　宣伝と普及

　　農業遺産の宣伝と普及はその持続可能な発展のためのもう一つの重要な手段です。韓国ヌリネットのGU Jin-hyuk所長は、生態博物館のコンセプトに基づく総合保全手法を提案しました。生態博物館は壁のない「生きた博物館」として、農村の生活、農業生産システムそのもの、農業文化の意

味合いを含み、文化遺産の真実性、完全性、独創性を保護・保全する必要性を強調しました。韓国の㈱名所IMCのHWANG Kil-sik代表は、「韓国チョンサンドのグドゥルジャン棚田灌漑管理システム」およびその周辺の関連資源の動的な保全と効率的利用を例にして、農業遺産の効果的な発展と農業地域の伝統的な農業文化の復興を促進するために、地域社会が参加するエコ文化博物館の設立を呼びかけました。

2.3　農業遺産地域間の経験交流

　　日中韓3か国の農業遺産地域の代表者は、それぞれの地域で実施されている農業遺産保全作業、抱えている課題および次の作業計画を紹介しました。河北省張家口市宣化区のSUN Huiliang副区長は、宣化ブドウの歴史の長さ・特別・多量・保証・優良・豊富・唯一と高価値の8つの特徴を踏まえ、「宣化の伝統的ぶどう園」の保全経験を、政策立案、広報宣伝、科学技術革新と文化継承の4点から紹介しました。山東省夏津県のCAI Yupu県長は、「夏津における伝統的桑栽培システム」の保全を開発計画の革新、産学研連携と文化の発掘の3点にまとめました。河南省霊宝市のYANG Tong市長は、「黄土高原における霊宝古棗林」の変遷と農業遺産としての価値を分析しました。

　　佐渡市の甲斐元也市長は、トキによる農家耕作手法の改善、食の安全の促進に果たす重要な役割を説明し、GIAHSの価値を3世代で共有できるよう、佐渡市が啓発、保全、活用の分野で策定した90年戦略「里山プラ

伝統公演

ン」を紹介しました。静岡県お茶振興課の神谷健太課長は、農地の生物多様性の保全、環境バランスの維持、地域活性化において、伝統的な茶草場農法である「静岡の茶草場農法」の重要な役割を紹介しました。

韓国東国大学の博士課程に在籍するPARK Eun-ha氏は、「韓国チョンサンドのグドゥルジャン棚田灌漑管理システム」の生物多様性調査を通じて、グドゥルジャン棚田の独特な水路構造が生物の生息に適した環境を提供していることを確認しました。韓国忠南研究院のKIM Ki-hueng研究員は、2015年にKIAHSとして認定された「韓国クムサンの伝統的な高麗人参農業システム」について高麗人参栽培の持続可能な発展を実現し、高麗人参のブランド価値を高めるために自治体が行っている一連の保全活動を紹介しました。韓国クレ郡長のJEONG Haeng-suk氏は、「韓国クレのサンシュユ農業システム」の特徴とその独特な農業の伝統的知識、技術と生態系価値を紹介しました。

3　まとめと展望

今回のERAHS会議で日中韓3か国の代表者は農業遺産保全に関して交流を行いました。各国の政府関係者、研究者、農業遺産地域の代表者の情報交換を通じて、農業遺産保全の以下のような動向が示されました。

（1）農業遺産保全は学際的総合研究の特徴を示す

基調講演、研究発表、ポスターセッションと論文募集のいずれからも、農業遺産保全が様々な分野・領域の専門家や学者の注目を集めていることがよくわかりました。2002年から10年以上の発展を経て、農業遺産は学際的かつ総合的な研究パターンを形成し、農業史、農業生態学、農業経済学、農業政策、農業観光学、農業民俗学、民族学・人類学などの分野の専門家を含む研究チームが構築されました。

（2）農業遺産保全は多様な主体による共同研究の特徴を示す

中国科学院地理科学・資源研究所、南京農業大学などの大学や研究機関は、農業遺産に関する大学院研修コースを設置し、定期的な学生交流を実施しています。金沢大学と国立イフガオ大学は連携して若者を対象とした人材育成コース「里山里海」人材育成コースを設置しました。韓国農漁村公社と東国大学などの研究機関は、農業政策の策定、生態学などから農業遺産の体系的分析を行いました。日中韓3か国は、ERAHSを通

じて農業遺産およびその保全に関する共同研究を実施し、互いの先進的な科学研究技術と成熟した保全アイデアを交換し、東アジアにおける農業遺産保全研究のより深く包括的な発展を促進することができました。

（3）農業遺産保全はテーマ別の深堀研究の特徴を示す

2015年8月まで、世界14カ国において合計32地域の伝統的農業システムがGIAHSに認定され、そのうち18地域が中国、日本、韓国にあります。日中韓3か国の18地域のGIAHSには、5つの稲作農業遺産と3つの茶農業遺産が含まれ、棚田農業遺産も比較的集中しています。日中韓3か国の研究者は、茶農業遺産、牧草農業遺産、棚田農業遺産、果樹農業遺産に的を絞ったテーマ別研究を実施し、各国に潜在する同種の農業遺産を積極的に発掘し、農業遺産研究の深化を促進し、同種の農業遺産の保全と発展のために強力な科学的支援と参考資料を提供するなど、より集中したタイプの農業遺産について相互に協力しています。

（4）農業遺産保全は多様な主体の共同参加と発展の特徴を示す

農業遺産管理のメカニズムは、「政府主導、科学的根拠、階層的管理、多様な主体の参加、利益共有」です。農業遺産の保全は、地方管理部門の仕事や研究者個人の研究テーマだけでなく、都市と農村のバランスの取れた発展を見出すために、地方政府、研究者、NGOなどのステークホルダーの積極的な参加が必要です。地方政府部門の重視、農業遺産地域の政府部門の重視、専門家や学者の注目と指導、農産物加工企業の参加、地域社会の参加制度とボランティア募集制度の確立、非政府組織（NGO）の支援と監督によって、地元の農業遺産の保全と調和のとれた発展が確保されています。「政府主導、多様な主体の参加」を背景に、農業遺産の管理はより科学的、標準的且つ活力のあるものになると考えられます。

トキと共生する佐渡の里山

新潟県の沖合に位置する佐渡島は、2つの山脈にまたがり、中央には広い平野が広がっています。多様な地形と標高が独特の里山景観を作り出しています。里山は、二次林、人工林、草原、水田、湿地、灌漑池、用水路などからなるダイナミックなモザイク状の社会生態系システムであり、水辺、岩礁海岸、干潟、海藻・藻場からなる

海洋沿岸生態系である里海と緊密につながり、相互依存しています。

　　複雑な里山と里海は米、豆類、野菜、ジャガイモ、ソバ、果物、水田や畑で栽培される作物、家畜、森林の山菜やキノコ、沿岸地域の多くの水産物など、農業生物多様性に富んでいます。佐渡の米、牛肉、柿は日本一に数えられます。佐渡の里山は、野生のトキの最後の生息地でもあります。稲作をはじめとする農業の歴史は、1700年以上前の弥生時代までさかのぼることができます。何世紀にもわたり、島の人々は多様な景観を作り出し、維持し、その土地に適した資源の利用や管理方法を発展させてきました。例えば、雨水が急激に海に流れ込むことによる水不足に対処するため、1,000以上の灌漑用池が建設され、重要無形文化財に指定されている車田植など、豊かな地域稲作文化が形成されました。江戸時代（1603—1868年）のゴールドラッシュ期には、食料不足で山の斜面を利用した田んぼの耕作が行われ、景観の美化とトキの採餌場の拡大にも貢献しました。

　　島の伝統的な農業活動は、トキの野生復帰の取り組みとともに復活し始めました。里山地域は伝統的な生態知識を現代技術、政府の政策と融合させ、トキが依存する生態系の回復に活かしました。島の住民は研究者や政府と協力し、より持続可能な農業発展の道に向けてさらなる対策を模索しています。トキと共生する佐渡の里山は2011年にFAOによってGIAHSに認定されました。

2015.06.22 제2회 ERAHS 국제 컨퍼런스[1]

1 회의 개요

한중일 3국 농업유산의 학술교류를 촉진하기 위해, 동아시아 농업유산 보전과 발전의 성공 경험을 공유하고, 유산지역 간의 교류협력 강화를 위해 ERAHS와 일본 사도시가 주최하고 일본 농림수산성이 후원하고, FAO, 유엔 대학, 중국과학원 지리학 자원연구소, 한국농어촌유산학회, 일본 GIAHS 네트워크와 일본 니가타현 정부가 공동 주최한 '제2회 ERAHS 국제컨퍼런스'가 2015년 6월 22일부터 26일까지 일본 사도시에서 개최되었다. 회의에는 FAO, 유엔대학, 일본 국제협력기구, 일본 농림수산성 장관, 그리고 중국, 일본, 한국, 필리핀의 연구자, 농업유산지역 대표, 기업가, 기자 등 120여 명이 참석했다. 이번 회의는 '생태 민감지역의 농촌 활성화-생물 다양성 및 전통 농업'이라는 주제로 진행되었다.

개막식에서 KAI Motonari 일본 사도시장이 환영사를 하고 SASAKI Minoru 일본 니가타현 사도시 지역진흥국장, KODAIRA Hitoshi 일본 농림수산성 농촌진흥국 농촌환경과장, ENOMOTO Masahito 일본 국제협력기구 고문이 각각 발표했다. Mbuli Charles BOLIKO FAO 주일 연락사무소 주임, TAKEUCHI Kazuhiko 유엔대학 부총장, MORITA Kentaro 농림수산성 농촌진흥국 농촌환경과 사무관, MIN Qingwen 중국과학원 지리학 자원연구소 교수, 윤원근 한국 협성대학 교수, NAKAMURA Koji 일본 가나자와 대학 명예교수는 GIAHS의 미래 발전 방향, 전통 농업의 지속 가능한 발전, 일본 농업유산 발전, 중국 농업유산 발전 및 비전, 한국 농어업유산 발전 및 GIAHS 역량강화 교육 등을 중심으로 각각 기조 연설을 진행했다. 한중일 3국의 연구자, 각 농업유산지역 관리자들이 특별 발표, 포스터 전시 등의 형식으로 농업유산의 중요성과 가치 연구, 동적 보전 조치, 농업유산의 경험을 소개했다. 회의 기간에 농업유산 보전 성과와 농업유산지역 농산물전시 행사를 개최하였고, 또한, 컨퍼런스 참가자들은 '일본 따오기와 공생하는 사도시의 사토야마'를 현장 답사했다.

---

1 MIN Qingwen, SHI Yuanyuan. 농촌의 진흥의 과학적 기반 - '제2회 동아시아 농업유산 학술 세미나' 요약에서 번역함. 고금농업, 2015, (3): 111-115.

패널 토론

2 주요 교류성과

2.1 농업유산의 중요성과 가치에 관한 연구

Mbuli Charles BOLIKO FAO 주일 연락사무소 주임이 'GIAHS의 미래 발전 방향'이라는 주제로 FAO가 2002년 GIAHS 프로젝트를 시작한 목적을 설명하면서 GIAHS 프로젝트가 추진 과정에서 여성의 지위 개선, 경제 생산성 향상과 농촌지역 가정생활 유지에 긍정적인 영향을 미치고, 2015년 GIAHS가 FAO의 정규 프로그램이 되었고, 향후 사업은 주로 GIAHS 규범화 관리, 농업유산지역 이해관계자 역량 강화와 인재 양성, 개발도상국간의 협력, GIAHS 지식교류 플랫폼 구축 등을 중심으로 전개될 것이라고 밝혔다. 농업유산의 다중가치 분석을 통해 YANG Zijiang 중국수산과학연구원 연구원은 동아시아 농업유산 교류에 있어서 어업문화의 중요한 역할을 설명하면서 인류 최초의 경제 형태 중 하나로 어업이 유산보전에 중요할 뿐만 아니라 중일 우호 교류 촉진에도 중요한 의미를 갖는다고 강조했다.

농업유산시스템의 복합적인 특성을 고려할 때 다차원적으로 그 가치를 분석하고 연구해야 합니다. LI Ming 난징 농업대학 부교수는 농업유산의 역사적 가치, 심미적 가치, 과학기술적 가치, 생태적 가치, 경제적 가치, 문화적 가치, 사회적 가치를 정적 및 통시적 관점에서 분석하고 농업유산의 가치를 수직적, 역동적인 역사적 관점에서 '과거', '현재' '미래' 가치로 분류하기도 했다. 농업유산의 또 다른 주요 특징은 민속문화적 가치이며, 이러한 가치를 바탕으로 하는 관광산업은 농업유산지역에 경제적 이익과 시장의 중요성을 창출할 수 있습니다. TIAN Mi 중국과학원 지리학 자원연구소 박사과정 학생은 농업유산 관광의 개념을 문화유산관광, 자연생태관광과 생생한 계절적 변화를 특징으로 하는 농업관광의 융합으로 정의하고, 경제, 환경, 사회, 문화, 정치적 5가지 측면을 포함하는 농업유산관광 개발을 위한 프레임워크를 제시했다.

HU Zui 중국 헝양(Hengyang) 사범대학 부교수는 후난성 쯔췌제(Ziquejie) 계단식 논과 관련된 대표적인 음식과 전통 풍습을 조사하면서 농업유산지역의 전통문화의 발전과 진화를 분석했습니다. 그는 문화적 신념의 특징과 관련 생산 활동을 분석하고, 벼농사 계단식 논의 전통문화적 특성에 영향을 미치는 다양한 요인들 간의 상호작용을 요약하고 이에 상응하는 관계도를 작성하였다. LI Jing, ZHANG Yongxun과 SUN Xueping 중국과학원 지리학 자원연구소 박사과정 학생은 전통문화가 윈난성 홍허 하니 다랑논 시스템이 가뭄을 성공적으로 예방하는 과정에서 중요한 역할을 하고 있음을 소개하고 하니 다랑논 농업유산의 경제, 생태, 미학, 문화, 연구, 사회 등 다양한 측면에서 가치를 분석하였고, 산둥성 샤진 황하 옛 뽕나무 군락의 생태계 서비스 기여도를 평가하였고, 고대 뽕나무 군락 시스템이 농업환경과 생태계 보전 촉진에 중요한 역할을 하고 있는 '토양 유지를 위한 뽕나무 식재' 모델의 중요성을 각각 확인하였다.

2.2 농업유산의 동적 보전 조치

2.2.1 국가 중시

농업유산 보전을 전면적으로 시행하기 위해서는 국가적 수준에서 우선순위를 두는 것이 중요한 전제조건이 된다. 윤원근 협성대학 교수는 한국의 농업유산은 한국 국가중요농업유산(KIAHS)과 한국 국가중요어업유산(KIFHS)으로 구분하여 관리하고 있고, 2015년 국가급 어업유산을 공식 선정하고 기존 관련 법에 KIAHS와 KIFHS 관련 보전 조항을 추가했음을 소개하였다. 또한, 한국 농림축산식품부가 KIAHS의 효율적인 보전활동의 실행을 위해 유산소재지역의 보전 활동 계획을 세우고 재정 예산도 지원하고 있음을 발표하였다.

기술 현대화, 인구 감소 및 고령화로 인해 농업유산 지역의 많은 농경지가 휴경지로 방치되고 농업유산지역 전체의 농업전망이 심각한 어려움에 직면해 있다. MORITA Kentaro 일본 농림수산성 농촌진흥국 농촌환경과 사무관은 농촌 발전과 농업 진흥의 촉진을 위해 GIAHS 등재 신청, 정책수립, 교류협력, 제품개발 등을 중심으로 일본 정부가 취한 적극적인 정책들을 소개했다. Evonne YIU 유엔대학 지속가능성 고등연구소 연구원은 '일본 아소 초원의 지속가능한 농업관리' 와 '일본 따오기와 공생하는 사도시의 사토야마'의 사례를 활용하여 한중일 3국이 제정한 농업유산 등재 신청, 모니터링, 평가기준을 분석하고, 농업유산을 자연적, 사회적, 경제적 3가지 측면을 고려하여 종합적인 평가와 연구가 필요함을 제안하였고, 세계적, 국가적, 지방적 차원에서 이해관계자들 간의 상호관계 및 영향을 분석해야 한다고 제안하였다.

2.2.2 정책 지원

관련 보전정책 개발의 중요성은 농업유산 보전의 체계적 이행을 위한 프레임워크를 제공하고, 농업유산지역의 지속가능한 개발을 보장하는데 도움이 되는 강력한 모니터링 및 평가시스템을 구축하여 농업유산 보전을 위한 중요한 기반이자 필수적인 구성요소를 제공한다는데 있습니다. JIAO Wenjun 중국과학원 지리학 자원연구소 조교수는 농업유산 모니터링이 농업유산지역의 생태 보전, 경제 발전, 사회적 결속 및 문화 전승의 4가지 측면과 지방정부가 취한 관련 조치를 포괄해야 한다고 제안했습니다. 그녀는 모니터링 데이터가 국가, 성, 지역의 3단계 모니터링 네트워크 구축, 연간 보고시스템 구축, 데이터베이스 및 관리시스템 구축, 국가차원의 검사 및 감독 매커니즘 강화를 위한 기반으로 활용될 수 있다고 제안하였다.

농업유산은 일반적으로 온실가스 배출 완화, 안전한 식품 생산, 생물다양성 향상, 독특한 농업지식과 기술 보전, 전통문화 보전과 같은 분야에서 자연적, 사회적, 문화적으로 다기능적인 이점을 가지고 있는 중요한 생태 기능 구역, 생물다양성 현저 구역, 생태적 취약/민감 지역을 포괄합니다. 그러나, 이들 지역중 다수가 대부분 전통적인 생산 방식을 사용하기 때문에 낮은 생산 효율성과 농민들의 주도권 부족의 문제에 직면해 있습니다. 이러한 분석결과를 바탕으로 LIU Moucheng 중국과학원 지리학 자원연구소 부교수는 농업유산지역에 생태 보상 기반의 방식이 농업유산 보전에 매우 유익한 접근방식을 나타낸다고 언급하며, 농업유산지역의 농민들에게 환경친화적이고 유기농 경작방법을 장려하기 위해 경제적 보상방법을 사용할 것을 제안했습니다.

2.2.3 자원 개발

농업유산은 전통농업의 지속가능한 발전을 실현하기 위한 중요한 초석을 형성한다. TAKEUCHI Kazuhiko 유엔대학 부총장은 경제적, 사회적 및 생태학적관점에서 농업유산 지역에서 농산물의 부가가치를 발굴하는 것을 옹호하였고, 천연자원을 중심으로 다양한 형태의 농업자원 개발, 6차 산업 정착, 지역 공생 순환 공생 창출, 다층적 관리 체계 구축 등이 포함된다.

생태농업은 농업유산지역의 특징이자 장점이며 안전하고 건강한 농산물 생산은 농업유산지역의 농민들에게 가장 현실적인 경제적 이익을 가져다 줄 수 있다. NAGATA Hisashi 일본 니카다대학 교수는 2008년부터 사도시가 실시한 '따오기쌀' 유기농 인증제도가 사도시의 따오기 개체수 회복과 생물다양성 보전, 생태환경 복원에 중요한 역할을 하며 '따오기-사람-논'이 조화롭게 공존하는 데 기여하는 정책의 중요한 역할을 강조했습니다.

농업유산은 종종 생물 자원이 풍부하지만 환경이 열악한 지역에 위치하고 있습니다. 이러한 반건조 지역에서 수자원의 부족은 농업 생산을 제한하는 중요한 요소로 된다. KABATA Kiyotaka 일본 토카이대학 교수는 일본의 물 조롱박 회수 및 활용을 예로 들어 건조지역의 물 문제와 반건조 지역의 해결책에 대해 논의했습니다.

2.2.4 다양한 이해관계자 참여

지난 10년 동안 중국에서 GIAHS 프로젝트는 상당한 생태적, 경제적 또는 사회적 효과를 얻었고, 농촌의 경제적, 사회적 지속 가능성을 향상시키는 중요한 구성 부분이 되었다. MIN Qingwen 중국과학원 지리학 자원연구소 교수는 중국 농업유산의 발전과정을 살펴보고 과학적 소통과 협력적 발전을 향상시키는 것을 통해 농업유산 보전과 관련된 다양한 이해관계자들이 적극적으로 참여하는 것의 중요성을 강조하였다. 이러한 접근은 생태적 보전, 문화적 전승 및 경제적 번영의 조화로운 발전을 추진하는 것을 목표로 하고, 농민들의 마음가짐이 '열등감'에서 벗어나서 '자신감'과 '자각'을 가지게 되고, 궁극적으로는 '자긍심'과 '소중함'으로 변화되는 것으로 목표로 하고 있다.

농업유산은 지역 발전을 촉진하는 동시에 토지의 과도한 이용과 개발의 문제도 있을 수 있다. 박윤호 한국농어촌공사 연구위원은 토지이용의 관점에서 농업유산지역의 보전과 지속가능한 성장 사이의 균형적 발전을 위한 접근을 살펴보고, 농업유산 지역별 특성에 따라 농민, 사업자 그리고 다른 이해관계자들의 참여하에 차별적 관리와 보전을 위한 통합적인 접근이 필요함을 제안하였다.

2.2.5 과학적 관리

모든 농업유산시스템은 하나의 통합적 체계를 이룬다. LIU Hongying 중국 법정대학 교수는 농업유산이 전통성과 현대성이 결합된 살아 있는 유산이며 인간과 환경이 구축한 안정적인 관계일 뿐만 아니라 당대의 법률과 규칙, 가치관에 의해 보전되어야 하며 농업유산의 전통성과 현대성 사이의 균형을 중시해야 한다고 밝혔다.

도시화에 따른 경제 확장은 또한 광범위한 도시 개발, 자원 과소비, 생태계 파괴 및 식품 안전과 같은 문제를 야기하여 도시와 농촌의 불균형적인 개발은 중국의 발전을 제약하는 요인이 되었다. SHI Yuanyuan 중국과학원 지리학 자원연구소 연구원은 농업유산시스템을 중심으로 농업발전의 도시지원 모델을 제안했습니다. 농업유산지역의 전통문화 보존, 녹색농산물 개발, 독특한 경관 관광 촉진 등 농업유산제도의 발전적 이점을 활용하여 도시의 자금과 기술을 농촌지역으로 다시 유입시켜 궁극적으로 도시 생태 증진과 농촌의 목가적인 경관으로 전환하는 균형잡힌 발전 패턴을 달성할 수 있다고 제안하였다.

2.2.6 인재 양성

농업유산의 계승과 지속가능한 발전을 확보하기 위해 인재양성은 농업유산 보전의 중요한 수단이다. NAKAMURA Koji 일본 가나자와대학 교수는 '일본 노토반도의 사토야마 사토우미'와 '필리핀 이푸가오 다랑논'이 GIAHS 인재 양성을 위한 '사토야마 사토우미' 인재양성 과정을 소개하면서 국가 간 '페어링' 파트쉽을 통해 지역 여건에 맞게 다각적이고 지속 가능한 교육과정을 만들어 농업유산시스템의 보존과 발전을 촉진할 것을 제안했다.

2.2.7 홍보와 보급

농업유산의 강력한 과학 커뮤니케이션과 인식 확대는 농업유산시스템의 지속 가능성을 위한 또 다른 중요한 통로를 구성합니다. 구진혁 한국 누리넷 지역계획연구소장은 생태박물관의 이념을 기반으로 한 종합적인 보전방법을 제시하면서 농촌생활, 농업생산시스템 및 농업문화를 보여주는 생태박물관을 경계가 없는 '살아있는 박물관'으로 생각하고 문화유산의 진정성, 완전성, 독창성을 보존할 필요성을 강조했다. 황길식 한국 ㈜명소IMC 대표는 '한국 청산도 전통 구들장논'과 그 주변 관련 자원의 동적 보존과 효율적 활용을 예로 들어,

농업유산의 효율적 발전과 전통 농업지역 전반에 걸쳐 농업문화를 활성화하기 위해 지역 사회가 참여하는 생태문화박물관 건립을 호소하였다.

2.3 농업유산지역 간의 경험 교류

한중일 3국의 농업유산지역 대표들은 주로 각지에서 현재 진행중인 농업유산 보전 사업과 직면한 과제 및 향후 실행계획에 대한 통찰력을 제공했습니다. SUN Huiliang 허베이성 장자커우시 쉬안화구청 부구장은 선화포도의 독특한 특성(오래된 역사, 우수한 품질, 다양한 품종, 독창성, 독특성, 풍부한 영양, 높은 수확량 및 도시 재배)을 기반으로 정책 수립, 홍보, 기술 혁신 및 문화육성의 4가지 관점에서 '허베이 선화 포도재배 도시농업유산'의 보전 경험을 소개했다. CAI Yupu 산동성 샤진현장은 '산동성 샤진 황강 전통 뽕나무 숲시스템'의 보전 노력의 영향을 설명하면서 발전계획 강화, 산업계, 학계, 연구계의 시너지 효과, 문화적 중요성 탐구를 강조했다. YANG Tong 허난성 링바오시장은 '황토고원의 링바오 고대 대추나무 숲'의 변화와 농업유산으로서의 내재적 가치를 분석했다.

KAI Motonari 일본 사도시장은 농민의 경작 방식 개선과 안전한 식량 생산을 촉진하는데 있어 따오기의 중요한 역할을 강조했습니다. 사도시가 작성한 90년 전략 계획인 "사토야마"를 종합적인 이해, 보전, 활용의 세 가지 측면에서 소개하고 GIAHS의 가치를 3세대에 걸쳐 공유하고 있습니다. KAMIYA Kenta 일본 시즈오카현 차산업진흥과장은 '일본 시즈오카의 전통 차-풀 통합시스템'의 전통적인 차-풀 농법이 농지의 생물 다양성 보호, 환경 균형 유지 및 지역 활성화에 있어 중요한 역할을 한다고 소개했습니다.

박은하 동국대학 박사과정 학생은 '한국 청산도 전통 구들장논'의 생물다양성 조사를 통해 구들장논이 독특한 수로 구조를 가지고 있어 생물의 성장에 좋은 생산환경을 제공한다는 것을 확인했다. '금산 전통 인삼농업시스템'은 2015년 KIAHS로 인정 받아 김기흥 충남연구원 연구원이 고려인삼 재배의 지속가능한 발전과 인삼 브랜드 가치 향상을 위해 지방 정부가 수행하는 보전 활동을 소개했다. 정행숙 한국 구례군 과장은 '한국 구례 산수유 농업시스템'의 특징과 독특한 농업 전통 지식, 기술, 생태문화적 가치를 소개했다.

3 요약 및 전망

이번 컨퍼런스는 한중일 3국의 농업유산시스템 보전에 대한 아이디어

교환을 위한 광범위한 플랫폼 역할을 했습니다. 3국의 정부 공무원, 연구자, 농업유산지역 대표들이 함께 논의한 결과에 따르면 농업유산 보전이 다음과 같은 발전 경향을 보였다.

(1) 농업유산 보전에서 나타난 학제간 종합연구

이번 회의는 기조연설, 특별발표, 포스터전시, 논문발표 등의 세션을 통해 농업유산 보존에 다양한 학문과 분야의 전문가와 학자들의 관심을 끌었음이 분명하다. 2002년이후 10년 이상의 발전을 통해 농업유산시스템 연구는 다학제적이고 종합적인 접근을 특징으로 하는 연구 환경으로 발전했습니다. 이 이니셔티브에 참여하는 연구자들은 농업 역사, 농업 생태학, 농업 경제학, 농업정책, 농업관광, 농업 민속학, 민족학 및 인류학을 포함한 분야에서 왔습니다.

(2) 농업유산 보전에서 나타난 다기관 공동 연구 특징

중국과학원 지리학 자원연구소, 난징 농업대학 등 대학과 연구기관이 농업유산과 관련된 대학원 과정을 개설하고 정기적으로 교환 학생 프로그램을 조직하고 있습니다. 일본에서는 가나자와 대학과 이푸가오주립대학이 공동으로 젊은 인재를 위한 '사토야마 사토우미' 인재육성 프로그램을 시작했습니다. 한국에서는 한국농어촌공사와 동국대학 등의 기관이 농업정책 수립과 생태학 등의 관점에서 농업유산을 체계적으로 분석해 왔다. ERAHS 플랫폼을 통해 연구 차원에서 한중일 3국은 농업유산과 그 보전에 대한 공동연구를 수행하고 선진 연구기술과 성숙한 보전 방법론을 교환하여 동아시아의 농업유산 보전 연구를 보다 심층적이고 포괄적으로 발전시킬 수 있습니다.

(3) 농업유산 보전에서 나타난 전문 과제 심층 연구 특징

2015년 8월까지, 전 세계 14개국에 총 32개의 전통 농업 시스템이 GIAHS로 지정되었으며 그 중 18개는 한국, 중국, 일본에 있습니다. 한중일 GIAHS 18건을 살펴보면 쌀 기반의 농업유산 5건과 차 관련 농업유산은 3건

전시 및 커뮤니케이션

이며, 계단식 논 유형의 농업유산도 상대적으로 많습니다 한중일 3국의 연구자들은 집중된 농업유산시스템 유형(차, 풀, 계단식 논, 과수원)을 다루기 위해 각국에서 동일한 유형의 잠재적 농업유산 시스템을 적극적으로 식별하고, 농업유산 시스템의 보전과 발전을 위한 강력한 과학적 지원과 참고 자료를 제공하기 위해 정해진 주제의 공동연구를 진행하였다.

(4) 농업유산 보전에서 나타난 다양한 주체의 공동참여와 발전의 특징

농업유산제도 관리체계는 '정부 주도, 과학적 검증, 계층적 관리, 다자간 참여 및 이익 공유'를 특징으로 한다. 농업유산의 보전은 지역 관리부서의 책임과 연구자의 연구주제를 넘어 도시와 농촌의 균형 발전을 위해 지방정부, 연구자, 비정부기구 등 다양한 이해관계자의 적극적인 참여가 필요하다. 전문가와 학자의 관심과 지도, 농산물가공기업의 참여, 성숙한 지역사회 참여제도와 자원봉사자 모집제도 구축과 비정부기구의 지원과 감독은 모두 지역 농업유산의 보전과 조화로운 발전을 보장하는 필수요소입니다. "정부주도의 다자간 참여"모델을 통해 농업유산시스템 관리는 보다 과학적이고 표준화되며 활기찬 미래로 나아갈 것으로 기대됩니다.

일본 따오기와 공생하는 사도시의 사토야마

니가타현 연안에 위치한 사도시는 두 개의 산맥이 걸쳐 있고 가운데에는 넓은 평야이다. 지형과 해발고도의 다양성은 독특한 사토야마(satoyama) 경관을 만들어냈다. 2차 산림, 플랜테이션, 초원, 논, 습지, 관개 연못, 운하 등으로 구성된 다양한 사회 생태시스템의 역동적인 모자이크인 사토야마 경관을 조성하고 있습니다. 이들은 해변, 바위 해안, 갯벌 및 해조류/해초상으로 구성된 사토우미(satoumi) 경관 즉 해양-해안 생태계와 긴밀하게 연결되어 상호의존적으로 존재합니다.

사도섬의 사토야마와 사토우미는 복잡한 생태계를 가지고 있으며, 논 등에서 재배되는 쌀, 콩, 채소, 감자, 메밀, 과일,, 가축, 산나물, 버섯, 해안 지역의 많은 해산물 등을 포함하여 풍부한 농업 생물다양성을 보여줍니다. 사도의 쌀, 쇠고기와 감은 모두 일본에서 최고 품질로 손꼽힙니다. 사도의 사토야마는 야생 따오기들의 마지막 서식지이기도 합니다. 이곳의 벼농사 등 농업 활동은 1700여 년 전 야요이 시대로 거슬러 올라갑니다. 수세기에 걸쳐 섬에서 거주하는 지역 사회에 의해 다양한 경관이 생산되고 유지되었으며, 자원 활용 및 관리를 위해 현지에서 적응된 방식을 개발했습니다. 예를 들어, 1,000개 이상의 관개 연못을 건설하여 수자원 부족 문제를 해결하고 빗물을 바다로 빠르게 배수하는 독창적인 물 관리 관행을 통해 국가중요 무형문화 유산으로 등재된 Kuruma 벼 재배 기술과 같은 풍부한 지역 벼 재배 문화를 창출했습니다. 에도시대(1603~1868년)의 골드러시 시기에 식량 생산에 대한 압력으로 산비탈에 계단식 논을 일구어 아름다운 경관을 조성하고 따오기의 먹이터가 되었습니다.

섬에서의 전통 농업활동이 따오기를 야생환경에 재도입하는 노력으로 되살아났습니다. 사토야마와 관련된 전통적인 생태학적 지식은 따오기가 생존을 위해 의존하는 생태계의 모자이크를 복원하기 위해 현대기술 및 정부정책의 적용과 결합되고 있습니다. 섬 주민들은 보다 지속 가능한 농업 발전을 실현하기 위해 섬의 주민들, 연구자 및 정부와 협력하여 추가 조치를 모색하고 있습니다. 따오기와 공생하는 사도시의 사토야마은 2011년 FAO로부터 GIAHS로 지정되었습니다.

2015.06.22 The 2nd ERAHS Conference[1]

1 Overview

The 2nd ERAHS Conference was convened from June 22 to 26, 2015, in Sado City, Japan, with the aim of fostering academic exchange on AHS among China, Japan, and South Korea, and sharing successful experience in AHS conservation and development in the East Asian region. The conference, co-hosted by ERAHS and Sado City Government, received support from MAFF, and collaborated with FAO, UNU, CAS-IGSNRR, KRHA, J-GIAHS, and Niigata Prefectural Government. The event was attended by over 120 participants, included officials from FAO, UNU, Japan International Cooperation Agency, and MAFF, as well as researchers, agricultural heritage site representatives, entrepreneurs, and journalists from China, Japan, South Korea, and the Philippines. The conference's theme was "Rural Revitalization in Ecologically Fragile Areas: Biodiversity and Traditional Agriculture".

At the opening ceremony, Mayor KAI Motonari of Sado City, Japan, delivered a welcoming address, and speeches were also given by SASAKI Minoru, Director of Sado Regional Development Office, Niigata Prefecture, KODAIRA Hitoshi, Director of Rural Environment Division, Rural Development Bureau, MAFF, and ENOMOTO Masahito, Senior Advisor at Japan International Cooperation Agency. Mbuli Charles BOLIKO, Director of FAO Liaison Office in Japan; TAKEUCHI Kazuhiko, Senior Vice-Rector at UNU; MORITA Kentaro, Deputy Director of Rural Environment Division, Rural Development Bureau, MAFF; Professor MIN Qingwen from CAS-IGSNRR; Professor YOON Won-keun from Hyupsung University; and Emeritus Professor NAKAMURA Koji from Kanazawa University, delivered keynote presentations addressing the future trajectory of GIAHS, sustainable development in traditional agriculture, progress in Japan's AHS

1　Translated from MIN Qingwen and SHI Yuanyuan. Scientific Support for Rural Revitalization - Summary of The 2nd ERAHS Conference. Ancient and Modern Agriculture, 2015, (3): 111-115.

Field visit

initiatives, advancements and prospects of AHS in China, South Korea's progress in agricultural and fisheries heritage systems, and Japan's training/capacity building for GIAHS, respectively. Moreover, researchers and managers from agricultural heritage sites of China, Japan, and South Korea explored the significance and value of AHS through specialized presentations, poster displays, and discussions covering dynamic conservation measures and the experiences of agricultural heritage sites. The conference also featured exhibitions showcasing achievements in AHS conservation and agricultural products from agricultural heritage sites. Participants also took part in on-site visits to the "Sado's *Satoyama* in Harmony with Japanese Crested Ibis" in Sado Island for practical insights.

2　Main Achievements

2.1　The Significance and Exploration of the Value of AHS

In the presentation titled "The Future Journey of GIAHS", Mbuli Charles BOLIKO, Director of the FAO Liaison Office in Japan, outlined the organization's objectives in initiating GIAHS in 2002. He acknowledged the positive impacts of GIAHS promotion on improving the status of women, increasing economic productivity, and sustaining rural family life, and announced FAO's decision to integrate GIAHS into its regular agenda starting from 2015, with upcoming focus placed on standardizing GIAHS management, increasing capacity building for AHS stakeholders, promoting South-South cooperation and development, and establishing a knowledge exchange platform for GIAHS. Professor YANG Zijiang from the Chinese Academy of Fishery Sciences elucidated the vital role of the fishing culture in East Asian AHS exchanges during his analysis of the diverse values of AHS. He stressed that fisheries, as one of the earliest economic forms of human activity, are not only crucial for heritage preservation but also play an important role in fostering friendly relations between China and Japan.

Considering the complex nature of AHS, analyzing and exploring their value requires considering multiple dimensions. LI Ming, Associate Professor at Nanjing Agricultural University, delved into the historical, aesthetic, technological, ecological, economic, cultural, and social values of AHS from a static, cross-sectional perspective. Additionally, he categorized the value of AHS into "past", "present", and "future" values from a vertical dynamic historical perspective. A significant aspect of AHS is their folk cultural value, and the tourism industry, built upon this value, can generate economic returns and market significance for agricultural heritage sites. TIAN Mi, a Ph.D. candidate from CAS-IGSNRR, introduced the concept of AHS tourism, defining it as a blend of cultural heritage tourism, natural-based tourism, and agricultural tourism characterized by vivid seasonal changes. She proposed a framework for developing AHS tourism that covers economic, environmental, social, cultural, and political aspects.

Examining the signature cuisine/conventions associated with Xinhua Ziquejie Terraces in Hunan Province, Associate Professor HU Zui from Hengyang Normal University analyzed the development and evolution of traditional culture in the agricultural heritage sites. He explored the cultural belief features and related production activities, summarizing the interaction among various factors influencing the traditional cultural characteristics of paddy terraces and creating a corresponding relationship diagram. Ph.D. candidates LI Jing, ZHANG Yongxun, and SUN Xueping from CAS-IGSNRR presented reports, focusing on the significant role of traditional culture in the successful resistance against drought in the Hani Rice Terraces in Honghe, Yunnan, the multiple values of the Hani Rice Terraces in terms of economy, ecology, aesthetics, culture, research, and society, and the ecosystem service contributions from the Xiajin Yellow River Old Course Ancient Mulberry Grove System that affirm the significant importance of the "mulberry plantation for sand fixation" model in promoting agricultural environment and ecosystem protection, respectively.

2.2 Dynamic Conservation Measures for AHS

2.2.1 National Attention

National-level prioritization constitutes a pivotal prerequisite for the realization of comprehensive AHS conservation. In his presentation, Professor YOON Won-keun from Hyupsung University talked about how South Korea stratifies AHS as "Korea Important Agricultural Heritage Systems (KIAHS)" and "Korea Important Fishery Heritage Systems (KIFHS)", with formal designation processes of both being incorporated into existing legislation in 2015. He also presented the financial and budgetary support from MAFRA on conservation action plans for the KIAHS sites, which are designed to ensure the implementation of effective local KIAHS conservation measures.

Copious farmlands are abandoned due to technological modernization, negative population growth, and aging, posing severe challenges to agricultural development across agricultural heritage sites. MORITA Kentaro, Deputy Director of Rural Environment Division, Rural Development Bureau, MAFF, outlined how the Japanese government actively takes measures around GIAHS declaration, policy formulation, communication and cooperation, and product development to promote rural development and agricultural revitalization. UNU-IAS Research Assistant Evonne YIU, using examples of the "Managing Aso Grasslands for Sustainable Agriculture" and the "Sado's *Satoyama* in Harmony with Japanese Crested Ibis", analyzed the AHS declaration, monitoring, and assessment standards already established by China, Japan, and South Korea. She suggested that a comprehensive evaluation and research of AHS should consider natural, social, and economic aspects, as well as the relationships among and impacts on stakeholders at the global, national, and local levels.

2.2.2 Policy Assurance

The significance of developing relevant assurance policies lies in providing a systematic framework for the structured implementation of AHS conservation and establishing a robust monitoring and evaluation system to help ensure the sustainable development vitality of agricultural heritage sites, thus constituting a crucial foundation and integral component of Agricultural Heritage System conservation. JIAO Wenjun, assistant professor at CAS-IGSNRR, proposed that an AHS monitoring system should cover four major aspects: ecological protection, economic development, social cohesion, and cultural inheritance, associated with relevant measures taken by local governments. She suggested that the monitoring data can be used as the basis for constructing a three-level (national, provincial, and regional) monitoring network, establishing an annual reporting system, building databases and management systems, and enhancing national-level inspection and supervision systems.

AHS generally locate in critical ecological functional areas, biodiversity hotspots and ecologically fragile/sensitive zones that boast natural, societal and cultural multifunctional advantages, such as mitigating greenhouse gas emissions, producing safe food, enhancing biodiversity, preserving unique agricultural knowledge, technology, and adaptive traditional culture. However, in many of these localities, the predominant traditional agricultural production methods face challenges such as low production efficiency and farmers' lack of initiative. Associate Professor LIU Moucheng from CAS-IGSNRR remarked that eco-compensation represents a highly beneficial approach to AHS conservation and recommended using economic compensation to promote eco-friendly and organic cultivation methods among farmers in agricultural heritage sites.

2.2.3　Resource Exploration

AHS plays a crucial role in advancing sustainable development within traditional agriculture. UNU Senior Vice-Rector TAKEUCHI Kazuhiko from UNU emphasized the importance of exploring the added value of agricultural products within agricultural heritage sites, considering economic, social, and ecological aspects. Centering on natural resources, this endeavor revolves around leveraging natural resources to diversify agricultural products, fostering the sixth industry, instituting multi-level management frameworks, and creating regional symbiotic cycles.

Agroecology presents a distinctive advantage of agricultural heritage sites, and the production of safe and healthy agricultural products can bring tangible economic benefits to farmers in those areas. Taking the example of the Japanese Crested Ibis Rice organic certification system implemented by the Sado City government since 2008, Professor NAGATA Hisashi from Niigata University highlighted the policy's significant role in the recovery of Japanese Crested Ibis populations, biodiversity conservation, and ecological restoration on Sado Island, all contributing to the realization of

Publicity and display

harmonious coexistence between "Japanese Crested Ibis, People, and Paddy Fields".

Agricultural heritage sites are often located in regions rich in species resources but are environmentally challenging for development, such as semi-arid areas where water scarcity is a critical factor limiting agricultural production. Citing Japan's water gourd recovery and utilization, Tokai University professor KABATA Kiyotaka discussed arid area water issues and solutions in semi-arid regions.

2.2.4 Multi-Stakeholder Engagement

Over the past decade, GIAHS projects have reaped considerable ecological, economic, and societal dividends across China, emerging as pivotal catalysts ensuring rural economic and social sustainability. Professor MIN Qingwen from CAS-IGSNRR reviewed the progress of AHS in China and emphasized the importance of actively involving various stakeholders in AHS conservation through improved science communication and collaborative development. This approach aims to promote the harmonious coexistence of ecological conservation, cultural inheritance, and economic vibrancy, shifting the mindset of farmers from "inferiority" toward "confidence", "self-awareness", and ultimately "pride" and "self-appreciation".

AHS-powered regional development may also inadvertently spur excessive land exploitation while promoting regional development. By examining land utilization angles, PARK Yoon-ho, a research fellow from Korea Rural Community Corporation, explored the issue of balancing sustainable development and AHS conservation and sustainable growth, advocating integrated administration, tailored conservation provisions, and enabling differentiated management and protection under the participation of farmers, enterprises and other stakeholders per locale-specific characteristics.

2.2.5　Scientific Management

Every AHS constitutes an integrated system. Professor LIU Hongying from the Chinese University of Political Science and Law believed that AHS, as a vital heritage blending both traditional and contemporary essences, reflect the stable human-environment relationships forged over time, and also require contemporary legal/regulatory frameworks and value paradigms for their conservation. Therefore, attention should be paid to balancing the dual natures of AHS in actual practice.

Urbanization-driven economic expansion has also bred challenges of extensive urban development, overconsumption of resources, ecological degradation, and food safety, making unbalanced urban-rural development a limiting factor for China's advancement. Research Assistant SHI Yuanyuan from CAS-IGSNRR proposed a model for urban support of agricultural development with AHS as the focal point. She suggested that the developmental advantages of AHS, such as the preservation of traditional culture, the development of green agricultural products, and the promotion of unique landscape tourism, can be harnessed to channel urban funds and technologies back into rural areas, ultimately achieving a balanced development pattern fostering urban ecological enhancements and the rural transformation into idyllic landscapes.

2.2.6　Talent Cultivation

Talent cultivation represents a pivotal conduit of AHS conservation that helps ensure the inheritance and sustainable development of AHS. Presenting the "Mountainous/Coastal Rural Landscape" joint training program for nurturing GIAHS talents supported by Noto's *Satoyama* and *Satoumi* in Japan and the Ifugao Rice Terraces, Philippines, Kanazawa University professor NAKAMURA Koji advocated country-to-country "pairing" partnerships aimed at establishing such multifaceted sustainable training courses adapted to local contexts to propel AHS conservation and advancement.

2.2.7　Publicity and Promotion

Robust AHS science communication and awareness amplification constitute another crucial conduit for AHS sustainability. GU Jin-hyuk, director of Korea Regional Planning Institute, proposed integrated conservation modalities based on the concept of ecological museums, and believed that these museums are wall-less "living museums" showcasing rural lifestyles, agricultural production systems, and farming cultures, highlighting the imperative of upholding authenticity, integrity, and primacy when safeguarding and preserving cultural heritage. Citing dynamic conservation and effective utilization of the Traditional Gudeuljang Irrigated Rice Terraces in Cheongsando, South Korea, and proximate assets, HWANG Kil-sik from Myungso IMC appealed for establishing eco-culture museums through community participation to boost development of AHS and rejuvenate agrarian cultures across traditional agricultural localities.

2.3　Exchange of Experiences in agricultural heritage sites

Participants from agricultural heritage sites in China, Japan, and South Korea mainly provided insights into the ongoing AHS conservation initiatives, challenges encountered, and future action plans. Focusing on the unique characteristics of Xuanhua grapes (long history, excellent quality, diverse varieties, distinctiveness, uniqueness, nutritional richness, high yield, and urban cultivation), SUN Huiliang, Deputy District Head of Xuanhua District, Zhangjiakou City, Hebei Province of China, presented the experience in safeguarding the "Urban Agricultural Heritage–Xuanhua Grape Garden" from the perspectives of policy formulation, publicity, technological innovation, and cultural cultivation. CAI Yupu, County Head of Xiajin County, Shandong Province of China, outlined the impact of the conservation efforts for the "Xiajin Yellow River Old Course Ancient Mulberry Grove System", emphasizing enhanced development planning, the synergy of industry, academia, and research, and the exploration of cultural significance. YANG Tong, Mayor of Lingbao City, Henan Province of China, analyzed the transformation and intrinsic value of "Lingbao Ancient Jujube Forest in Loess Plateau" as an AHS.

KAI Motonari, Mayor of Sado City, Japan, emphasized the crucial role of

Japanese Crested Ibis in improving farming methods for farmers and promoting safe food production. He introduced the 90-year "*Satoyama*" strategic plan developed by the Sado City government in terms of comprehensive understanding, conservation, and utilization, sharing GIAHS values across three generations. KAMIYA Kenta, Director of Tea Industry Development Division, Shizuoka Prefecture, Japan, presented the significant role of the traditional tea-grass farming method in protecting farmland biodiversity, maintaining environmental balance, and revitalizing the community in the "Traditional Tea-grass Integrated System in Shizuoka".

PARK Eun-ha, a Ph.D. candidate from Dongguk University in South Korea, affirmed the unique water channel structure of the "Traditional Gudeuljang Irrigated Rice Terraces in Cheongsando" through a biodiversity survey, acknowledging its positive impact on creating a favorable environment for growth of organisms. The "Geumsan Traditional Ginseng Agricultural System" in South Korea was recognized as KIAHS in 2015. KIM Ki-hueng, a research fellow from the Chungnam Institute in South Korea, presented a series of conservation activities conducted by the local government to achieve sustainable development in cultivating Korean ginseng and enhance its brand value. JEONG Haeng-suk, Director of the Office of the Gurye County in South Korea, introduced the characteristics of the "Gurye Sansuyu Agricultural System, South Korea" along with its unique agricultural traditions, techniques, and eco-cultural value.

3 Summary and Outlook

This conference served as an expansive platform for the exchange of ideas on AHS conservation among China, Japan, and South Korea. Through collaborative exploration, government officials, researchers, and representatives from agricultural heritage sites in the three countries identified the following trends in the development of AHS conservation.

(1) Interdisciplinary Comprehensive Research

Whether from the keynote speeches, special presentations, poster exhibitions, or the paper collections at this conference, it is evident that AHS conservation has captured the attention of experts and scholars from various disciplines and fields. Over more than a decade of development since 2002, AHS study has evolved into a research landscape characterized by interdisciplinary and comprehensive approaches. Researchers engaged in this initiative hail from fields including agricultural history, agricultural ecology, agricultural economics, agricultural policy, agricultural tourism, agricultural folklore, as well as ethnology and anthropology.

(2) Multi-Institutional Collaborative Research

CAS-IGSNRR, Nanjing Agricultural University in China, and other universities and research institutions have established graduate courses related to AHS and regularly organized student exchange programs. In Japan, Kanazawa University and Ifugao State University have jointly initiated a "*Satoyama Satoumi*" talent training program for young talents. In South Korea, organizations like the Korea Rural Community Corporation and Dongguk University have systematically analyzed AHS from the perspectives of agricultural policy formulation and ecology. Through the ERAHS platform, China, Japan, and South Korea can engage in collaborative research on AHS and their conservation, and exchange advanced research technologies and mature conservation methodologies, to advance AHS conservation research in East Asia with greater depth and comprehensiveness.

(3) In-Depth Thematic Research

As of August 2015, a total of 32 traditional agricultural systems from 14 countries worldwide have been recognized as GIAHS, with 18 originating from China, Japan, and South Korea. Among these 18 GIAHS, there are five rice-based AHS and three tea-related AHS, with a relatively higher number of terraced AHS. Addressing these concentrated AHS types (tea, grass, terrace, and orchard), researchers from China, Japan, and South Korea collaborated on targeted thematic studies to actively identify potential AHS of the same types in each country, advance AHS research, and provide robust scientific support and reference materials for the conservation and development of similar AHS.

(4) Collaborative Development Involving Multiple Parties

AHS management mechanism is characterized by "government—leadership, scientific validation, tiered management, multi-party involvement, and shared benefits". Beyond being the responsibility of local management departments and research topics for researchers, AHS conservation requires the active participation of different stakeholders, including local governments, researchers, and non-governmental organizations, to jointly seek a balanced development between urban and rural areas. The attention and guidance of experts and scholars, the involvement of agricultural processing enterprises, the establishment of advanced participatory systems in communities, and advanced recruitment system for volunteers, along with the support and supervision of non-governmental organizations in the localities where AHS are located, are all essential elements to ensure the conservation and harmonious development of local AHS. It is believed that with the "government-led, multi-party participation" model, AHS management will move towards a more scientific, standardized, and vibrant future.

Sado's *Satoyama* in Harmony with Japanese Crested Ibis, Japan

Traversed by two mountain ranges with a broad plain in the middle, the Sado Island located off the shore of Niigata Prefecture is characterized by a variety of landforms and altitudes, which have been ingeniously harnessed to create the *satoyama* landscape, a dynamic mosaic of various socio-ecological systems comprising secondary woodlands, plantations, grasslands, paddy fields, wetlands, irrigation ponds and canals. These exist in close proximity and interdependence with the marine-coastal ecosystems of *satoumi* landscapes, comprised of seashore, rocky shore, tidal flats and seaweed/eelgrass beds.

With their ecosystem complexity, the *satoyama* and the *satoumi* landscapes in Sado Island harbor a variety of agricultural biodiversity, such as rice, beans, vegetables, potatoes, soba, fruit, grown in paddy fields and other fields, livestock, wild plants and mushrooms in forests, and many seafood in the coastal areas. Rice, beef and persimmon from Sado are among the best in Japan. The *satoyama* in Sado was also the last habitat of the wild Japanese crested ibis. The history of rice cultivation and other agricultural practices in Sado can be traced back to the Yayoi period, 1700 years ago. Over centuries, a diversified landscape has been created and maintained by the communities inhabiting the island, that have developed locally adapted practices for resource use and management. For example, ingenious water management practices with over 1000 irrigation ponds to cope with a scarcity of water resources coupled with rapid drainage of rainwater into the sea, while creating a rich local culture of rice farming, such as Kuruma Rice Planting listed as national important intangible cultural heritage. Pressures on food production during the gold rush of the Edo period (1603-1868) led to the development of rice terraces on hill slopes, which contribute to the landscape's aesthetic appeal as well as to the feeding ground of Japanese crested ibis.

Traditional agriculture practices on the island have been revived by efforts to reintroduce the crested ibis to the wild. Traditional ecological knowledge associated with *satoyama* is being combined with applications of modern technology and governmental policy to restore the mosaic of ecosystems on which the ibis depends for its survival. Communities on the island are collaborating with researchers and governments in exploring further measures towards a more sustainable agriculture. Sado's Satoyama in Harmony with Japanese Crested Ibis was designated by FAO as a GIAHS in 2011.

2015.06.25 ERAHS第四次工作会议

　　"ERAHS第四次工作会议"于2015年6月25日在日本新潟县佐渡市召开。ERAHS第二届执行主席、日本金泽大学荣誉教授NAKAMURA Koji主持会议，共同主席、中国科学院地理科学与资源研究所研究员闵庆文和韩国协成大学教授YOON Won-keun，以及三国有关专家、部分农业文化遗产地代表参加了会议。参会人员对"第二届东亚地区农业文化遗产学术研讨会"进行了总结，对日本方面的成功组织给予了肯定和赞赏，讨论了会议成果出版以及可能的合作等问题，选举了ERAHS第三届执行主席，讨论了"第三届东亚地区农业文化遗产学术研讨会"的时间和地点。韩国协成大学教授YOON Won-keun担任ERAHS第三届执行主席，中国科学院地理科学与资源研究所研究员闵庆文和日本金泽大学荣誉教授NAKAMURA Koji担任共同主席；"第三届东亚地区农业文化遗产学术研讨会"拟于2016年6月中旬在韩国忠清南道锦山郡举行。

2015.06.25 ERAHS第4回作業会合

　2015年6月25日、「ERAHS第4回作業会合」は新潟県佐渡市で開催されました。ERAHS第2回会議議長で金沢大学の中村浩二名誉教授が司会を務め、共同議長で中国科学院地理科学・資源研究所のMIN Qingwen教授と韓国協成大学のYOON Won-keun教授、日中韓の専門家たち、一部の農業遺産地域の代表が出席しました。参加者は、「第2回東アジア農業遺産学会」の総括を行い、日本が成功裏に会議を開催したことを賞賛し、会議の成果の出版と協力の可能性について議論し、ERAHS第3回会議議長を選任し、「第3回東アジア農業遺産学会」の日程と開催地について議論しました。韓国協成大学のYOON Won-keun教授をERAHS第3回会議議長に選任し、中国科学院地理科学・資源研究所のMIN Qingwen教授と金沢大学の中村浩二名誉教授を共同議長に選任しました。第3回東アジア農業遺産学会は2016年6月中旬に韓国忠清南道クムサン郡で開催する予定です。

会議でのディスカッション

2015.06.25 ERAHS 제4차 실무 회의

　　'ERAHS 제4차 실무 회의'는 2015년 6월 25일에 일본 니가타현 사도 시에서 개최되었다. ERAHS 제2기 집행의장인 NAKAMURA Koji 일본 가나자와 대학 명예교수는 회의를 주재하고 공동의장인 MIN Qingwen 중국 과학원 지리학 자원연구소 교수와 윤원근 한국 협성대학 교수, 3국 관계 전 문가, 일부 농업유산지역 대표 등이 참석했다. 참석자들은 '제2회 동아시 아 농업유산 국제 컨퍼런스'를 총평하고, 일본 측의 성공적인 회의 개최를 인정하고 찬사를 보내며, 회의 성과 출판 및 가능한 협력 등을 논의했으며, ERAHS 제3기 집행의장을 선출하고, '제3회 동아시아 농업유산 국제 컨퍼 런스'의 개최 시기와 장소를 논의했다. 윤원근 협성대학 교수가 ERAHS 제 3기 집행의장을 맡고 MIN Qingwen 중국과학원 지리학 자원연구소 교수와 NAKAMURA Koji 일본 가나자와 대학 명예교수가 공동의장을 맡았으며 제3 회 동아시아 농업유산 국제컨퍼런스는 2016년 6월 중순 충남 금산군에서 개 최하는 것으로 결정되었다

회의에서 토론

2015.06.25 The 4th Working Meeting of ERAHS

The 4th Working Meeting of ERAHS was convened on June 25, 2015, in Sado City, Niigata Prefecture, Japan. It was chaired by NAKAMURA Koji, Emeritus Professor at Kanazawa University and Executive Chair of the 2nd ERAHS Conference, and co-chaired by Professor MIN Qingwen from CAS-IGSNRR and Professor YOON Won-keun from Hyupsung University. The meeting also brought together experts from the three countries and representatives from various agricultural heritage sites. While reflecting on the outcomes of the 2nd ERAHS Conference, participants recognized the successful organizational efforts of the Japanese hosts. They discussed topics such as the publication of conference papers and potential collaborative initiatives, elected the Executive Chair for the 3rd ERAHS Conference and engaged in deliberations regarding its timing and location. The decision was made to host the 3rd Conference in mid-June 2016 in Geumsan-gun, Chungcheonnam-do, South Korea, with Professor YOON Won-keun from Hyupsung University serving as the Executive Chair, and Professor MIN Qingwen from CAS-IGSNRR and Emeritus Professor NAKAMURA Koji from Kanazawa University as Co-Chairs.

A Decade of Partnership : Research Collaboration on Conservation of Agricultural Heritage Systems in East Asia (2013-2023)

152

2016.03.02 ERAHS第五次工作会议

　　2016年3月2日上午，"ERAHS第五次工作会议"在韩国忠清南道锦山郡举行。ERAHS第三届执行主席、韩国协成大学教授YOON Won-keun主持会议，共同主席、中国科学院地理科学与资源研究所研究员闵庆文和日本金泽大学荣誉教授NAKAMURA Koji以及来自中国科学院地理科学与资源研究所、联合国大学可持续性高等研究所、韩国农渔村遗产学会和韩国忠南研究院的相关专家、韩国锦山郡的地方代表参加了会议。

　　"第三届东亚地区农业文化遗产学术研讨会"将于2016年6月13—16日在韩国忠清南道锦山郡国际会展中心举行。锦山郡规划与审计办公室副主任LEE Jung-ook对会议的准备情况进行了介绍，韩国农渔村遗产学会主任PARK Yoon-ho对会议主题与日程进行了介绍。此次会议的主题为"农业文化遗产保护与乡村发展"，会期3天，预计参会人数为100~150人。会议由2个主旨演讲、3个大会报告和24个研究与案例报告组成，还专设了英文分会场针对农业文化遗产的监测进行交流讨论。会议期间将组织考察"韩国锦山传统人参农业系统"，提供展位进行农业文化遗产地宣传海报和农产品展示，并遴选优秀论文在国际期刊上发表。

会上讨论

ERAHS成员还参加了3月2日下午在韩国忠南研究院召开的中日韩农业文化遗产管理国际研讨会。韩国协成大学教授YOON Won-keun与韩国忠南研究院院长KANG Hyun-su致欢迎辞，联合国大学可持续性高等研究所高级项目协调员NAGATA Akira、中国科学院地理科学与资源研究所助理研究员焦雯珺、韩国农渔村遗产学会主任PARK Yoon-ho分别就日本的GIAHS管理、China-NIAHS的管理与KIAHS的管理进行了报告。在自由讨论环节，中国科学院地理科学与资源研究所研究员闵庆文、日本金泽大学荣誉教授NAKAMURA Koji、韩国农林畜产食品部农村发展处副处长KIM Jae-hak、韩国海洋水产部渔村渔港发展处副处长AHN Myung-ho、韩国建国大学教授KIM Sun-joo、韩国釜山大学教授LEE Yoo-jick等对如何实行农业文化遗产的有效管理进行了深入讨论。

2016.03.02 ERAHS第5回作業会合

会議でのディスカッション

　2016年3月2日午前、「ERAHS第5回作業会合」は韓国忠清南道クムサン郡で開催されました。ERAHS第3回会議議長で韓国協成大学のYOON Won-keun教授が司会を務め、共同議長で中国科学院地理科学・資源研究所のMIN Qingwen教授と金沢大学の中村浩二名誉教授、中国科学院地理科学・資源研究所、国際連合大学サステイナビリティ高等研究所、韓国農漁村遺産学会と韓国忠南研究院の専門家たち、韓国クムサン郡の代表が参加しました。

　第3回東アジア農業遺産学会は2016年6月13日から16日まで、韓国忠清南道クムサン郡国際コンベンションセンターで開催される予定です。クムサン郡企画監査室のLEE Jung-ook副室長が会議の準備状況について紹介し、韓国農漁業遺産学会のPARK Yoon-ho理事が会議のテーマと日程について紹介しました。大会テーマは「農業遺産と農村開発」で、大会期間は3日間、参加者は100〜150人を予定しています。会議は2つの基調講演、3つの研究発表、24の研究・事例研究、農業遺産のモニタリングに特化した英語セッションで構成されます。会議期間中、「韓国クムサンの伝統的な

高麗人参農業システム」の現地視察を企画し、農業遺産地域の宣伝ポスターと農産品を展示するブースも設けられ、国際学術誌に掲載する優秀論文を選出します。

　　ERAHSのメンバーは、3月2日午後に韓国の忠南研究院で開催された「韓国、中国、日本における農業遺産管理に関する国際シンポジウム」にも参加しました。韓国協成大学のYOON Won-keun教授と韓国忠南研究院のKANG Hyun-su院長が歓迎の挨拶を行い、国際連合大学サステイナビリティ高等研究所の永田明シニアプログラムコーディネーター、中国科学院地理科学・資源研究所のJIAO Wenjun研究補佐員、韓国農漁村遺産学会のPARK Yoon-ho理事がそれぞれ日本のGIAHS管理、China-NIAHSの管理とKIAHSの管理について講演しました。自由討論では、中国科学院地理科学・資源研究所のMIN Qingwen教授、金沢大学の中村浩二名誉教授、韓国農林畜産食品部地域開発課のKIM Jae-hak課長補佐、韓国海洋水産部漁村漁港課のAHN Myung-ho課長補佐、韓国建国大学のKIM Sun-joo教授と韓国釜山大学のLEE Yoo-jick教授が農業遺産の効果的な管理方法について議論しました。

2016.03.02 ERAHS 제5차 실무 회의

　　2016년 3월 2일 오전 충남 금산군에서 'ERAHS 제5차 실무 회의'가 개최되었다. ERAHS 제3기 집행의장인 윤원근 협성대학 교수가 회의를 주재하고 공동의장인 중국과학원 지리학 자원연구소 MIN Qingwen 교수와 NAKAMURA Koji 일본 가나자와 대학 명예교수, 중국과학원 지리학 자원연구소, 유엔대학 지속가능성 고등연구소, 한국농어촌유산학회와 충남연구원의 관련 전문가, 금산군 지역대표 등이 회의에 참석했다.

　　제3회 동아시아 농업유산 국제 컨퍼런스는 2016년 6월 13일부터 16일까지 충청남도 금산군 국제컨벤션센터에서 개최하는 계획이 수립되었다. 이정욱 금산군 기획감사실 계장은 회의 준비상황을 소개하고, 박윤호 한국농어촌유산학회 이사가 회의 주제와 일정을 설명했다. '농업유산과 농촌 발전'을 주제로 열리는 이번 회의에는 3일간 100~150명이 참석할 예정이다. 회의는 2개의 기조연설 세션, 3개의 발표세션, 24개의 연구 사례 발표로 구성되었으며, 농업유산 모니터링을 위한 특별 영어세션도 계획되었다. 회의 기간 중 '금산 전통 인삼농업시스템' 현장 답사를 진행하고 농업유산 홍보 포스터와 농산물을 전시하는 부스를 설치하고 국제저널에 발표할 우수 논문도 선정할 계획이 논의되었다.

　　ERAHS 멤버들은 3월 2일 오후 충남연구원에서 열린 한중일 농업유산 관리 국제 세미나에도 참석했다. 윤원근 한국 협성대학 교수와 강현수 충남

단체 사진

연구원장은 환영사를 하고, NAGATA Akira 유엔대학 지속가능성 고등연구소 코디네이터, JIAO Wenjun 중국과학원 지리학 자원연구소 부교수, 박윤호 한국농어촌유산학회 이사는 각각 일본의 GIAHS 관리, China-NIAHS 관리, KIAHS 관리를 주제로 발표했다. 자유토론 세션에서는 중국과학원 지리학 자원연구소 MIN Qingwen 교수, NAKAMURA Koji 일본 가나자와 대학 명예교수, 김재학 한국 농림축산식품부 지역개발과 사무관, 안명호 해양수산부 어촌어항과 사무관, 김선주 건국대학 교수, 이유직 부산대학 교수 등이 농업유산의 효율적 관리를 위한 심도 있는 토론을 벌였다.

2016.03.02 The 5th Working Meeting of ERAHS

On the morning of March 2, 2016, the 5th Working Meeting of ERAHS was held in Geumsan-gun, Chungcheonnam-do, South Korea. Professor YOON Won-keun from Hyupsung University, Executive Chair of the 3rd ERAHS Conference presided over the meeting. Co-chaired by Professor MIN Qingwen from CAS-IGSNRR and Emeritus Professor NAKAMURA Koji from Kanazawa University, the event was attended by experts from CAS-IGSNRR, UNU-IAS, KRHA, Chungnam Institute, as well as local representatives from Geumsan-gun.

The 3rd ERAHS Conference was scheduled for June 13-16, 2016, at the International Convention Center in Geumsan-gun, Chungcheonnam-do, South Korea. During the meeting, LEE Jung-ook, Deputy Director of the Planning and Audit Office of Geumsan-gun, provided updates on the conference preparations. PARK Yoon-ho, Director of KRHA, presented the conference theme and schedule. The theme of this conference would be "Agricultural Heritage Systems and Rural Development", spanning three days with an expected attendance of 100-150 participants. The agenda included two keynote speeches, three plenary sessions,

Group photo

and 24 research and case presentations. Additionally, there would be a dedicated English session for exchange discussions on AHS monitoring. The conference would also feature a field trip to explore the "Traditional Ginseng Agriculture System in Geumsan-gun, South Korea", provide booths to display posters and agricultural products from agricultural heritage sites, and select outstanding papers for publication in international journals.

ERAHS members also participated in the International Seminar on Management for Agricultural Heritage Sites in South Korea, China and Japan held at Chungnam Institute in South Korea on the afternoon of March 2. During the seminar, Professor YOON Won-keun from Hyupsung University and Director KANG Hyun-su from ChungNam Institute delivered welcome addresses. Reports on GIAHS management in Japan, China-NIAHS management, and KIAHS management were presented by Senior Programme Coordinator NAGATA Akira from UNU-IAS, Assistant Professor JIAO Wenjun from CAS-IGSNRR, and Director PARK Yoon-ho from KRHA, respectively. In the open discussion session, Professor MIN Qingwen from CAS-IGSNRR, Emeritus Professor NAKAMURA Koji from Kanazawa University, Deputy Director KIM Jae-hak from Korea Rural Development Bureau of MAFRA, Deputy Director AHN Myung-ho from Fishing Community and Port Development Division, Ministry of Oceans and Fisheries of South Korea (MOF), Professor KIM Sun-joo from Konkuk University, and Professor LEE Yoo-jick from Pusan National University engaged in in-depth discussions on achieving effective management of AHS.

2016.06.13 第三届ERAHS学术研讨会[1]

1 会议概况

为促进中日韩三国在农业文化遗产保护、管理与相关研究方面的学术交流，分享农业文化遗产保护与管理经验、地区产业发展模式以及推动农业文化遗产地之间的相互交流与合作，由ERAHS、韩国农渔村遗产学会和韩国忠清南道锦山郡政府主办，中国农学会农业文化遗产分会、联合国大学和日本GIAHS网络协办的"第三届东亚地区农业文化遗产学术研讨会"于2016年6月14—16日在韩国忠清南道锦山郡召开。来自FAO、韩国农林畜产食品部、韩国忠清南道政府的官员及中日韩三国农业文化遗产保护领域的专家、管理人员、企业家和新闻记者150余人参加了会议。

本次会议的主题为"农业文化遗产保护与乡村发展"，分开幕式与主旨报告、专题报告、墙报展示和实地考察四个部分。在开幕式上，韩国锦山郡郡守PARK Dong-chul致欢迎辞，韩国农林畜产食品部农村政策局局长AHN Ho-keun、韩国忠清南道副知事HUH Seung-uk、韩国农渔村公社首席执行官LEE Sang-moo、韩国忠南研究院院长KANG Hyun-su分别致辞。随后，联合国大学高级副校长TAKEUCHI Kazuhiko、中国科学院地理科学与资源研究所研究员闵庆文、韩国协成大学教授YOON Won-keun、FAO GIAHS协调员ENDO Yoshihide、韩国农林畜产食品部农村发展处副处长KIM Jae-hak、日本农林水产省农村振兴局农村环境处处长MORITA Kentaro分别围绕GIAHS在实现可持续发展目标中的作用、农业文化遗产保护的三个关键机制、KIAHS与乡村发展政策、GIAHS的近期发展和未来前景、日本农业文化遗产保护进展等作主题报告。其他代表围绕农业文化遗产政策、遗产价值、存在问题、遗产分类、保护与管理、产业发展、保护经验、遗产地间的合作以及遗产监测与评估等问题进行交流，分享了各自的研究成果。与会代表实地考察了"韩国锦山传统人参农业系统"，感受了开参节祭祀活动，考察了人参栽培基地、产品加工企业、博物馆展示和交易市场。

---

1 焦雯珺、陈喆根据"闵庆文，张永勋.农业文化遗产保护与乡村发展——'第三届东亚地区农业文化遗产学术研讨会'纪要[J].古今农业，2016, (3): 111-115."改写。

2 主要交流成果

2.1 农业文化遗产保护工作的进展

　　FAO GIAHS协调员ENDO Yoshihide剖析了GIAHS近期的发展，从体制建设、监测评估、国际合作、资金支持、认定制度、建立GIAHS网络、给予综合支持和促进发展8个方面提出了GIAHS未来发展的建议。韩国农林畜产食品部农村发展处副处长KIM Jae-hak介绍了2012年以来韩国启动KIAHS之后的保护与管理工作进展，提出了未来农业文化遗产的政策方向以及在KIAHS的认定与网络建立、GIAHS申报和KIAHS的价值拓展等方面的工作计划。中国科学院地理科学与资源研究所研究员闵庆文以重大活动为脉络，简要回顾了中国过去10年以来农业文化遗产保护工作的进展，重点阐述了农业文化遗产保护中的三个关键机制，即政策激励机制、多方参与机制和产业促进机制。日本农林水产省农村振兴局农村环境处处长MORITA Kentaro介绍了日本的GIAHS政策、日本重要农业文化遗产（Japan-NIAHS）的建立以及GIAHS的监测工作进展，并从政策、Japan-NIAHS网络建设方面分析了目前存在的不足和未来的努力方向。韩国海洋水产部渔村渔港发展处副处长AHN Myung-ho介绍了KIFHS的启动、评选和监督管理工作，指出KIFHS政策主要集中于两个方面，一是通过保护与管理传承传统的渔业文化遗产，二是通过对渔业区多重价值的充分利用发展旅游业和打造渔业品牌。联合国大学可持续性高等研究所高级项目协调员NAGATA Akira在报告中对比了日本、中国和韩国的农业文化遗产保护政策，涉及发展背景、评选标准、申请步骤、实施框架、信息获取、监测系统等多个方面。

2.2 农业文化遗产的价值与重要性

　　联合国大学高级副校长TAKEUCHI Kazuhiko阐述了GIAHS在实现可持续发展目标中的作用，指出联合国的可持续发展目标中有13个与GIAHS有关，可为GIAHS认定标准的修订提供参考。韩国林业厅森林游憩与疗养处处长IM Young-suk认为，森林是农业文化遗产中的重要组成成分，具有丰富的生物多样性、可持续管理知识、相关的乡村文化和森林产品，强调要与林业部门合作，加强农林复合类型的农业文化遗产的挖掘、保护和利用。中国科学院地理科学与资源研究所博士生杨伦以河北迁西为例，探讨了不同板栗—农作

开幕式

物复合模式对土壤理化性质的影响，认为板栗—农作物复合模式有利于提高土壤有效养分含量，板栗—鸡和板栗—花生模式值得在迁西县大力推广。中国科学院地理科学与资源研究所博士生刘伟玮通过对辽东桓仁满族自治县不同林种、不同年份人参样地土壤和未种植人参土壤的物理、化学、微生物活性、土壤酶活性，以及土壤微生物群落变化的调查，提出了人参种植地选择的最佳方案，分析了传统种植经验的科学性。中央民族大学博士生公婷婷从广西壮族"那"文化的内涵、农业文化遗产特征、"那"文化的保护和发展等方面，分析了"那"文化稻作系统的价值。韩国东国大学硕士生KIM Jin-won对"韩国求礼山茱萸农业系统"的维管束植物多样性进行了调查和分析，认为山茱萸林为生物提供了重要的栖息环境，因此具有更丰富的生物多样性。

2.3　农业文化遗产保护的政策与技术措施

中国政法大学教授刘红婴指出中国的农业文化遗产类型存在着不均衡现象，主要是重复率较高、同质性明显、经济价值较高的作物遗产类型较多，建议通过政策手段实现类型均衡，发掘具有典型性的农业文化遗产类型。韩国国立农业科学院研究员JEONG Myeong-cheol也认为目前GIAHS类型存在着不均衡性，提出了下一步GIAHS挖掘和申请的重点和努力方向。韩国协成大学教授YOON Won-keun介绍了KIAHS与乡村发展政策，根据目前取得的成果和存在的问题，提出未来乡村政策的制定应当与农业文化遗产的保护与发展方向紧密联系。韩国农渔村公社经理BAEK Seung-seok强调农业文化遗产的核心区应是传统耕作系统和景观的直接相关区域，缓冲区则应包括核心区附近的区域以及有利于核心区域保护的范围，并以"韩国南海竹堰渔业系统"和"韩国求礼山茱萸农业系统"为例进行了说明。中国科学院地理科学

中国代表团合影

与资源研究所副研究员刘某承提出，政府应对农户进行生态补偿以激励农户传承或恢复传统的环境友好型农业生产方式，推动有机农业发展和生产效益提高，进而实现生态补偿标准的降低，最终形成良性循环。

日本新潟大学教授TOYODA Mitsuyo提出，应开展农产品的商标认证，通过利益相关者之间的对话、分享、探讨以及行动四个步骤来创新农业社区的合作发展平台，从而吸引更多的人参与到农业文化遗产的保护之中。中国科学院地理科学与资源研究所博士生张永勋结合农业文化遗产特征和保护要求，提出了通过"三产"融合发展加强农业文化遗产保护的思路，并阐述了农业文化遗产地"三产"融合发展的基本概念、内涵、一般原则和研究内容。日本金泽大学荣誉教授NAKAMURA Koji介绍了在能登半岛实施的人才培养计划以及日本与菲律宾农业文化遗产保护的国际合作项目，认为通过新型农民的培养可以让更多的年轻人到能登半岛定居，加入到农业文化遗产的保护队伍中，通过国际合作项目，可以促进不同国家农业文化遗产地的年轻人之间的交流。韩国公州大学的硕士生KANG Dong-wan介绍了以"故事改编"为核心建立信息沟通模型，帮助农户真正理解农业文化遗产的价值和适度开发的意义。中国科学院地理科学与资源研究所博士生田密以"云南红河哈尼稻作梯田系统"为例，评估了旅游水足迹及水资源承载力，建议从政策、技术、意识三方面入手，由宏观战略到具体措施，全面促使农业文化遗产地水环境管理向着理想化发展。

2.4 农业文化遗产保护的监测与评估

农业文化遗产的监测与评估是农业文化遗产保护的重要措施，也是FAO正在探索的重要监督评价机制，本次会议专门设立了分会场讨论农业文化遗产保护的监测与评估。韩国农渔村遗产学会主任PARK Yoon-ho介绍了韩国开展监测与评估的做法，即每个农业文化遗产地在获得认定之后的一年内，应制订相应的保护行动计划，而该计划则是申请多功能资源利用项目的主要依据。每年韩国农林畜产食品部会对多功能资源利用项目进行1~2次的定期检查，三年项目实施期过后即第四年会有一个终期评估。日本国东半岛宇佐地区GIAHS推进协会主席HAYASHI Hiroaki以"日本国东半岛宇佐林农渔复合系统"为例，阐述了科学监测有利于提高农业文化遗产规划的实施成效，提出建立林农渔不同组分间水分和营养物质循环的科学监测、重视在生态承载力基础上的休闲农业开发、加强人才培养、建立与其他GIAHS的联系和交流等建议。联合国大学可持续性高等研究所研究助理Evonne YIU阐述了GIAHS监测与评估的实现目标和主要内容，分享了基于各利益相关者共同治理，实现生物多样性保护与可持续利用的方法。

中国科学院地理科学与资源研究所助理研究员焦雯珺从监测目的和意义、监测体系的总体框架、监测范围、监测内容、监测方法等方面，全面介绍了中国农业文化遗产监测与评估工作的总体框架。农业文化遗产的监测范围包括遗产系统本身和遗产管理措施两个方面，监测内容主要是遗产系统的生态维持、经济发展、社会维系和文化传承四大功能，体制机制建设和宣传示范推广两大方面的管理措施，监测方法采用年度报告与定期调查相结合的方法。中国林业科学研究院亚热带林业研究所副研究员王斌以"浙江青田稻鱼共生系统"为例，介绍了传统水稻品种、生态系统面积、稻田环境质量和农田生态系统的监测方法和监测结果。北京联合大学副教授孙业红探讨了旅游对于农业文化遗产地影响的监测，指出农业文化遗产地的旅游发展需要注意农业文化遗产的旅游资源特征、社区作用、商品化和原真性的平衡等重要问题。

2.5 农业文化遗产保护的实践经验

红河学院教授黄绍文阐述了"云南红河哈尼稻作梯田系统"保护所存在的问题，建议加强传统品种的保护、促进梯田农耕文化的传承，以实现梯田可持续发展。安徽农业大学教授沈琳分析了"安徽寿县芍陂（安丰塘）及灌

会后考察

区农业系统"所面临的主要问题，建议加强遗产本体保护、改善农业文化遗产地生态条件、挖掘遗产科技文化价值、提高遗产的宣传力度、实现产业融合等措施。贵州省从江县副县长蒋正才着重介绍了"贵州从江侗乡稻—鱼—鸭系统"保护与发展的措施与成效，提出了进一步加强对稻田养鱼养鸭传统农耕文化的保护与宣传、创办示范点、推动农文旅融合发展的工作计划。河北省迁西县副县长李剑侠提出了发展生态旅游提高市场竞争力、以龙头企业和板栗专业合作社提高板栗产业综合效益、举办"栗花节"文化游等产业发展手段，以促进"河北迁西板栗种植系统"的动态保护。福建省福州市农业局副局长王贞峰从地理位置、发展历史、品种与生态功能、种植制作技术和文化习俗等方面，全面介绍了"福州茉莉花与茶文化系统"，分享了福州市为推动农业文化遗产保护与传承所采取的措施和下一步计划。

日本静冈县茶产业发展处公务员SUZUKI Hideshi介绍了"日本静冈传统茶—草复合系统"，强调通过生产人员认证、建设茶叶品牌、提高产品附加值等做法振兴地方经济。日本岐阜县水产研究所研究员MUTO Yoshinori介绍了长良川的香鱼保护问题，从地理位置、景观多样性、目前的保护措施和存在的不足等方面分析了香鱼资源的保护研究，提出了未来要采取的保护措施。日本石川县农林水产厅里山振兴室公务员NOTO Fumikazu认为"日本能登里山里海"面临着人口老龄化、年轻人大多向外迁徙的主要问题，介绍了

石川里山发展基金会和伊富高里山人才培养计划。日本和歌山县南部町政府办公室公务员NAKAHAYA Ryota以"日本南部—田边梅树系统"为例，认为存在农民参与减少、老龄化、市场上梅产品消费量减少、森林管理传统技术丢失等问题，提出应促进梅树和薪材林的生产并扩大销售渠道，保护生物多样性和当地景观，传承优秀的传统技术和文化。日本宫崎县高千穗町综合政策室公务员TASAKI Tomonori详细介绍了"日本高千穗—椎叶山山地农林复合系统"的地理位置、基本特征、当地社区开展的互助活动以及今后的发展计划，希望能建立一个森林与山区和谐发展的乌托邦。

韩国忠南研究院研究员KIM Dong-ki从历史、食物安全、生物多样性与生态功能、传统种植技术系统、独特的人参种植景观以及相关的文化传统等方面，详细介绍了"韩国锦山传统人参农业系统"。韩国求礼郡生态农业处主任YU Yong-un介绍了"韩国求礼山茱萸农业系统"的历史意义、传统种植技术和方法以及生态环境调查工作，同时展示了村民对农业文化遗产的一系列宣传和保护举措。韩国河东郡农业技术中心经理YOON Seung-cheol介绍了河东郡传统农业系统保护措施，包括农民相互帮助、每年举行茶礼仪文化节日、在小学开设茶文化课程、开展地方参与保护研究等。韩国地方自治研究院研究员YOU Won-hee Kani介绍了"韩国潭阳竹林农业系统"，强调下一步潭阳郡将积极申报GIAHS，发展竹旅游业、加强竹的相关研究、建立完善的社区参与机制等保护与发展行动计划。韩国济州研究院研究员CHOA Hye-yung对韩国第一个KIFHS"韩国济州岛海女渔业系统"进行了介绍，分享了政府采取的一系列保护海女渔业与文化的措施。

韩国锦山传统人参农业系统

生长于朝鲜半岛的高丽参，是韩国历史进程中的代表性农作物。特别是锦山，因其独特的自然环境、历史背景和文化活动，在朝鲜半岛乃至许多海外国家都享有盛誉。锦山的地形以山地和丘陵为主，平地较少，农业生产环境恶劣。然而当地居民却巧妙地克服了这些不利条件，在排水良好的山地搭建参园，成功地栽培了人参，并形成了一套人参栽培技术体系，使他们的人参栽培延续了500多年。

锦山的人参栽培区域，与周围的森林、农田、村庄和河流一起，形成了一个独特的农业系统。周围的森林为参园提供天然遮阴，并通

遗产地景观

过植被蒸发过程降低温度，从而实现微气候控制。附近的稻田可为参园提供有机肥，这对参园的土壤肥力维持至关重要。此外，河流和溪流还能在夏季白天为参园带来凉爽的微风，从而改善风的循环。人参栽培系统对当地所有有着密切联系的要素都进行了充分利用，包括当地的生活和文化。由于人参栽培的特殊性，当地农民需要种植不同的中药材和粮食作物，与人参形成轮作，以相互补充。与人参有关的传统习俗，如"三长斋"和"七盖乐"也得以形成和传承。

韩国锦山传统人参农业系统于2015年被韩国农林畜产食品部认定为KIAHS。为了更好地保护、管理和利用韩国锦山传统人参农业系统，当地居民自愿参与并开展了许多工作，并计划开展更多工作。在获得KIAHS认定之后，锦山郡政府持续推动面向年轻一代的遗产价值宣传工作，并在国内外人参栽培地区发挥遗产价值传播作用。韩国锦山传统人参农业系统于2018年被FAO认定为GIAHS。

2016.06.13 第3回ERAHS会議[1]

1　会議の概要

　　日中韓3か国の農業遺産保全・管理および関連研究の学術交流を促進し、農業遺産の保全・管理と地域産業発展モデルの経験を共有するとともに、農業遺産地域間の相互交流と協力を促進するため、ERAHS、韓国農漁村遺産学会、韓国忠清南道クムサン郡政府が主催し、中国農学会農業遺産分会、国際連合大学と日本のJ-GIAHSネットワーク会議の共催により、「第3回東アジア地域農業遺産学会」は2016年6月14日から16日まで、韓国忠清南道クムサン郡で開催されました。会議には、FAO、韓国農林畜産食品部、韓国忠清南道政府の関係者をはじめ、日中韓3か国の農業遺産保全分野の専門家、政策決定者、企業家とジャーナリストなど150名以上が参加しました。

　　会議のテーマは「農業遺産保全と農村開発」で、開会式、基調講演、研究発表、ポスターセッションと現地視察の4つに分けられました。開会式では、韓国クムサン郡のPARK Dong-chul郡長が歓迎の挨拶を述べ、韓国農林畜産食品部農村政策局のAHN Ho-keun局長、韓国忠清南道のHUH Seung-uk副知事、韓国農漁村公社CEOのLEE Sang-moo氏、韓国忠南研究院のKANG Hyun-su院長がスピーチを行いました。その後、国際連合大学上級副学長の武内和彦教授、中国科学院地理科学・資源研究所のMIN Qingwen教授、韓国協成大学のYOON Won-keun教授、FAO GIAHSコーディネーターの遠藤芳英氏、韓国農林畜産食品部地域開発課のKIM Jae-hak課長補佐、農林水産省農村振興局農村環境課の森田健太郎課長補佐はそれぞれ、SDGs達成におけるGIAHSの役割、農業遺産保全の3つの重要なメカニズム、KIAHSと農村振興政策、GIAHSの最近の発展と今後の展望、日本における農業遺産保全の進展などについて講演を行いました。ほかの代表者は遺産の価値、既存の問題、遺産の分類、保全と管理、産業の発展、保

1　JIAO Wenjun、CHEN Zhe が「MIN Qingwen, ZHANG Yongxun. 農業遺産保全と農村発展──『第3回東アジア農業遺産学会』概要. 古今農業, 2016, (3): 111-115.」に基づき編集、後に日本語に翻訳される。

全の経験、遺産地域間の協力、遺産のモニタリングと評価などについて意見を交換し、研究成果を共有しました。参加者は「韓国クムサンの伝統的な高麗人参農業システム」を現地視察し、高麗人参祭りのセレモニーを体験し、高麗人参栽培基地、製品加工企業、博物館と取引市場を視察しました。

2　主な交流成果

2.1　農業遺産保全活動の進展

　　FAOの遠藤芳英GIAHSコーディネーターは、GIAHSの最近の発展状況を分析し、GIAHSの今後の発展について、制度構築、モニタリングと評価、国際協力、財政支援、認定制度、GIAHSネットワークの設立、包括的支援と発展促進の8つの側面から提言を行いました。韓国農林畜産食品部地域開発課のKIM Jae-hak課長補佐は、2012年に韓国でKIAHSが発足してからの保全・管理の進捗状況を紹介し、今後の農業遺産の政策の方向性、KIAHSの認定・ネットワーク構築、GIAHSの宣伝、KIAHSの価値拡大の分野での作業計画を提示しました。中国科学院地理科学・資源研究所のMIN Qingwen教授は、農業遺産保全における3つの重要なメカニズム、すなわち、政策的インセンティブ、複数当事者の参加、業界の促進を中心に、過去10年間の中国における農業遺産保全の進展を、主要なイベントとの関連で簡潔に概説しました。農林水産省農村振興局農村環境課の森田健太郎課長補佐は、日本のGIAHS政策、日本農業遺産「Japan-NIAHS」の設立、GIAHSのモニタリング作業の進捗状況を紹介し、政策と日本の農業遺産ネットワークの構築の観点から、現在の欠点と今後の取り組みについて分析

基調講演

しました。韓国海洋水産部漁村漁港課のAHN Myung-ho課長補佐は、KIFHSの開始、選定、監督管理について紹介し、KIFHSの政策が主に2つの側面、すなわち、継承された伝統的な漁業遺産の保全と管理、漁業ゾーンの複数の価値の完全な活用を通じた観光

開発と漁業ブランドの構築に重点を置いていることを指摘しました。国際連合大学サステイナビリティ高等研究所の永田明シニアプログラムコーディネーターは、日本、中国、韓国の農業遺産保全政策を比較し、その開発背景、選定基準、申請手順、実施体制、情報へのアクセス、モニタリング・システムなど幅広い側面を取り上げました。

2.2 農業遺産の価値と重要性

　　国際連合大学上級副学長の武内和彦教授は、SDGsの実現におけるGIAHSの役割について詳しく説明し、13項目がGIAHSに関連しており、GIAHSの認定基準を改訂する際の参考になると指摘しました。韓国山林庁森林休養課のIM Young-suk課長は、森林は豊かな生物多様性、持続可能な経営に関する知識、関連する農村文化、林産物を有する農業遺産の重要な構成要素であると考え、林業部門と協力して農林複合型の農業遺産の発掘、保全、活用を強化する必要性を強調しました。中国科学院地理科学・資源研究所博士課程学生のYANG Lun氏は、河北遷西を例に、栗・農作物複合栽培モデルが土壌の物理化学的性質に及ぼす影響を調査し、栗・農作物複合栽培パターンは土壌の有効養分含量の向上に寄与し、栗・鶏と栗・落花生栽培モデルを遷西県で普及する価値があると結論づけました。中国科学院地理科学・資源研究所の博士課程学生のLIU Weiwei氏は、遼東桓仁満族自治県における異なる林種、異なる年の高麗人参サンプル圃場の土壌と未植栽の高麗人参土壌の物理、化学、微生物活性、土壌酵素活性、土壌微生物群集の変化の調査を通じて、高麗人参の植栽地選定の最適な計画を提出し、伝統的な植栽経験の科学的妥当性を分析しました。中国中央民族大学博士課程学生のGONG Tingting氏は広西チワン族の「那」文化の意味合い、農業遺産の特徴、「那」文化の保全と発展から、「那」文化稲作システムの価値を分析しました。韓国東国大学の修士課程に在籍するKIM Jin-won氏は「韓国クレのサンシュユ農業システム」の維管束植物の多様性を調査・分析し、サンシュユは生物にとって重要な生息地を提供するため、生物多様性が豊かであると結論づけました。

2.3 農業遺産保全の政策と技術的措置

　　中国政法大学のLIU Hongying教授は、中国の農業遺産の種類にはアン

バランスがあり、主に反復率が高く、同質性が明らかで、経済的価値が高い作物遺産が多いと指摘し、政策によって種類のバランスを実現し、典型的な農業遺産を発掘することを提案しました。韓国国立農業科学院のJEONG Myeong-cheol研究員も、現在のGIAHSの種類には不均衡があると考え、次のGIAHSの発掘と活用のための焦点と努力の方向性を提示しました。韓国協成大学のYOON Won-keun教授は、KIAHSと農村開発政策について紹介し、これまでの成果と問題点を踏まえ、今後の農村政策は農業遺産の保全・開発の方向性と密接に関連させながら進めていくべきであると提言しました。韓国農漁村公社のBAEK Seung-seok課長は、農業遺産の核心地域は伝統的な農耕制度や景観に直接関係する地域であるべきで、緩衝地域は核心地域に近い地域と核心地域の保全に資する地域を含むべきであると強調し、「韓国ナムへの竹堰漁業システム」と「韓国クレのサンシュユ農業システム」を例にして説明しました。中国科学院地理科学・資源研究所のLIU Moucheng准研究員は、政府が農家に生態補償金を支給することで、伝統的な環境に優しい農業生産方法の継承や復元を促すインセンティブを与え、有機農業の発展や生産効率の向上を促進し、その上で生態補償金の基準引き下げを実現することが、最終的に好循環の形成につながると提案しました。

　新潟大学の豊田光世準教授は、農産物の商標認証を展開し、利害関係者間の対話、共有、検討、行動の4つのステップを通じて農業コミュニティの協力発展プラットフォームを革新し、それによってより多くの人を農業遺産の保護に参加させるべきだと提案しました。中国科学院地理科学・資源研究所博士課程生のZHANG Yongxun氏は農業遺産の特徴と保護要求を結合し、「三産」融合発展を通じて農業遺産の保護を強化する構想を提出し、農業遺産地の「三産」融合発展の基本概念、内包、一般原則と研究内容を述べました。金沢大学名誉教授の中村浩二氏は、能登半島で実施されている人材育成プログラムと、日本とフィリピンの農業遺産保護のための国際協力プロジェクトを紹介し、新型農民の育成によってより多くの若者が能登半島に定着し、農業遺産の保護チームに加わることができ、国際協力プロジェクトを通じて、異なる国の農業遺産地の若者同士の交流を促進することができると考えました。韓国公州大学の修士課程生のKANG Dong-wan氏は、「物語の改編」を核心とした情報コミュニケーションモデルを構築し、農家が農業遺産の価値と適度な開発の意義を真に理解するの

を支援することを紹介しました。中国科学院地理科学・資源研究所博士課程のTIAN Mi氏は「雲南紅河ハニ稲作棚田システム」を例に、観光水の足跡と水資源の積載力を評価し、政策、技術、意識の3つの方面から着手し、マクロ戦略から具体的な措置まで、農業遺産の地水環境管理を全面的に理想化に向かって発展させることを提案しました。

2.4　農業遺産保全のモニタリングと評価

　　農業遺産のモニタリングと評価は、農業遺産保全のための重要な施策であり、FAOが模索している重要なモニタリングと評価のメカニズムであることから、今回の会議で特別セッションを設け、農業遺産保全のモニタリングと評価について議論しました。韓国農漁村遺産学会のPARK Yoon-ho理事は、韓国におけるモニタリングと評価の実践を紹介しました。認定を受けた後1年以内に、各農業遺産地域は保全のための対応する行動計画を策定する必要があり、これが多面的機能資源活用事業を申請するための主要な基礎となる。韓国農林畜産食品部は毎年、MFR事業に対して1〜2回の定期検査を行い、3年間の事業実施期間終了後、つまり4年目に最終評価を行います。日本国東半島宇佐地域世界農業遺産推進協議会の林浩昭会長は「クヌギ林とため池がつなぐ国東半島・宇佐の農林水産循環」を例に、科学的モニタリングが農業遺産計画の効果向上に資することを説明し、森林、農業、漁業の異なる構成要素間の水と養分の循環の科学的モニタリングの確立と、生態系の環境収容力を基礎としたレクリエーション農業の開発を提案しました。国際連合大学サステイナビリティ高等研究所のEvonne YIU研究員は、GIAHSのモニタリングと評価の目的と主な内容について説明し、様々なステークホルダーの共同ガバナンスに基づく生物多様性の保全と持続可能な利用の方法論について共有しました。

　　中国科学院地理科学・資源研究所のJIAO Wenjun研究補佐員は、モニタリングの目的と意義、モニタリングシステムの全体的な枠組み、モニタリングの範囲、モニタリングの内容、モニタリングの方法論に至るまで、中国の農業遺産のモニタリングと評価作業の全体的な枠組みを包括的に紹介しました。農業遺産のモニタリング範囲には、遺産システムそのものと遺産管理措置の2つの側面があり、モニタリング内容には、主に遺産システムの4大機能である生態維持、経済発展、社会維持、文化継承が含まれ、

管理措置の2大側面である制度メカニズムの構築と広報・実証・宣伝が含まれ、モニタリング方法には、年次報告と定期調査の組み合わせが採用されています。中国林業科学院亜熱帯林業研究所のWANG Bin副研究員は、中国浙江省の「青田の水田養魚」を例に、伝統的な稲の品種、生態系面積、水田の環境品質、農地生態系のモニタリング方法とその結果について紹介しました。中国北京連合大学のSUN Yehong准教授は、観光が農業遺産地域に与える影響のモニタリングについて議論し、農業遺産地域の観光開発は、観光資源の特性、コミュニティの役割、商業化と農業遺産のオリジナリティのバランスなどの重要な問題に注意を払う必要があると指摘しました。

2.5　農業遺産保全の実践経験

　　中国紅河学院のHUANG Shaowen氏は、中国雲南紅河の「ハニ族の棚田」保全に存在する問題について詳しく説明し、棚田の持続的な発展を実現するために、伝統品種の保全を強化し、棚田農業文化の継承を促進することを提案しました。中国安徽農業大学のSHEN Lin教授は、中国安徽省「寿県の芍陂(安豊塘)灌漑農業システム」の主な問題点を分析し、遺産の保全を強化し、農業遺産の生態条件を改善し、遺産の技術的・文化の価値を発掘し、遺産の宣伝を強化し、産業の一体化を実現するなどの対策を提案しました。中国貴州省従江県のJIANG Zhengcai副県長は、「貴州従江

参加者によるディスカッション

伝統公演

トン族の稲作・養魚・養鴨システム」の保全と発展の措置と成果を紹介し、水田で魚やアヒルを飼育する伝統的な農業文化の保全と宣伝をさらに強化し、実証場所を設置し、農業・文化・観光産業の発展の一体化を促進する計画を打ち出しました。中国河北省遷西県のLI Jianxia副県長は、市場競争力を向上させるためにエコツーリズムを発展させ、大手企業と栗専門協同組合による栗産業の総合効率を向上させ、「栗の花祭り」文化ツアーを企画するなど産業発展の手段を講じ、「河北遷西栗栽培システム」の動的保全を促進することを打ち出しました。中国福建省福州市農業局のWANG Zhenfeng副局長は「福州のジャスミン・茶栽培システム」について、地理的位置、発展の歴史、品種と生態機能、栽培と生産技術、文化の慣行などを総合的に紹介し、中国福州市が農業遺産の保全と継承を推進するための措置と次の業務計画を共有しました。

　静岡県お茶振興課の鈴木英志氏は、「静岡の茶草場農法」を紹介し、生産者の認定、茶ブランドの構築、付加価値の向上による地域経済の活性化を強調しました。岐阜県水産研究所の武藤義範研究員は、長良川の鮎の保全について紹介し、地理的位置、景観の多様性、現在の保全対策と不足点などの観点から調査分析し、今後の保全対策を提示しました。石川県農林水産部里山振興室の能登史和氏は、「能登の里山里海」は高齢化が主な課題であり、若者の多くが国外に流出していると考え、石川里山振興ファンドとイフガオ里山人材育成計画を紹介しました。和歌山県みなべ町役場の中早良太氏は、「みなべ・田辺の梅システム」を例にとり、農家の参入の減少、高齢化、梅製品の市場消費の減少、森林管理の伝統技術の喪失など

の問題があるとし、梅林・薪炭林の生産振興と販路拡大、生物多様性と地域景観の保全、優れた技術の継承を提案しました。宮崎県高千穂町総合政策室の田﨑友教氏は、「高千穂郷・椎葉山の山間地農林業複合システム」について地理的位置、基本的特徴、地域住民の助け合い活動、今後の整備計画などを詳しく紹介し、森と山の調和がとれた発展を実現するように希望しました。

　　韓国忠南研究院のKIM Dong-ki研究員は、「韓国クムサンの伝統的な高麗人参農業システム」について、その歴史、食の安全性、生物多様性と生態機能、伝統的な植栽技術体系、独特な人参植栽景観、関連する文化伝統などの観点から詳しく紹介しました。韓国クレ郡親環境農業課のYU Yong-un課長は、「韓国クレのサンシュユ農業システム」の歴史的意義、伝統的な栽培技術や方法、生態調査、そして農業遺産を保全するために村人たちが行っている一連の普及活動や保全活動について紹介しました。韓国ハドン郡農業技術センター長のYOON Seung-cheol氏は、ハドン郡における伝統農業システムの保全対策として、農民同士の助け合い、年に一度の茶礼文化祭、小学校での茶文化講座、地域参加型の保全調査などを紹介しました。韓国地方自治研究院のYOU Won-hee Kani研究員は、「韓国タミャンの竹林農業システム」を紹介し、タミャン郡がこれからGIAHSに積極的に申請し、竹観光産業を発展させ、竹に関する研究を強化し、地域社会がシステムの保全と発展に参加できる仕組みを整えていくことを強調しました。韓国チェジュ研究院のCHOA Hye-yung研究員は、韓国初のKIFHSである「韓国チェジュ島の海女漁業システム」を紹介し、海女漁業とその文化を守るために政府がとった一連の施策を紹介しました。

韓国クムサンの伝統的な高麗人参農業システム

　　朝鮮半島に自生する高麗人参は、韓国の歴史を代表する作物です。特にクムサンは、その独特な自然環境と歴史的背景、文化活動によって、朝鮮半島のみならず海外でもよく知られています。クムサンの地形は山と丘が多く、平地が少ないため、農業生産には厳しい環境です。しかし、地元の人々は水はけの良い山間部に高麗人参園を作り、高麗人参の栽培に成功することで、このような不利な条

件を巧みに克服し、高麗人参の栽培技術を体系化し、500年以上も高麗人参の栽培を維持してきました。

　クムサンの高麗人参栽培地は、周辺の森林、農地、村落、河川とともに独特の農業システムを形成しています。周囲の森林は高麗人参栽培に自然な木陰を提供し、植生からの蒸発の過程で気温を下げることで微気象を調節しています。近くの水田は高麗人参園に有機肥料を供給し、高麗人参園の土壌肥沃度の維持に欠かせません。さらに、川や小川は夏の日中に涼しい風を高麗人参農園に運び、風の循環をよくします。高麗人参の栽培システムは、現地の生活や文化など、現地の密接な関連要素をすべて活用しています。高麗人参栽培の特殊性から、現地の農家は高麗人参とローテーションを組みながら、互いに補い合うように異なる薬草や食用作物を栽培する必要があります。サムジャンジェやチルゲアクなど、高麗人参にまつわる伝統的な風習も形成され、受け継がれてきました。

　クムサン伝統高麗人参農業システムは、2015年に韓国農林畜産食品部によりKIAHSとして認定され、韓国におけるクムサン伝統高麗人参農業システムをよりよく保全、管理、活用するために、地域の人々が自主的に多くの努力を行っており、また今後も行う予定です。KIAHS認定後、クムサン郡庁は若い世代への遺産価値の普及を推進し続け、韓国内外の高麗人参栽培地域に遺産価値を広める役割を担っています。韓国クムサン伝統高麗人参農業システムは、2018年にFAOからGIAHSとして認定されました。

遺産サイトの景観

2016.06.13 제3차 ERAHS 국제 컨퍼런스[1]

1   회의 개요

　　농업유산 보전, 관리 또는 관련 연구에 관한 한중일 3국의 학술교류를 촉진하고, 농업유산 보전 및 관리 경험을 공유하고, 지역산업 발전모델 공유 및 농업유산지역 간의 상호교류 협력을 위해 ERAHS, 한국농어촌유산학회와 한국 금산군청이 주최하고, 중국농학회 농업유산분과, 유엔대학과 일본 GIAHS 네트워크가 후원하는 '제3회 동아시아 농업유산 국제 컨퍼런스'가 2016년 6월 14일부터 16일까지 충청남도 금산군에서 개최되었다. 이번 회의에는 FAO, 한국 농림축산식품부, 한국 충청남도청 관계자와 한중일 농업유산 분야 전문가, 임원, 기업가, 기자 등 150여 명이 참석했다.

　　이번 회의의 주제는 '농업유산의 보전과 농촌발전'으로 설정하였고, 개막식과 기조 연설, 특별 발표세션, 포스터 전시, 현장 답사로 구성되었습니다. 개막식에서 박동철 금산군수가 환영사를 했고, 안호근 농림축산식품부 농촌정책국장, 허승욱 한국 충청남도 부지사, 변용석 한국농어촌공사 이사, 강현수 충남연구원장이 각각 축사를 했습니다. 이어 유엔대학 TAKEUCHI Kazuhiko 부총장, MIN Qingwen 중국과학원 지리학 자원연구소 교수, 윤원근 한국 협성대학 교수, ENDO Yoshihide FAO GIAHS 코디네이터, 김재학 한국 농림축산식품부 지역개발과 사무관, MORITA Kentaro 농림수산성 농촌진흥국 농촌환경과 사무관은 GIAHS가 지속가능한 발전목표 달성에 대한 역할, 농업유산 보전의 3대 핵심 메커니즘, KIAHS 및 농촌 발전 정책, GIAHS의 최근 발전 및 미래 비전, 일본 농업유산 보전성과 등에 대한 기조 연설을 했고, 다른 대표들은 농업유산 정책, 유산의 가치, 문제점, 유산의 분류, 보전과 관리, 산업발전, 보전경험, 유산지역간의 협력, 유산 모니터링 및 평가 등에 대해 논의하고 각자의 연구성과를 공유했습니다. 회의 참가 대표들은 '금산 전통 인삼농업시스템'을 현장 답사하고, 전통의식인 개삼제를 체험하고, 인삼 재배지, 인삼 가공업체, 박물관 및 인삼거래시장을 둘러봤습니다.

1   JIAO Wenjun, CHEN Zhe 는 "MIN Qingwen, ZHANG Yongxun. 농업유산 보전과 농촌발전— '제3회 동아시아 농업유산 국제 컨퍼런스' 개요. 고금농업, 2016, (3): 111-115." 수정 후 재작성함

2 주요 교류성과

2.1 농업유산 보전활동의 진전

ENDO Yoshihide FAO GIAHS 코디네이터는 GIAHS의 최근 동향을 분석한 후, 시스템 구축, 모니터링 및 평가, 국제협력, 재정지원, 인증 시스템, GIAHS 네트워크 구축, 종합지원 및 개발촉진의 측면에서 GIAHS의 향후 발전을 위한 권고안을 제시했다. 김재학 농림축산식품부 지역개발과 사무관은 2012년 이후 한국의 KIAHS 출범 이후 보전 및 관리 업무 진행상황을 설명하고, 향후 농업유산 정책방향과 KIAHS 지정 및 네트워크 구축, GIAHS 신청, KIAHS 가치 확대 등의 계획을 발표했다. MIN Qingwen 중국 과학원 지리학 자원연구소 교수는 주요 행사를 기반으로 지난 10년 동안 중국의 농업유산 보전 진행 상황을 간략하게 검토하고 농업유산 보전의 핵심 메커니즘 세 가지, 즉 정책 인센티브 메커니즘, 다자참여 메커니즘 및 산업촉진 메커니즘을 중점적으로 설명했다. MORITA Kentaro 농림수산성 농촌진흥국 농촌환경과 사무관은 일본의 GIAHS 정책, 일본 국가중요농업유산(Japan-NIAHS) 수립 및 GIAHS 모니터링 진행 상황을 설명하고 정책, Japan-NIAHS 네트워크 구축 차원에서 기존의 미흡한점과 향후 추진방향을 소개했다. 안명호 해양수산부 어촌어항과 사무관은 KIFHS의 시작, 선정 및 감독관리 업무를 소개하며 전통 어업유산을 보전하고 관리하며 관광개발 및 브랜딩을 통해 어촌 지역의 다양한 가치를 활용하는 데 중점을 둔 KIFHS정책을 강조했다. NAGATA Akira 유엔대학 지속가능성 고등연구소 코디네이터는 발표에서 일본, 중국 및 한국의 농업유산 보전정책을 비교했으며 개발배경, 선정기준, 신청절차, 실행 프레임워크, 정보 수집, 모니터링 시스템 등 다양한 차원에서 다루었다.

2.2 농업유산의 가치와 중요성

TAKEUCHI Kazuhiko 유엔대학 부총장은 지속가능한 발전목표 달성을 위한 GIAHS의 역할을 설명했으며 유엔의 지속가능한 발전목표 중 13개가 GIAHS와 관련이 있으며 GIAHS 인증 기준 개정에 참고할 수 있다고 지적했다. 임영석산림청 산림휴양과 과장은 산림이 농업유산의 중요한 구성 부분으로 생물다양성, 지속가능한 관리지식, 관련 농촌문화 및 산림 제품이 풍부하기 때문에 산림 관리부서와의 협력을 통해 농림복합형 농업유산의 발굴, 보전, 활용을 강화할 것을 강조하였다. YANG Lun 중국과학원 지리학 자원연구소 박사과정 학생은 허베이성 천시를 예로들며 다양한 다양한 밤-농작물 복합재배 시스템이 토양의 물리화학적 특성에 미치는 영향을 살펴봤으며 밤-농작물 복합재배 시스템이 토양의 유효 영양소 함량을 높이는 데 도움이 되며 밤-닭과 밤-땅콩 시스템은 첸시현에서 적극적으로 홍보할 가치가 있다고 밝혔다. LIU Weiwei 중국과학원 지리학 자원연구소 박사과정 학생은 랴오둥 환런만주자치현의 다양한 임종, 다양한 연도의 인삼 샘플 토양 및 재배되지 않은 인삼 토양의 물리적, 화학적, 미생물 활성, 토양 효소 활성 및 토양 미생물 군락 변화에 대한 조사를 통해 인삼 재배지 선택을 위한 최적 계획을 제안하고 전통적인 재배 경험의 과학성을 분석했다. Gong Tingting 중앙민족대학 박사과정 학생은 광시좡족 'Na' 문화의 포함, 농업유산의 특성, '나' 문화의 보전 및 발전 차원에서 'Na' 문화시스템의 가치를 분석했다. 동국대학 박사과정 학생인 김진원은 '구례 산수유 농업시스템'의 관속식물 다양성을 조사하고 분석한 결과, 산수유 숲이 생물에게 필수적인 서식환경을 제공해 생물 다양성을 더욱 풍부하게 만든다고 주장했다.

2.3   농업유산 보전을 위한 정책 및 기술적 조치

LIU Hongying 중국 법정대학 교수는 중국의 농업유산 유형에 불균형이 있다고 지적했는데, 주로 중복율이 높고 동질성이 뚜렷하고 경제적 가치가

단체 사진

높은 농작물유산의 유형이 많기 때문에 정책수단을 통해 유형의 균형을 이루고 대표적인 농업유산 유형을 개발할 것을 제안했다. 정명철 국립농업과학원 연구원도 현재 GIAHS 유형에 불균형이 있다고 보고 GIAHS 개발 및 적용의 다음 단계 초점과 노력 방향을 제시했다. 윤원근 협성대학 교수는 KIAHS와 농촌발전정책을 소개하고 현재의 성과와 문제점을 바탕으로 향후 농촌정책이 농업유산의 보전과 발전방향과 긴밀히 연결되어야 한다고 제안했다. 백승석 한국농어촌공사 과장은 농업유산의 핵심지역은 전통 경작시스템과 경관이 직접 관련된 지역이어야 하며, 완충지역은 핵심지역 인근지역과 핵심지역 보전에 유리한 범위를 포함해야 한다고 강조하고 '남해 죽방렴 어업시스템'과 '구례 산수유 농업시스템'을 예로 들어 설명했다. LIU Moucheng 중국과학원 지리학 자원연구소 부교수는 정부가 농민들에게 생태 보상을 실시하여 농민들이 전통적인 친환경형 농업 생산 방법을 계승하거나 복원하도록 장려하고 유기 농업의 발전과 생산성 향상을 촉진하며 생태 보상 기준을 낮추고 궁극적으로 선순환을 형성해야 한다고 제안했다.

2.4 농업유산 보전의 모니터링과 평가

농업유산의 모니터링과 평가는 농업유산 보전의 중요한 조치이자 FAO가 고려하고 있는 중요한 감독 및 평가 체계로, 이번 회의에서는 농업유산 보전의 모니터링과 평가를 논의하기 위해 분과 회의장을 마련했다. 박윤호 한국농어촌유산학회 이사는 국가농업중요유산 지역마다 지정 후 1년 이내에 보전활동계획을 수립해야 하며, 이 계획은 다원적자원 활용사업 의 주요 근거가 되는 모니터링과 평가 방식을 소개했다. 농림축산식품부는 매년 1~2회 다원적자원 활용사업에 대한 정기점검을 실시하고 있으며, 사업 시행기간 3년이 지난 후 4년차에 최종평가를 실시하고 있다. HAYASHI Hiroaki 일본 쿠니사키반도 우사지역 GIAHS 추진협회 회장은 '일본 쿠니사키 반도 우사지역의 농림어업 통합시스템'을 예로 들며 과학적 모니터링이 농업유산계획의 실시효과 향상에 도움이 된다고 설명했고, 농림어업 각 요소간의 수분과 영양소 순환에 대한 과학적 모니터링 체계를 설립하고, 생태적 수용력을 기반으로 한 레저농업 개발을 중시하고, 인재양성을 강화하고, 기타 GIAHS와의 연결과 정기적 교류 등을 진행할 것을 제안했다. 유엔대학 지속가능성 고등연구소 Evonne YIU 연구원은 GIAHS 모니터링과 평가의 실현 목표와 주요 내용을 설명하고 다양한 이해관계자의 공동 관리를 기반으로 생물다양성 보전 및 지속가능한 활용을 실현하는 방법을 공유했다.

JIAO Wenjun 중국과학원 지리학 자원연구소 부교수는 모니터링 목적과 중요성, 모니터링 시스템의 전체 프레임워크, 모니터링 범위, 모니터링 내용 및 모니터링 방법 등의 측면에서 중국 농업유산의 모니터링과 평가의 전체 프레임워크를 전반적으로 소개했다. 농업유산의 모니터링 범위는 유산제도 자체와 유산관리방안 모두를 포괄해야 하며, 전자는 유산제도의 4가지 기능(생태유지, 경제발전, 사회통합 및 문화전승)을 다루고, 후자는 제도적 장치구축과 홍보보급을 다루며, 모니터링 방법으로는 연례보고서와 정기조사를 병행해야 함을 제시했다. WANG Bin 중국 임업과학원 아열대 임업연구소 부교수는 '칭티엔 벼-물고기농업시스템'을 예로 들어 전통 벼 품종, 생태계 범위, 논 환경의 질, 농지 생태계 등에 대한 모니터링 방법과 결과를 발표했다. SUN Yehong 중국 북경연합대학 부교수는 관광이 농업유산에 미치는 영향에 대해 논의하고, 농업유산의 관광개발은 농업유산 관광자원의 특성, 지역사회의 역할, 상업화와 진정성 사이의 균형 등과 같은 중요한 문제를 고려해야 한다고 강조했다.

2.5 농업유산 보전의 실천경험

HUANG Shaowen 중국 홍허(Honghe) 대학 교수는 '홍허 하니 다랑이논'을 보전하는데 따르는 어려움을 해결하기 위해 전통품종의 보전을 강화하고 계단식 논의 지속가능한 발전을 달성하기 위해 계단식 논의 농업문화의 계승을 촉진할 것을 주장했다. SHEN Lin 안후이 농업대학 교수는 '서우시안 쿼베이의 관개농업시스템'의 주요 문제점을 분석하고 유산 보전강화, 농업유산의 생태조건 개선, 유산의 기술적, 문화적 가치 발굴, 유산 홍보확대, 산업통합 달성 등 다양한 해결책을 제안했다. JIANG Zhengcai 귀주성 충장현 부현장은 '귀주 콩장동 벼-물고기-오리농업시스템'의 보호 및 개발조치와 그 효

전문가 발표

과에 주목하고, 전통적인 벼-물고기-오리 양식 문화의 보전과 진흥을 더욱 강화하고 시범 지역을 지정하여 농업과 문화관광의 통합계획을 추진할 것을 제안했다. LI Jianxia 허베이성 첸시현 부현장은 '첸시의 밤나무 복합재배시스템'의 동적보전을 추진하기 위해 생태관광을 발전시켜 시장경쟁력을 높이고 선도기업과 밤나무 협동조합을 통해 밤나무 산업의 전반적인 수익을 개선하고 '밤꽃 축제'와 같은 문화축제를 조직하는 등 산업발전 방안을 제안했다. WANG Zhenfeng 푸젠성 푸저우시 농업국 부국장은 지리적 위치, 발전 역사, 품종, 생태기능, 재배 생산기술 및 문화관습 등 '푸저우시 자스민과 차 문화시스템'을 전반적으로 개관하고 푸저우시가 농업유산의 보전 및 계승 촉진을 위해 취한 조치와 향후 계획을 공유했다.

SUZUKI Hideshi 시즈오카현 차산업진흥과 공무원은 '시즈오카의 전통 차-풀 통합시스템'을 소개하며 생산자 인증, 차 브랜드 개발, 제품 부가가치 향상 등을 통해 지역경제를 활성화할 것을 강조했습니다. MUTO Yoshinori 기후현 수산환경연구소 연구원은 나가라강의 은어 보전 문제를 분석하여 지리적 위치, 경관 다양성, 현재의 보호대책, 기존 미흡한 문제점 등을 분석하고 향후 보전활동계획을 제안했습니다. NAKAHAYA Ryota 일본 이시카와현 농림수산부 사토야마 진흥실 공무원은 '일본 노토반도의 사토야마 사토우미'를 위협하는 인구 고령화와 청년이주 등의 과제를 강조하고, 이시카와현 사토야마 발전재단과 이푸가오 사토야마 인재양성프로그램을 소개했습니다. NAKAHAYA Ryota 와카야마현 미나베정 공무원은 '일본 미나베-다나베 매실시스템'을 예로 들며 농민 참여 감소, 고령화, 시장에서 매실제품 소비감소, 전통적인 산림관리 기술의 상실 등의 문제를 파악했습니다. 매실 및 연료용 땔감숲의 조성을 촉진하고 관련 제품의 판로를 확대하여 생물다양성과 지역 경관을 보전하고 우수한 전통 기술과 문화를 계승해야 한다고 제안했습니다. TASAKI Tomonori 미야자키현 다카치호정 종합정책실 공무원은 산림과 산간지역의 조화로운 발전을 위한 유토피아 구축을 목표로 '다카치호-시바산의 산간지농림업시스템'의 지리적 위치, 기본특성, 지역 사회의 협력 활동 및 향후 개발 계획을 상세히 설명했습니다.

김동기 금산군 과장은 '금산 전통 인삼

기조 연설

농업시스템'의 역사, 식품안전, 생물다양성, 생태적 기능, 전통재배 기술, 독특한 인삼재배 경관 및 관련 문화적 전통을 분석해 자세히 설명했습니다. 유용운 구례군 친환경농업과 과장은 '구례 산수유 농업시스템'의 역사적 의미, 전통 재배기술 및 방법, 생태환경 조사 작업 등을 소개하고 농업유산에 대한 마을주민들의 일련의 홍보 및 보전 대책을 소개하였다. 윤승철 하동군 농업기술센터 과장은 농민협동조합, 연례 다도 및 문화 축제, 초등학교 차 문화 과정 개설, 지역주민의 보전연구 참여 등 하동군의 전통 농업시스템 보전 조치를 소개했습니다. 유원희 한국지방자치연구원 연구원은 '담양 대나무밭 농업시스템'을 소개하며 담양군이 GIAHS 등재를 적극적으로 신청하고 대나무 관광산업 발전, 대나무 관련 연구 강화, 포괄적인 지역사회 참여 메커니즘을 구축해야 한다고 강조했습니다. 좌혜경 한국제주연구원 연구위원은 한국 최초의 KIFHS인 '제주 해녀어업시스템'을 소개하고 해녀어업과 문화보전을 위해 정부가 취한 일련의 조치들을 설명했습니다.

한국 금산 전통 인삼농업시스템

고려인삼은 한반도를 중심으로 역사적으로 우리나라의 대표적인 작물이다. 특히 금산은 독특한 자연환경과 역사적 배경, 문화활동으로 한반도는 물론 많은 해외국가에서도 명성을 얻고 있다. 금산의 지형은 주로 산지와 구릉으로 평지가 적고 열악한 농업 생산환경을 가지고 있다. 그러나 현지 주민들은 이러한 불리한 조건을 슬기롭게 극복하고 배수가 잘 되는 구릉지대에 인삼밭을 만들어 내고 인삼을 성공적으로 재배하여 인삼 재배시스템을 발전시켜 500년 이상 인삼을 생산할 수 있게 되었다.

인삼 재배 지역은 주변 숲, 농경지, 마을 및 하천 등 토지의 모든 요소를 통합한 단일 농업 시스템을 형성합니다. 주변 숲은 인삼밭에 자연적인 그늘을 제공하고 식생 증발 과정을 통해 온도를 낮추어 미기후 제어를 실현할 수 있습니다. 주변의 논은 인삼밭의 토양 비옥도를 유지하는 데 중요한 유기질 비료를 제공합니다. 또한 강과 개울은 여름철 낮 동안 인삼밭에 시원한 바람을 일으켜 바람 순환을 개선합니다. 인삼 재배 시스템은 서로 밀접하게 관련된 지역의 모든 요소를 최대한 활용한 것입니다. 인삼 재배의 특성상 농부들은 인삼과 함께 윤작할 서로 보완 관계가 있는 다양한 한약재와 식량 작물을 번갈아 가며 재배하는 경우가 많습니다. '삼장재' 와 '지개놀이' 등 인삼과 관련된 전통 풍습도 형성돼 전승되고 있습니다.

　　금산 전통 인삼농업시스템은 2015년 농림축산식품부로부터 KIAHS로 지정되었습니다. 금산 주민들의 자발적인 참여로 금산 전통 인삼농업시스템을 보다 잘 보전하고 관리하며 활용하기 위해 다양한 노력을 기울이고 있으며, 이를 위한 계획도 마련되어 있습니다. 금산군청은 KIAHS 지정 이후에도 젊은 세대를 위한 유산가치 홍보사업을 지속적으로 추진하고 있으며, 국내외 인삼 재배 지역에서도 유산가치를 홍보하고 있습니다. 금산 전통 인삼농업시스템은 2018년 FAO에 의해 GIAHS로 지정되었습니다.

고려인삼 재배

2016.06.13 The 3rd ERAHS Conference[1]

1 Overview

To promote academic exchanges among China, Japan, and South Korea in AHS conservation, management, and related research, share experiences in AHS conservation and management, regional industrial development models, and facilitate mutual exchanges and cooperation among agricultural heritage sites, the 3rd ERAHS Conference was organized by ERAHS, KRHA, and Geumsan-gun Government in Chungcheonnam-do, South Korea. Co-sponsored by CAASS-AHSB, UNU, and J-GIAHS, the conference took place from June 14 to 16, 2016. Over 150 participants, including officials from FAO, MAFRA, and the government of Chungcheonnam-do, as well as AHS conservation experts, managers, entrepreneurs, and journalists from China, Japan, and South Korea attended the event.

With the theme of "Agricultural Heritage System Conservation and Rural Development", this conference consisted of an opening ceremony with keynote speeches, special reports, poster presentations, and field visits. During the opening ceremony, PARK Dong-chul, the Governor of Geumsan-gun, South Korea, delivered a welcome address. Speeches were also given by AHN Ho-keun, Director of Rural Development Division, MAFRA, HUH Seung-uk, Vice Governor of Chungcheonnam-do, LEE Sang-moo, CEO of the Korea Rural Community Corporation, and KANG Hyun-su, Director of Chungnam Institute. Subsequently, presentations were made by TAKEUCHI Kazuhiko, Senior Vice-Rector of UNU, Professor MIN Qingwen from CAS-IGSNRR, Professor YOON Won-keun from Hyupsung University, ENDO Yoshihide, GIAHS Coordinator at FAO, KIM Jae-hak, Deputy Director of Rural Development Bureau at MAFRA, and MORITA Kentaro, Director of Rural Environment Division, Rural Development

---

[1] Rewritten by JIAO Wenjun and CHEN Zhe from "MIN Qingwen, ZHANG Yongxun. Agricultural Heritage System Conservation and Rural Development-Proceedings of the 3rd ERAHS Conference. Ancient and Modern Agriculture, 2016, (3): 111-115." and then translated into English.

Bureau, MAFF. They discussed topics such as the role of GIAHS in achieving sustainable development goals, the three key mechanisms of AHS conservation, KIAHS, and rural development policies, recent developments, and future prospects of GIAHS, as well as progress in AHS conservation in Japan. Following this, other representatives engaged in discussions on AHS policies, heritage values, existing issues, heritage classification, conservation

Landscape of the heritage site

and management, industry development, conservation experiences, cooperation among agricultural heritage sites, and heritage monitoring and evaluation, sharing their respective research outcomes. Attendees also conducted a field visit to the Geumsan Traditional Ginseng Agricultural System in Geumsan-gun, South Korea, and participated in local opening ceremony rituals, exploring ginseng cultivation sites, product processing enterprises, museum exhibits, and trading markets.

2 Main Achievements

2.1 Advancements in AHS Conservation

Following an analysis of recent GIAHS developments, ENDO Yoshihide, FAO GIAHS Coordinator, made recommendations for the future development of GIAHS in terms of institutional construction, monitoring assessment, international cooperation, financial support, certification systems, establishment of GIAHS networks, provision of comprehensive support, and development facilitation. Building upon the progress in AHS conservation and management since the introduction of KIAHS in 2012, Deputy Director KIM Jae-hak from Rural Development Bureau at MAFRA outlined future AHS work plans covering AHS policy directions, KIAHS certification, the establishment of the KIAHS network, GIAHS applications, and the expansion of KIAHS values. Professor MIN Qingwen from CAS-IGSNRR, framing the discussion around major activities, reviewed the past decade's progress in China's AHS conservation efforts, and focused on the three crucial mechanisms of AHS conservation: policy incentive, multi-stakeholder participation, and industry promotion. MORITA Kentaro, Director of Rural Environment Division, Rural Development Bureau, MAFF, introduced Japan's GIAHS policy, the establishment of Japan Nationally Important Agricultural Heritage Systems (Japan-NIAHS), and progress in GIAHS monitoring in Japan. He analyzed current shortcomings and future efforts, particularly in terms of policy and Japan-NIAHS network construction. AHN Myung-ho, Deputy Director of the Fishing Community and Port Development Division, MOF, delved into the initiation, selection, and supervision of KIFHS. He underscored KIFHS policy, focusing on both preserving and managing traditional fishing heritage and leveraging the multiple values of fishing areas for tourism development and branding. In his report, UNU-IAS Senior Programme Coordinator NAGATA Akira drew comparisons between AHS conservation policies in Japan, China, and South Korea, touching on development backgrounds, selection criteria, application procedures, implementation frameworks, information acquisition, and monitoring systems.

2.2   The Value and Significance of AHS

Senior Vice-Rector TAKEUCHI Kazuhiko of UNU elaborated on the role of GIAHS in achieving sustainable development goals, emphasizing that 13 out of all United Nations sustainable development goals are related to GIAHS and that these connections can serve as references for the revision of GIAHS recognition standards. Viewing forests as instrumental AHS constituents furnishing abundant biodiversity, sustainable management knowledge, pertinent rural cultures, and forestry outputs, IM Young-suk, Director of the Forest Recreation and Healing Division, Korea Forest Service, emphasized collaborations with forestry departments to enhance discovery, preservation, and utilization across agroforestry AHS. Yang Lun, a Ph.D. candidate from CAS-IGSNRR, used Qianxi, Hebei, as an example to explore the impact of different chestnut-crop composite patterns on soil physicochemical properties. The study suggested that this composite pattern is conducive to increasing soil nutrient content, especially in the chestnut-chicken and chestnut-peanut composite agricultural patterns, which deserve substantial promotion in Qianxi County. In an investigation comparing the soil physical, chemical, microbial, and enzymatic activities in different ginseng planting locations and non-planting locations in Huanren Manchu Autonomous County, Liaodong, Ph.D. candidate Liu Weiwei from CAS-IGSNRR proposed the optimal approach for selecting ginseng planting locations and analyzed the scientific nature of traditional planting experiences. Gong Tingting, Ph.D. candidate at Minzu University of China, analyzed the value of the "Na" culture rice system from Guangxi Zhuang, focusing on its cultural significance, AHS features, conservation, and development. After surveying and analyzing the diversity of vascular plants in the "Gurye Sansuyu Agricultural System, South Korea", postgraduate student Kim Jin-won from Dongguk University suggested that the Sansuyu forest provides essential habitats for organisms, resulting in richer biodiversity.

2.3 Policies and Technical Measures for AHS Conservation

Professor LIU Hongying from China University of Political Science and Law pointed out the imbalance in AHS types in China, with major issues being high redundancy, apparent homogeneity, and concentration on economically valuable crop heritage. She called for AHS type balancing and exploring more typical AHS types through policy measures. Research Fellow JEONG Myeong-cheol from the National Academy of Agricultural Science raised that similar imbalances exist in current GIAHS types and proposed suggestions on future development focuses and directions for the discovery and application of GIAHS. Appraising accomplishments and outstanding matters surrounding interfaces between KIAHS and rural development policies, Hyupsung University professor YOON Won-keun advised aligning future village-level strategic planning tightly with AHS preservation and upgrading pathways. Referencing South Korea's Namhae Bamboo Weir Fishery System and Gurye Sansuyu Agricultural System, Korea Rural Community Corporation manager BAEK Seung-seok expounded AHS core and buffer zone concepts, defining the former as areas tied directly to traditional cultivation and landscape, while encompassing proximate vicinity and other areas benefiting core zone preservation for the latter. Associate Professor LIU Moucheng from CAS-IGSNRR suggested that the government should provide ecological compensation to farmers to encourage them to inherit or restore traditional eco-friendly agricultural production methods, so as to promote the development of organic agriculture, and increase production efficiency. This, in turn, would lead to a reduction in ecological compensation standards, and ultimately to the forming of a virtuous cycle.

Professor Mitsuyo TOYODA from Niigata University in Japan advocated for trademark certification of agricultural products, and create an innovative cooperative development platform for agricultural communities through dialogue, sharing, discussion, and action among stakeholders to attract more people to participate in AHS conservation. Ph.D. candidate ZHANG Yongxun from CAS-IGSNRR, based on AHS characteristics and conservation requirements, proposed reinforcing AHS conservation through the integrated development of the "three industries", and outlined the fundamental concept, content, general principles, and pertinent research directions for the integrated development of the "three industries" in agricultural

Display and Communication

Traditional performance

heritage sites. Emeritus Professor NAKAMURA Koji from Kanazawa University outlined the talent development program implemented on the Noto Peninsula and the collaborative AHS conservation project between Japan and the Philippines, and remarked that cultivating new-style farmers can help attract more young people to establish residence on the Noto Peninsula and engage in AHS conservation, also that international cooperation projects can facilitate interactions among young people from agricultural heritage sites in different countries. Postgraduate student KANG Dong-wan from Kongju National University introduced an information communication model centered on "story adaptation", designed to assist farmers in genuinely grasping the value of AHS and facilitating their balanced development. Using the "Honghe Hani Rice Terraces" in Yunnan as an illustration, Ph.D. candidate TIAN Mi from CAS-IGSNRR assessed the water footprint and water-carrying capacity of tourism, and proposed suggestions from the perspectives of policy, technology, and awareness dimensions that advocate for a comprehensive approach from overarching strategies to specific measures to elevate the water environmental management of agricultural heritage sites to an ideal standard.

2.4   Monitoring and Assessment of AHS Conservation

The monitoring and assessment of AHS conservation are pivotal measures and essential components of the monitoring and evaluation mechanisms currently under focused exploration by FAO. Acknowledging this, a dedicated session was arranged during the conference to discuss the monitoring and assessment of AHS conservation. PARK Yoon-ho, Director of KRHA, provided insights into South Korea's monitoring and assessment practices. According to their approach, each agricultural heritage site should develop a corresponding conservation action plan within one year after receiving recognition. This plan serves as a primary basis for applying for multifunctional resource utilization projects. For each such project, MAFRA conducts regular inspections 1-2 times a year, with a final assessment in the fourth year after the three-year project implementation period. Using "Kunisaki Peninsula Usa Integrated Forestry, Agriculture and Fisheries System"in Japan as an example, HAYASHI Hiroaki, Chairman of the GIAHS Promotion Council in the Kunisaki Peninsula Usa region of Japan, elucidated the role of scientific monitoring in enhancing the effectiveness of AHS planning. He proposed to scientifically monitor water and nutrient cycling among different components (forestry, agriculture, and fisheries), emphasize leisure agriculture development based on ecological carrying capacity, strengthen talent development, and establish connections and exchanges with other GIAHS. UNU-IAS research assistant Evonne YIU outlined the goals and main content of GIAHS monitoring and assessment, and shared methods for achieving biodiversity protection and sustainable use based on collaborative governance by all stakeholders.

Covering the purpose and significance of monitoring, the overall framework of the monitoring system, and aspects such as the scope, content, and methods of monitoring, JIAO Wenjun, Assistant Professor at CAS-IGSNRR, provided a comprehensive overview of the overarching framework established by China for AHS monitoring and assessment. She posited that the scope of AHS monitoring should encompass both the heritage system itself and heritage management measures, with the former covering the four functions of the heritage system (ecological maintenance, economic development, social cohesion, and cultural inheritance), and the latter covering institutional mechanism construction and promotional demonstration, while at the same time a combination of annual reports and regular surveys should be used as the monitoring method. Taking the "Qingtian Rice-Fish Culture" in China as an example, WANG Bin, Associate Professor at the Research Institute of Subtropical Forestry, Chinese Academy of Forestry, presented monitoring methods and results in traditional rice varieties, ecosystem coverage, paddy field's environmental quality, and farmland ecosystem. SUN Yehong, Associate Professor at Beijing Union University, discussed the impact of tourism on agricultural heritage sites, highlighting important considerations for AHS tourism development, including the characteristics of AHS tourism resources, community roles, and the balance between commercialization and authenticity.

2.5 Practical Insights into AHS Conservation

Addressing the challenges in preserving the "Honghe Hani Rice Terraces", Professor HUANG Shaowen from Honghe University in China advocated for enhanced preservation of traditional varieties and the promotion of terrace farming culture inheritance to achieve sustainable development in terrace agriculture. Analyzing the primary issues confronting the "Shouxian Quebei (Anfengtang) Irrigation Agricultural System" in Shouxian County, Anhui, Professor SHEN Lin from Anhui Agricultural University proposed a range of solutions, including reinforcing the preservation of heritage entities, improving ecological conditions at agricultural heritage sites, exploring the technological and cultural values of heritage, amplifying publicity efforts, and achieving industrial integration. Vice County Mayor JIANG Zhengcai from Congjiang County, Guizhou Province, China, focused on the protective and developmental measures and their effectiveness in the "Congjiang Dong's Rice Fish Duck System", and suggested further bolstering the preservation and promotion of traditional rice-fish-duck farming culture, establishing demonstration points, and advancing plans for the integration of agriculture and cultural tourism. To propel the dynamic conservation of the "Qianxi Chestnut Compound Cultivation System", Vice County Mayor LI Jianxia from Qianxi County, Hebei Province, proposed industrial development measures, including developing ecotourism to enhance market competitiveness, improving the comprehensive benefits of the chestnut industry through leading enterprises and chestnut cooperatives, and organizing cultural festivals such as the "Chestnut Flower Festival". WANG Zhenfeng, Deputy Director of the Agriculture Bureau of Fuzhou City, Fujian Province, China, offered a comprehensive overview of the "Jasmine and Tea Culture System of Fuzhou City" covering geographical location, developmental history, varieties, ecological functions, planting techniques, and cultural customs, and shared Fuzhou City's measures and future plans for promoting AHS conservation and inheritance.

Public Servant SUZUKI Hideshi from the Tea Industry Development Division, Shizuoka Prefecture, Japan, introduced the "Traditional Tea-grass Integrated System in Shizuoka", emphasizing the rejuvenation of the local economy through practices like worker certification, tea brand development, and increasing product value. Analyzing the conservation of Ayu fish in the Nagara River, Research Fellow MUTO Yoshinori from the Gifu Prefectural Research Institute for Fisheries and Aquatic Environment made analysis from geographical location, landscape diversity, current protection measures, and existing deficiencies, and proposed future conservation action plans. Noto Fumikazu, a public servant from the *Satoyama* Promotion Office, Agriculture, Forestry and Fisheries Department, Ishikawa Prefecture, highlighted challenges like aging populations and youth migration threatening "Noto's *Satoyama Satoumi*", and introduced the Ishikawa *Satoyama* Development Foundation and the Ipputaka *Satoyama* Talent Development Program. Using the "Minabe-Tanabe Ume System, Japan" as an example,NAKAHAYA Ryota from the Minabe Town Office, Wakayama Prefecture, identified issues like reduced farmer participation, aging, decreased consumption of plum products, and loss of traditional forest management techniques. His proposal involved promoting the construction of plum and firewood forests and expanding sales channels for related products to better protect biodiversity, local landscapes, and the inheritance of outstanding traditional techniques and culture. TASAKI Tomonori, a public servant from the Policy Management Office, Takachiho Town, Miyazaki Prefecture, provided a detailed overview of the "Takachihogo-Shiibayama Mountainous Agriculture and Forestry System" in Japan, including its geographical location, basic characteristics, community mutual assistance activities, and future development plans and vision, aiming to establish a utopia for harmonious development between forests and mountain areas.

Research fellow KIM Dong-ki from the Chungnam Institute provided a detailed overview of the "Geumsan Traditional Ginseng Agricultural System, South Korea", analyzing its history, food safety, biodiversity, ecological functions, traditional planting techniques, unique ginseng cultivation landscape, and associated cultural traditions. Director YU Yong-un from the Department of Eco-friendly Agriculture Administration, Gurye County, introduced the historical significance, traditional planting techniques, and methods, as well as ecological environment investigations for the "Gurye Sansuyu Agricultural System, South Korea", and showcased local villagers' efforts in a series of AHS promotion and protection measures. Manager YOON Seung-cheol from the Hadong-gun Agricultural Tech Center discussed local measures for protecting traditional agricultural systems, including farmer cooperation, annual tea ceremony and cultural festivals, introducing tea culture courses in primary schools, and involving local residents in conservation research. Research Fellow YOU Won-hee Kani from the Research Institute for Regional Government & Economy introduced the "Damyang Bamboo Field Agriculture System, South Korea", and emphasize that Damyang should actively apply for GIAHS, develop bamboo-based tourism, strengthening bamboo-related research, and establish a comprehensive community participation mechanism as future steps. Research Fellow CHOA Hye-yung from the Jeju Research Institute in South Korea presented the first KIFHS, the "Jeju Haenyeo Fisheries System, South Korea", and outlined the government's series of measures to sustain Haenyeo fisheries and culture.

Geumsan Traditional Ginseng Agricultural System, Republic of Korea

Korean Ginseng is Korea's representative crop grown over the course of history centering the Korean peninsula. Geumsan, in particular, has gained a reputation not only in the Korean Peninsula but also many oversea countries for the region's unique natural environment, historical background, and cultural activities of the region. Mountains and hills cover most of Geumsan's geography with comparatively little flat areas, making it a harsh environment for agriculture. However, residents of Geumsan have wisely overcome such disadvantages and successfully cultivated ginseng on plantations located along the hills with good drainage and developing a ginseng cultivation system which allowed them to produce ginseng for over 500 years.

Ginseng cultivation areas form a single agricultural system incorporating all of the land's elements including the surrounding forests, farm lands, villages, and rivers. The surrounding forests provide natural shade, as well as micro climate control, through lowering the temperature via the evaporation process of the vegetation within the forest. Nearby paddies produce organic compost, which is essential for the soil restoration process of ginseng farms. Moreover, rivers and streams improve the wind circulation through the ginseng farms by creating cool breezes during daytime in summer. The ginseng cultivation system utilizes all the elements in the region which are all closely related to each other. Local lives and culture were not an exception. Due to the nature of ginseng farming, farmers often rotate to different medicinal herbs and food crops to provide for each other. Ginseng related traditions such as "Samjangjae" and "Jigaenolee" were also formed and passed down.

Geumsan Traditional Ginseng Agricultural System was designated as a Korean Important Agricultural Heritage System (KIAHS) in 2015. With the voluntary participation of Geumsan residents, many different endeavors have been undertaken, and others planned, to better conserve, manage and utilize the Geumsan Traditional Ginseng Agricultural System. After the KIAHS designation, the Geumsan municipality has continued to advance their promotion of the significance of Geumsan Traditional Ginseng Agricultural System for future generations and fulfill its role to spread its values throughout the domestic and international ginseng cultivation areas. Geumsan Traditional Ginseng Agricultural System was designated as a GIAHS by FAO in 2018.

Korean ginseng cultivation

A Decade of Partnership ·· Research Collaboration on Conservation of Agricultural Heritage Systems in East Asia (2013-2023)

196

2016.06.16 ERAHS 第六次工作会议

　　"ERAHS 第六次工作会议"于2016年6月16日在韩国忠清南道锦山郡召开。ERAHS 第三届执行主席、韩国协成大学教授 YOON Won-keun 主持会议，共同主席、中国科学院地理科学与资源研究所研究员闵庆文和日本金泽大学荣誉教授 NAKAMURA Koji 以及中日韩三国有关专家、农业文化遗产地代表参加了会议。会议就"第三届东亚地区农业文化遗产学术研讨会"进行了总结，对韩国方面的成功组织给予了肯定和赞赏，并讨论了会议成果出版、研究会发展方向以及未来合作等问题。根据轮值规则，选举中国科学院地理科学与资源研究所研究员闵庆文为第四届 ERAHS 执行主席，确定"第四届东亚地区农业文化遗产学术研讨会"将于2017年8月在福建省福州市[1]举行。

1　后调整为浙江省湖州市。

2016.06.16 ERAHS 第6回作業会合

　2016年6月16日、韓国忠清南道クムサン郡にて「ERAHS第6回作業会合」が開催されました。ERAHS第3回議長で韓国協成大学のYOON Won-keun 教授が議長を努め、共同議長で中国科学院地理科学・資源研究所の MIN Qingwen 教授と金沢大学の中村浩二名誉教授をはじめ、日中韓の関連専門家と農業遺産地域の代表が会議に参加しました。会議では、第3回東アジア農業遺産学会を総括し、韓国側の成功裏の開催を認め、評価するとともに、会議の成果の公表、研究所の発展の方向性、今後の協力について議論しました。持ち回り規定により、中国科学院地理科学・資源研究所の MIN Qingwen 教授を第4回ERAHS議長として選任し、"第4回東アジア農業遺産学会"が2017年8月に福建省福州市[1]で開催されることが確認されました。

1　後に中国浙江省湖州市に調整。

2016.06.16 ERAHS 제6차 실무 회의

　　'ERAHS 제6차 실무 회의'가 2016년 6월 16일 충청남도 금산군에서 개최되었다. ERAHS 제3기 집행의장인 윤원근 협성대학 교수가 회의를 주재하고, 공동의장인 MIN Qingwen 중국과학원 지리학 자원연구소 교수와 NAKAMURA Koji 일본 가나자와 대학 명예교수 및 한중일 3국 관계 전문가, 농업유산지역 대표 등이 참석했다. 회의에서는 '제3회 동아시아 농업유산 국제 컨퍼런스'를 총평하고 한국측의 성공적인 개최를 인정하고 찬사를 보냈으며, 회의 성과의 출판, 발전 방향 및 향후 협력 등에 대해 논의하였다. 순번 규정에 따라 MIN Qingwen 중국과학원 지리학 자원연구소 교수를 제4기 ERAHS 집행의장으로 선정하고 제4회 동아시아 농업유산 국제 컨퍼런스를 2017년 8월 중국 푸젠성 푸저우시에서 개최하기로[1] 결정했습니다.

1　그 후 중국 저장성 후저우시로 조정되었다.

2016.06.16 The 6th Working Meeting of ERAHS

The 6th ERAHS Working Meeting was convened on June 16, 2016, in Geumsan-gun, South Gyeongsang Province, South Korea. Chaired by Professor YOON Won-keun from Hyupsung University, Executive Chair of the 3rd ERAHS Conference, the meeting was co-chaired by Professor MIN Qingwen from CAS-IGSNRR and Emeritus Professor NAKAMURA Koji from Kanazawa University. Relevant experts, and agricultural heritage site representatives from China, Japan, and South Korea also attended the meeting. While reflecting on the outcomes of the 3rd ERAHS Conference, participants recognized the successful organizational efforts of the Korean hosts and discussed topics such as conference proceedings publication, future developmental directions, and cooperation prospects. According to the rotation rules, attendees elected Professor MIN Qingwen from CAS-IGSNRR as Executive Chair of the 4th ERAHS Conference, confirming the next conference to be held in Fuzhou City, Fujian Province, China[1] in August 2017.

---

1   Later changed to Huzhou city, Zhejiang Province, China.

2017.02.25 ERAHS第七次工作会议

"ERAHS第七次工作会议"于2017年2月25日在中国海南省海口市召开。ERAHS第四届执行主席中国科学院地理科学与资源研究所研究员闵庆文、执行秘书长中国科学院地理科学与资源研究所助理研究员焦雯珺、共同主席日本金泽大学荣誉教授NAKAMURA Koji和韩国协成大学教授YOON Won-keun、共同秘书长联合国大学可持续性高等研究所高级项目协调员NAGATA Akira和韩国农渔村遗产学会主任PARK Yoon-ho以及福州市农业局副局长王贞锋、福州市人民政府农业处处长陈斌涛等15人参加了会议。

会议主要围绕8月即将在福州举办的"第四届东亚地区农业文化遗产学术研讨会"筹备情况进行讨论，确定了"通过产业融合促进农业文化遗产保护"的会议主题以及"促进农业文化遗产领域学术交流、分享农业文化遗产地实践经验、推动东亚地区农业文化遗产合作"的会议目标，并就会议举行时间、会议详细日程、实地考察线路等具体环节逐个进行了讨论。此外，ERAHS秘书处还利用此次会议对ERAHS的章程进行了修订。

ERAHS成员还参加了2月24日在海口市召开的"农业文化遗产保护国际研讨会"。中国科学院地理科学与资源研究所研究员闵庆文、联合国大学可持续性高等研究所高级项目协调员NAGATA Akira和韩国农渔村遗产学会主任PARK Yoon-ho分别介绍了中日韩三国在农业文化遗产保护与管理方面的经验与成效。福州市农业局副局长王贞锋介绍了"福州茉莉花与茶文化系统"申遗成功后所采取的保护措施，海南大学经济管理学院副院长柯佑鹏介绍了海南省农业文化遗产资源普查的过程与成果。日本金泽大学荣誉教授NAKAMURA Koji、韩国协成大学教授YOON Won-keun、农业部国际交流服务中心主任童玉娥、海南省农业厅副厅长周燕华，围绕如何促进农业文化遗产保护与管理的经验交流以及如何进一步推动东亚地区农业文化遗产的保护与发展进行了讨论。会后对"陵水疍家渔业文化"和"海南海口羊山荔枝种植系统"进行了实地考察，中日韩三国专家就海南省农业文化遗产的发掘与保护提出了建设性意见和建议。

会上讨论

2017.02.25 ERAHS 第 7 回作業会合

　「ERAHS 第 7 回作業会合」が 2017 年 2 月 25 日、中国海南省海口市で開催され、ERAHS 第 4 回会議議長で中国科学院地理科学・資源研究所の MIN Qingwen 教授、事務局長で中国科学院地理科学・資源研究所の JIAO Wenjun 研究補佐員、共同議長で金沢大学の中村浩二名誉教授と韓国協成大学の YOON Won-keun 教授、共同事務局長で国際連合大学サステイナビリティ高等研究所の永田明シニアプログラムコーディネーターと韓国農漁村遺産学会の PARK Yoon-ho 理事、福州市農業局の WANG Zhenfeng 副局長、福州市人民政府農業課の CHEN Bintao 課長ら 15 人が出席しました。

　会議では主に、8 月に福州で開催される「第 4 回東アジア農業遺産学会」の準備について話し合われ、「産業融合による農業遺産保全の推進」と「農業遺産分野における学術研究の推進」のテーマが決定されました。会議の目的は「農業遺産分野における学術交流の推進、農業遺産の実務経験の共有、東アジア地域における農業遺産協力の推進」とし、会議の開催時期、会議の詳細日程、現地視察ルートなど具体的な内容について協議が

会議でのディスカッション

十年一剣を磨く 2013—2023 年東アジア農業遺産保全研究協力の歩み

行われました。また、ERAHS 事務局はこの会議で ERAHS 会則の改訂を行いました。

　　ERAHS のメンバーは、2月 24 日に海口で開催された農業遺産の保全に関する国際シンポジウムにも参加しました。中国科学院地理科学・資源研究所の MIN Qingwen 教授、国際連合大学サステイナビリティ高等研究所の永田明シニアプログラムコーディネーターと韓国農漁村遺産学会の PARK Yoon-ho 理事はそれぞれ中国、日本、韓国の農業遺産保全・管理に関する経験と成果を紹介しました。福州市農業局の WANG Zhenfeng 副局長は「福州のジャスミン・茶栽培システム」認定後の保全措置を紹介しました。中国海南大学経済管理学院の KE Youpeng 副院長は海南省の農業遺産資源の調査の過程と結果について紹介しました。金沢大学の中村浩二名誉教授、韓国協成大学の YOON Won-keun 教授、中国農業部国際交流サービスセンターの TONG Yu'e 主任、海南省農業庁副庁長の ZHOU Yanhua 氏は、農業遺産の保全と管理経験について交流し、東アジア農業遺産の保全・発展をさらに促進する方法について議論しました。会議終了後、「陵水疍家漁業文化」と「海南海口の羊山ライチ栽培システム」の現地視察が行われ、日中韓の専門家は海南省の農業遺産の発掘と保全について建設的な意見を述べ、提案を行いました。

2017.02.25 ERAHS 제7차 실무 회의

　　'ERAHS 제7차 실무 회의'는 2017년 2월 25일 중국 하이난성 하이커우시에서 개최되었다. ERAHS 제4기 집행의장인 MIN Qingwen 중국과학원 지리학 자원연구소 교수, 집행 사무국장인 JIAO Wenjun 중국과학원 지리학 자원연구소 부교수, 공동의장인 NAKAMURA Koji 일본 가나자와 대학 명예교수, 윤원근 협성대학 교수, NAGATA Akira 유엔대학 지속가능성 고등연구소 코디네이터와 박윤호 한국농어촌유산학회 이사와 WANG Zhenfeng 푸저우시 농업국 부국장, CHEN Bintao 푸저우시 인민정부 농업처장 등 15명이 이번 회의에 참석했다.

　　참석자들은 8월 푸저우에서 개최되는 '제4회 동아시아 농업유산 국제 컨퍼런스' 준비상황을 중심으로 '농업유산 분야 학술교류 촉진, 농업유산 실무 경험 공유, 동아시아 농업유산 협력 증진'을 목표로 '산업융합을 통한 농업유산시스템의 보전 촉진'이라는 주제를 확정하였다. 또한 회의 개최시기, 구체적인 회의 일정, 현방견학 경로 등 구체적인 내용에 대해 일일이 논의했습니다. 또한 ERAHS 사무국은 이번 회의를 통해 ERAHS 조직의 정관을 수정했습니다.

회의에서 토론

또한 ERAHS 멤버들은 2월 24일 하이커우시에서 열린 '농업유산 보전을 위한 국제 세미나'에도 참석했습니다. MIN Qingwen 중국과학원 지리학 자원연구소 교수, NAGATA Akira 유엔대학 지속가능성 고등연구소 코디네이터, 박윤호 한국농어촌유산학회 이사가 각각 농업유산시스템의 보전와 관리에 대한 한중일 3국의 경험과 진행상황을 발표했습니다. WANG Zhenfeng 푸젠성 푸저우시 농업국 부국장은 '푸저우시 자스민 차문화시스템'을 GIAHS로 등재한 후 채택한 보전 조치를 공유했고, KE Youpeng 하이난대학 경제경영학부 부학장은 하이난성 농업유산 자원조사의 과정과 결과를 설명했습니다. NAKAMURA Koji 일본 가나자와 대학 명예교수, 윤원근 협성대학 교수, TONG Yu'e 중국 농업부 국제교류서비스센터 소장, ZHOU Yanhua 하이난성 농업청 부청장은 농업유산시스템의 보전 및 관리에 대한 경험 의 교류를 강화하고 동아시아 농업유산의 보전과 발전을 더욱 촉진하는 방법에 대해 논의했습니다. 회의 후 ' Lingshui Danjia 어업문화' 유적지와 '하이커우 양산 지역의 리치 재배시스템'에 대한 현장 답사가 진행되었으며, 한중일 3국의 전문가들은 하이난성 농업유산시스템의 발굴과 보전에 대한 건설적인 의견과 제안을 제시했습니다.

2017.02.25 The 7th Working Meeting of ERAHS

On February 25, 2017, the 7th ERAHS Working Meeting was convened in Haikou, Hainan Province, China, with a total of 15 participants, including Professor MIN Qingwen from CAS-IGSNRR, the Executive Chair of the 4th ERAHS Conference, Assistant Professor Jiao Wenjun from CAS-IGSNRR, the Executive Secretary-General of the 4th ERAHS Conference, Emeritus Professor NAKAMURA Koji from Kanazawa University, Professor YOON Won-keun from Hyupsung University, Senior Programme Coordinator Nagata Akira from UNU-IAS, and Director PARK Yoon-ho from KRHA, Deputy Director WANG Zhenfeng and Director CHEN Bintao from the Agricultural Bureau and Agricultural Department of Fuzhou City.

Attendees mainly discussed preparations for the forthcoming 4th ERAHS Conference in Fuzhou in August, confirming the theme as "Promoting Agricultural Heritage System Conservation through Industrial Integration" with goals of "facilitating academic exchange, sharing practical experience in AHS and advancing cooperation on AHS across East Asia". They also deliberated on specifics of the 4th ERAHS Conference including timing, detailed itinerary, and site visit routes. The ERAHS Secretariat also utilized this meeting to revise the organization's constitution.

Furthermore, ERAHS members attended the "International Symposium on Agricultural Heritage System Conservation" held on February 24 in Haikou of China. At this symposium, Professor MIN Qingwen from CAS-IGSNRR, Senior Programme Coordinator NAGATA Akira from UNU-IAS, and Director PARK Yoon-ho from KRHA presented the experience and progress of AHS conservation and management in China, Japan, and South Korea. Deputy Director WANG Zhenfeng from the Agricultural Bureau of Fuzhou City also shared the conservation measures adopted after the recognition of the "Jasmine and Tea Culture System of Fuzhou City" as GIAHS. KE Youpeng, Vice Dean of the School of Economics and Management at Hainan University, outlined the process and outcomes of the

Group photo

AHS resource survey in Hainan Province. Emeritus Professor NAKAMURA Koji from Kanazawa University, Professor YOON Won-keun from Hyupsung University, Director TONG Yu'e from International Exchange Service Center of MOA and Deputy Director ZHOU Yanhua from the Agriculture Department of Hainan Province collectively discussed strategies to enhance the exchange of AHS conservation and management experience and further promote the conservation and development of AHS in the East Asian region. After the meeting, experts from China, Japan, and South Korea conducted on-site inspections of the "Lingshui Danjia Fisheries Culture" and the "Haikou Yangshan Litchi Planting System", providing constructive opinions and recommendations for the exploration and preservation of AHS in Hainan Province.

2017.07.11 第四届 ERAHS 学术研讨会[1]

1 会议概况

由 ERAHS 和浙江省湖州市人民政府主办，中国农学会农业文化遗产分会、浙江省湖州市农业局、浙江省湖州市南浔区人民政府和中国科学院地理科学与资源研究所联合承办，联合国大学、日本 GIAHS 网络、韩国农渔村遗产学会、湖州农业文化遗产保护与发展院士专家工作站和湖州陆羽茶文化研究会协办的"第四届东亚地区农业文化遗产学术研讨会"于 2017 年 7 月 11—13 日在浙江省湖州市召开。会议的目的是促进农业文化遗产领域学术交流、分享农业文化遗产地实践经验并推动东亚地区农业文化遗产合作，主题为"通过产业融合发展促进农业文化遗产保护"。会议得到了 FAO、农业部国际合作司、GIAHS 专家委员会和 China-NIAHS 专家委员会的支持，来自 FAO GIAHS 秘书处、FAO GIAHS 科学咨询小组、农业部国际交流服务中心、中国农学会以及中国、日本和韩国的农业文化遗产研究人员、管理人员、企业界和农民代表、媒体记者等 230 余人参加会议。

会议包括开闭幕式、主旨演讲、专题报告、墙报展示以及实地考察几个部分。开幕式由湖州市农业局局长方杰主持，FAO GIAHS 科学咨询小组副主席、ERAHS 执行主席、中国科学院地理科学与资源研究所研究员闵庆文致开幕词，湖州市人民政府副市长卢跃东致欢迎词，中国工程院院士李文华、农业部国际交流服务中心副主任罗鸣、中国农学会副秘书长王甲云、FAO GIAHS 秘书处项目官员熊哲分别致贺词。华南农业大学教授骆世明，日本东京大学特聘教授 TAKEUCHI Kazuhiko，FAO GIAHS 科学咨询小组主席、佛罗伦萨大学教授 Mauro AGNOLETTI，农业部国际交流服务中心处长徐明，韩国农林畜产食品部主任 PARK Kyung-hee 和日本农林水产省农村环境处副处长 TAKAMATSU Aya 做主旨报告，其他代表则围绕标识使用、品牌打造与经济发展、农业生物多样性与生态系统服务、可持续旅游的规划与管理、传统文化的保护与传承机制四个方面进行专题报告。在闭幕式上，ERAHS 向历届大会主办单位颁发证书，向志愿者和"湖州中小学生桑基鱼塘书画大赛"获

---

[1] 焦雯珺、陈喆根据有关会议材料整理。

奖者颁发了证书。与会代表还实地考察了"浙江湖州桑基鱼塘系统"、南浔古镇、荻港古村、桑基鱼塘历史文化馆等。

2 主要交流成果

2.1 农业文化遗产保护与管理进展

华南农业大学教授骆世明回顾了东亚农业发展历史，分析了其与欧洲的差异及其后续影响以及对GIAHS保护的启示。日本东京大学特聘教授TAKEUCHI Kazuhiko从可持续发展的角度阐释了GIAHS保护与发展的主要问题，提到了"协作"这一重要目标。FAO GIAHS科学咨询小组主席、佛罗伦萨大学教授Mauro AGNOLETTI介绍了意大利乡村景观保护的相关农业政策，提到了希腊对意大利种植的影响以及地域性保护，同时希望进一步推动农业旅游。农业部国际交流服务中心民间交流处处长徐明分享了中国政府在农业文化遗产保护与管理中采取的措施和取得的成绩，希望大家关注如何从农业文化遗产的持续发展中汲取智慧，以促进现代农业的可持续发展。韩国农林畜产食品部主任PARK Kyung-hee从背景、进展、概况、保护利用以及未来规划五个方面，重点介绍了韩国7个KIAHS和4个KIFHS。日本农林水产省农村环境处副处长TAKAMATSU Aya介绍了日本获得GIAHS认定的8个遗产地，提到日本注重农业文化遗产地的品牌打造，充分利用其品牌价值推动当地的经济发展。

2.2 农业文化遗产品牌打造与经济发展

中国农业大学教授田志宏提出制定GIAHS标识使用规范和评价体系，健

第四届东亚地区农业文化遗产研究会学术研讨会合影留念
2017.7.12 浙江·湖州

合影

全标识保护与服务体系，完善标识监测评价体系，提供必要资金投入，培训农户，加强研究和宣传，强化产品标识的使用与保护，提升GIAHS价值。内蒙古自治区敖汉旗农业局局长辛华介绍了敖汉旗充分利用GIAHS品牌建设的工作，促进了以小米为主的杂粮产业快速发展，同时提出在未来如何进一步强化敖汉小米品牌方面的大框架，希望实现小米粒撬动大产业和"粟黍之乡"的永续发展。

日本石川县农林水产厅里山振兴室技术主管HIROKI Nagamori阐述了石川县通过GIAHS认定促进地方发展的政策，能登地区于2011年成立了旨在推动GIAHS动态保护的执行委员会，

开幕式

具体行动涉及财政支持、人力支持、组织形式、品牌推广、休闲旅游、对外合作等方面。日本东京农业大学教授FUJIKAWA Tomonori介绍了"日本静冈传统茶—草复合系统"的概况、遗产保护与发展相关工作以及精准农业研究工作，认为通过将精准农业融入传统茶—草复合系统中将有助于减少对环境的影响，进而提升农业的总体价值。韩国忠南研究院高级研究员YI In-hee回顾了韩国乡村政策的发展和滩涂面积的减少，提出需制定政策措施以保护滩涂资源、促进乡村发展，加强农业文化遗产和乡村政策之间的联系，实施保育导向型乡村发展政策，进而制定新的目标、方法和策略。韩国农渔村公社副经理BEAK Seung-seok介绍了GIAHS动态保护行动计划、KIAHS监测和评估体系的建立，以及在国家水平上如何管理不同的KIAHS。

2.3 农业文化遗产与生物多样性保护

保护农业文化遗产有利于生物多样性的保护，生物多样性对农业生产力的提高以及产量的增加具有重要作用。浙江大学教授陈欣强调了生物多样性利用的重要作用，在"浙江青田稻鱼共生系统"的研究发现，物种多样性通过种间相互作用提高生产力，遗传多样性可通过一个物种内基因型的生态分化提高产量。中国科学院地理科学与资源研究所客座研究员梁洛辉以中国云南景迈山古茶林为例，分析了GIAHS保护的发展激励，指出创新农业旅游发展、

颁奖仪式

创建产品品牌、复兴传统文化对于农业文化遗产的可持续发展具有重要作用。中国科学院地理科学与资源研究所副研究员刘某承评估了"浙江青田稻鱼共生系统"和"云南红河哈尼稻作梯田系统"中农户生计禀赋对生态补偿政策效应的影响，认为现金补偿是最受欢迎的方式，具有较高教育和经济水平的农民更容易接受生态补偿政策，自然资本是影响非农经营户和兼业经营户对政策满意度的积极因素，人力资本对农户参与动态性保护的激励有不利影响。

日本新潟大学副教授TOYODA Mitsuyo介绍了"日本佐渡岛稻田—朱鹮共生系统"参与式监测与评价的设计方案，认为对农民的激励应充分考虑经济和生态激励、短期和长期激励措施以及个体和集体的激励方法。日本岐阜县水产研究所研究员YONEKURA Ryuji分析了农业—河流景观生态网络恢复的问题，认为恢复农业—河流之间的连通性使得案例地的鱼类物种增加，对于政策的制定和管理具有重要意义。韩国区域规划研究所总经理GU Jin-hyuk以"韩国蔚珍金刚松农林系统"为研究对象，评估了农业文化遗产地的生物多样性，进而量化了生态系统服务的价值，其客观数据有助于促进生物多样性保护以及支撑农业文化遗产总体管理政策。韩国东国大学研究员KIM Jin-won对"韩国青山岛传统板石灌溉稻作梯田"和"云南红河哈尼稻作梯田系统"水稻灌溉用水特征进行了对比研究，发现二者的相似和差异，建议采取不同的管理方法以促进生物多样性和农业文化遗产的保护。

2.4 农业文化遗产可持续旅游规划与管理

台湾东华大学教授李光中介绍了台湾省花莲县富里乡丰南村采用基于社区景观方法进行生态/绿色旅游开发的情况，提出了农业文化遗产地保护的参与式规划与监测、生态旅游的定义及目标等。北京联合大学副教授孙业红以"云南红河哈尼稻作梯田系统"为例，用社会网络方法分析了旅游的利益

权衡关系，提出了政府增势、企业增责、社区增权和游客增质的旅游规划与管理思路。云南农业大学副教授曹茂分享了云南农业文化遗产地的少数民族村落特色民居景观保护研究成果，建议建立村落民居景观规划设计结合民族文化传承与保护的原则，抓紧制定综合性保护管理条例，将村落特色民居景观保护与美丽乡村建设相结合。

日本宫崎县高千穗町综合政策室职员TASAKI Tomonori从当地居民的视角出发，介绍了高千穗山地的绿色旅游资源，包括森林疗法和农家乐等，强调了当地居民态度对农业文化遗产保护的重要性。韩国名所IMC研究员CHEONG Jae-hoon以河东郡为例，介绍了农业文化遗产知识对游客态度行为意向的影响，认为应持续为潜在游客提供茶文化和农业文化遗产方面的知识，政府和当地居民应协力进行监测管理。韩国农村振兴厅研究员JEONG Myeong-cheo通过对7个KIAHS的乡村旅游振兴项目的分析，认为应把城乡元素等联结起来，实现农业文化遗产保护与发展的动态可持续性。浙江省青田县小舟山乡副乡长何琪华介绍了小舟山乡的农文旅融合发展情况，提出应加大基础设施投入、加快创意创新步伐、健全完善反哺机制和着力开发旅游商品等措施，以促进"浙江青田稻鱼共生系统"的保护和传承。

2.5 农业文化遗产的文化传承机制

中央民族大学教授薛达元分享了中国丰富的生物遗传资源和传统知识，以及中国政府为此做出的努力和取得的成果，强调少数民族地区的遗传资源和传统知识的保护尤为重要。衡阳师范学院副教授胡最引入传统聚落景观基因分析方法，构建了文化景观特征分析方法体系，识别了中国"南方山地稻作梯田系统"中的湖南新化紫鹊界梯田、江西崇义客家梯田和福建尤溪联合梯田的文化景观特征。中国科学院地理科学与资源研究所博士后张溯以"云南红河哈尼稻作梯田系统"为例，通过展示村民的口述传统和音乐、艺术表演、习俗仪式和节日活动以及传统手工艺等，介绍了非物质文化遗产在农业文化遗产保护中的作用，其有效保护有助于促进农业文化遗产的可持续发展。

日本和歌山大学教授HARA Yuji分析了"日本南部—田边梅树系统"的动态景观特征，阐述了知识传播的社会网络的出现能够促进农业文化遗产保护与管理的有效性。日本阿苏山生态博物馆馆长KAJIHARA Hiroyuki认为，为了使文化资源在农业文化遗产地发挥更大的作用，应采取展示文化多样

展示与交流

性、撰写和编辑农业故事以及扩展GIAHS中的文化概念等措施。韩国济州大学教授YOO Chul-in介绍了海女文化的传承与保护，以及针对"韩国济州岛海女渔业系统"所开展的宣传措施，包括国家/国际认可、政府政策的支持和学术教育等。韩国地方自治研究院主管YOU Won-hee Kani对济州岛所获得的五项世界级遗产进行了对比分析，认为与"韩国济州岛石墙农业系统"相比，居民和游客对联合国教科文组织的世界自然遗产和非物质文化遗产显示出最高的认识水平。

浙江湖州桑基鱼塘系统

浙江湖州桑基鱼塘系统起源于2500多年前，集种桑、养蚕和养鱼于一体，并以复杂的灌溉排水系统"纵浦横塘"为基础。这一系统满足了当地许多农民的生计需求，并保护了丰富的生物多样性和复杂的农业景观。

浙江湖州桑基鱼塘系统是一个综合的、多层次的生态农业系统，融合了多种农业生产模式，如种桑养蚕、蚕沙养鱼、桑田附近的池塘养鱼等。每年冬天，当地农民把塘泥挖到堤上作桑肥，改良堤土，减少化肥用量。这个复杂的系统包括各生产阶段的许多传统和农业生态知识，如桑树繁殖技术、明代（公元1368—1644年）以来的桑树栽培管理技术、蚕卵繁殖技术、蚕饲养技术、传统缫丝和纺织工艺。

"纵浦横塘"是低地水利工程，即纵向是河口和河道，横向是池

塘。通过沿河开挖"横塘"，以塘蓄水，将雨季洪水的影响降到最低，从而大大减轻洪水灾害对湖州市的威胁。当地农民将低地变为鱼塘，以挖出的土堆作为塘堤，逐步形成了桑基鱼塘的生态循环农业模式。由于水面宽阔，"纵浦横塘"还对区域小气候起着调节作用。

这个巧妙的系统在多个尺度上整合了农业生态上的物种间的共生关系。例如，通过在同一池塘中养殖多种鱼类，当地农民依靠它们的不同作用和提供的不同生态服务来应对生物入侵威胁。此外，桑叶养蚕、蚕沙喂鱼、鱼粪肥塘、塘泥壅桑之间的资源循环利用，实现了以生态方式进行农业生产的良性平衡。另外，区域和景观层面的水资源管理也是一项宝贵的农业生态知识，对开展农业活动和应对洪水具有指导作用。

浙江湖州桑基鱼塘系统于2014年被农业部认定为China-NIAHS，于2017年被FAO认定为GIAHS。

遗产地景观

2017.07.11 第4回ERAHS会議[1]

1 会議の概要

　ERAHSと中国浙江省湖州市人民政府が主催し、中国農学会農業遺産分会、中国浙江省湖州市農業局、中国浙江省湖州市南潯区人民政府と中国科学院地理科学・資源研究所が共催し、国際連合大学、J-GIAHSネットワーク会議、韓国農漁村遺産学会、中国湖州農業遺産保護・発展院士専門家ワークステーションと中国湖州陸羽茶文化研究会が後援した第4回東アジア農業遺産学会は、2017年7月11日から13日まで中国浙江省湖州市で開催されました。この会議は「産業統合と発展による農業遺産の保全促進」をテーマに、農業遺産分野における学術交流の促進、農業遺産における実践経験の共有、東アジア農業遺産における協力の促進を目的としたものでした。FAO、中国農業部国際協力局、GIAHS専門家委員会と中国農業遺産専門家委員会の後援のもと、FAO GIAHS事務局、FAO GIAHS科学助言グループ、中国農業部国際交流サービスセンター、中国農学会、日中韓の農業遺産研究者、意思決定者、企業と農家の代表、報道関係者を含め230人以上が出席しました。

　会議では、開会式・閉会式、基調講演、研究発表、ポスターセッションおよび現地視察などが行われました。開会式は中国湖州市農業局局長のFANG Jie氏の司会で行われ、FAO GIAHS科学助言グループ副委員長、ERAHS議長、中国科学院地理科学・資源研究所のMIN Qingwen教授が開会の挨拶を述べ、中国湖州市人民政府副市長のLU Yuedong氏が歓迎の辞を述べ、中国工程院院士のLI Wenhua教授、中国農業部国際交流サービスセンター副主任のLUO Ming氏、中国農学会副秘書長のWANG Jiayun氏、FAO GIAHS事務局のXIONG Zheプロジェクトオフィサーがそれぞれ祝辞を述べました。中国華南農業大学のLUO Shiming教授、東京大学の武内和彦特任教授、FAO GIAHS科学助言グループ委員長、フィレンツェ大学のMauro AGNOLETTI教授、中国農業部国際交流サービスセンターのXU

1　JIAO Wenjun、CHEN Zhe が会議資料によって整理、後に日本語に翻訳される。

Ming課長、韓国農林畜産食品部のPARK Kyung-hee課長と農林水産省農村環境課の高松亜弥課長補佐が基調講演を行い、他の代表はロゴマークの使用、ブランド化と経済発展、農業生物多様性と生態系サービス、持続可能な観光の計画と管理、伝統文化の保全と継承の仕組みの4つの側面について発表を行いました。閉会式では、以前のERAHS会議のオーガナイザーに賞状が授与され、ボランティアと「湖州中小学生桑養魚書画コンクール」の入賞者に賞状が授与されました。参加者たちは中国浙江省の「湖州の桑基魚塘システム」、南潯古鎮、荻港古村、桑養魚池歴史文化館などを視察しました。

2 主な交流成果

2.1 農業遺産保全と管理の進捗

　　中国華南農業大学のLUO Shiming教授は、東アジアの農業発展の歴史を振り返り、ヨーロッパとの違いやその後の影響、GIAHSの保全に関する啓示について分析しました。東京大学の武内和彦特任教授は、持続可能な開発の観点から、GIAHSの保全と開発の主要な問題について説明し、「協力」という重要な目標について言及しました。FAO GIAHS科学助言グループ委員長でフィレンツェ大学のMauro AGNOLETTI教授は、イタリアの農村景観保全に関する農業政策を紹介し、ギリシャがイタリアの栽培や領土保全に与える影響について触れ、アグロツーリズムのさらなる推進を期待しました。中国農業部国際交流サービスセンターのXU Ming課長は、農業遺産「IAHS」の保全と管理における中国政府の措置と成果を紹介し、現代農業の持続可能な発展を促進するために、重要な農業遺産の持続可能な発展からいかに知恵を引き出すかに注目してほしいと述べました。韓国農林畜産食品部のPARK Kyung-hee課長は、韓国の7つのKIAHSと4つのKIFHSについて、背景、進捗状況、概要、保全と活用、将来の計画の5点から紹介しました。農林水産省農村環境課の高松亜弥課長補佐は、GIAHSに認定された日本の8つの遺産を紹介し、日本では農業遺産のブランド化に力を入れており、地域経済発展のためにそのブランド価値を最大限に活用していると述べました。

パネルディスカッション

2.2　農業遺産のブランド化と経済発展

　中国農業大学のTIAN Zhihong教授は、GIAHSロゴの使用仕様と評価システムの策定、ロゴの保護とサービスシステムの改善、ロゴの監視と評価システムの完成、必要な財政投入、農民の研修、研究と広報の強化、製品ロゴの使用と保護の強化、GIAHSの価値向上を提案しました。内モンゴル自治区アオハン農業局局長のXIN Hua氏は、アオハン県がGIAHSのブランド化を駆使し、雑穀産業の急速な発展を促進すると同時に、今後、アオハン雑穀のブランドをさらに強化し、小粒の雑穀が大きな産業と「粟黍の郷」を実現するという枠組みを打ち出したことを紹介しました。

　石川県農林水産部里山振興室技術主管の永森洋樹氏は、石川県がGIAHSの認定を通じて地方創生を推進する方針であること、能登地区が2011年にGIAHSの動的保全を推進することを目的とした実行委員会を設置し、財政支援、人材支援、組織形態、ブランド化、レクリエーションツーリズム、海外協力などに関する具体的なアクションを行っていることを詳しく説明しました。東京農業大学の藤川智紀教授は、「静岡の茶草場農法」の概要、遺産の保全と開発に関する業務、精密農業に関する研究業務を紹介し、「伝統的な茶草場農法システム」に精密農業を統合することで、環境への影響を軽減し、関連する農業の全体的な価値を高めるのに役立つと結論づけました。韓国忠南研究院上級研究員のYI In-hee氏は、韓国における農村政

策の発展と干潟地域の衰退について概説し、干潟資源の保護と農村開発を促進するための政策措置の策定、農業遺産と農村政策との連携強化、新たな目的・方法・戦略を策定するための保全指向の農村開発政策の実施を提案しました。韓国農漁村公社のBEAK Seung-seok次長は、GIAHSの動的保全行動計画、KIAHSのモニタリング・評価システムの構築、さまざまなKIAHSが国家レベルでどのように管理されているかについて発表しました。

2.3　農業遺産と生物多様性の保全

　農業遺産の保全は、農業生産性の向上や収穫量の増加に重要な役割を果たす生物多様性の保全につながります。中国浙江大学のCHEN Xin教授は、「青田の水田養魚」の研究において、種の多様性は種間相互作用を通じて生産性を向上させ、遺伝的多様性は種内の遺伝子型の生態学的分化を通じて収量を増加させることを発見し、生物多様性の利用の重要な役割を強調しました。中国科学院地理科学・資源研究所のLIANG Luohui客員研究員は、中国雲南景邁山の古代茶林を例に、GIAHS保全の発展のインセンティブを分析し、農業遺産の持続可能な発展には、アグロツーリズム開発の革新、製品のブランド化、伝統文化の復興が重要な役割を果たすと指摘しました。中国科学院地理科学・資源研究所のLIU Moucheng副研究員は、「青田の水田養魚」と雲南紅河の「ハニ族の棚田」において、農民の生計資力が生態補償政策の効果に与える影響を評価し、現金補償が最も好ましい選択肢であると結論づけました。教育水準や経済水準の高い農家ほど生態補償政策を受け入れる可能性が高いこと、自然資本は非農家や兼業農家の政策に対する満足度に影響を与える正の要因であること、人的資本は農家の動態保全への参加インセンティブに負の影響を与えることが結論づけられました。

　新潟大学の豊田光世准教授は、「トキと共生する佐渡の里山」の参加型モニタリングと評価のデザインを紹介し、農家へのインセンティブは、経済的インセンティブと生態学的インセンティブ、短期的インセンティブと長期的インセンティブ、さらに個人的インセンティブと集団的インセンティブを考慮する必要があると主張しました。岐阜県水産研究所研究員の米倉竜次氏は、農業河川ランドスケープにおける生態系ネットワークの回復について分析し、農業河川ランドスケープ間の連結性を回復することは、ケースサイトにおける魚種数の増加につながるため、政策立案や管理

において重要であると主張しました。韓国ヌリネットのGU Jin-hyuk専務
理事は、「韓国ウルジンの金剛松農林システム」を研究対象として、農業
遺産の生物多様性を評価し、生態系サービスの価値を定量化することで、
その客観的なデータを生物多様性保全の推進や農業遺産の全体的な管理政
策の支援に役立てることができると論じました。韓国東国大学のKIM Jin-
won研究員は、「韓国チョンサンドのグドゥルジャン棚田灌漑管理システ
ム」と「雲南紅河ハニ族の棚田」における稲の灌漑水利用の特徴について
比較研究を行い、両者の類似点と相違点を発見し、生物多様性と農業遺産
の保全を促進するために、異なる管理方法を採用すべきと提言しました。

2.4　持続可能な観光計画と農業遺産の管理

　　中国台湾東華大学のLI Guangzhong教授は、中国台湾花蓮県富里郷豊
南村におけるコミュニティベースの景観アプローチによるエコロジー／グ
リーンツーリズム開発を紹介し、農業遺産の保全のための参加型計画とモ
ニタリング、エコツーリズムの定義と目的について提案しました。中国北
京連合大学のSUN Yehong准教授は、中国雲南紅河の「ハニ族の棚田」を例
に、ソーシャルネットワークアプローチを用いて観光の利益とトレードオ
フを分析し、政府が潜在力を高め、企業が責任を高め、コミュニティが権
利を高め、観光客が質を高めるという観光計画と管理の考え方を提唱しま
した。中国雲南農業大学のCAO Mao准教授は、雲南省の農業遺産地域にお
ける少数民族村落の特殊な居住景観の保全に関する研究成果を紹介し、村
落の居住景観の計画・設計と民族文化の継承・保全を結びつける原則を確
立し、村落の特殊な居住景観の保全と美しい村の建設を結びつける包括的
な保全・管理規定を早急に策定するよう提案しました。

　　宮崎県高千穂町総合政策室の田崎友教氏は、高千穂山麓地域の森林セ
ラピーや農産業などのグリーンツーリズム資源を地域住民の視点から紹介
し、農業遺産の保全に対する地域住民の姿勢の重要性を強調しました。韓
国の㈱名所IMCのCHEONG Jae-hoon研究員は、ハドン郡を例に、農業遺産
に関する知識が観光客の態度と行動意欲に与える影響について紹介し、潜
在的な観光客に茶文化や農業遺産に関する知識を一貫して提供し、行政と
地域住民が連携してモニタリングと管理を行うべきだと主張しました。韓
国農村振興庁のJEONG Myeong-cheol研究員は、7つのKIAHSにおける農村

授賞式

伝統公演

現地視察

観光活性化プロジェクトの分析を通じて、都市と農村の要素を結びつけることなどにより、農業遺産の動的保全と持続可能な発展を実現すべきだと主張しました。中国浙江省青田県小舟山郷のHE Qihua副郷長は、農業・文化・観光の総合的な発展について紹介し、「青田の水田養魚」の保全と継承を促進するために、インフラ投資の拡大、創造とイノベーションの加速、フィードバックメカニズムの改善と完備化、観光商品の開発への注力などの措置を講じるべきだと提案しました。

2.5　農業遺産の文化継承体制

　　中国中央民族大学のXUE Dayuan教授は、中国の豊富な生物遺伝資源と伝統的知識、およびこの分野における中国政府の努力と成果を紹介し、少数民族地域における遺伝資源と伝統的知識の保全が特に重要であることを強調しました。中国衡陽師範学院のHU Zui准教授は、伝統的な集落景観の遺伝学的分析方法を紹介し、文化の景観の特徴分析方法体系を構築し、中国の「南部山岳丘陵地域における棚田システム」中の湖南興化紫鵲界棚田、江西崇義客家棚田、福建尤渓連合棚田の文化の景観の特徴を明らかにしました。中国科学院地理科学・資源研究所のZHANG Su博士研究員は、中国雲南紅河の「ハニ族の棚田」を例に、村人の口承や音楽、芸術的パフォーマンス、慣習的儀式や祭り、伝統工芸品の展示を通して、農業遺産の保全における無形文化遺産の役割を紹介し、無形文化遺産の保全による農業遺産の持続可能な発展への貢献を説明しました。

　　和歌山大学の原祐二準教授は、「みなべ・田辺の梅システム」のダイナミックな景観特性を分析し、知識普及に役立つソーシャルネットワークの出現が、農業遺産の保全と管理に貢献することを説明しました。阿蘇たにびと博物館の梶原宏之館長は、農業遺産地域において文化資源がより大きな役割を果たすためには、文化の多様性の紹介、農業物語の作成と編集、GIAHSにおける文化概念の拡大などの対策を講じるべきだと主張しました。韓国チェジュ大学のYOO Chul-in教授は、海女文化の継承と保全、および「韓国チェジュ島の海女漁業システム」のための国・国際的認定、政策支援と学術教育などの宣伝措置を紹介しました。韓国地方自治研究院のYOU Won-hee Kani氏は、チェジュ島が認定を受けた5つの世界遺産を比較分析し、「韓国チェジュ島の石垣農業システム」に比べて、住民と観光客がユネスコの世界自然遺産と無形文化遺産に対する認知度がより高いという結論を出しました。

中国浙江省湖州の桑基魚塘システム

　　2500年以上前に始まった中国浙江省湖州の桑基魚塘システムは、「縦浦横塘」と言われる複雑な灌漑排水システムを基盤に、桑栽培、養蚕、養魚を一体化させたものであり、多くの地元農民の生活ニーズ

を満たし、豊かな生物多様性と複雑な農業景観を維持してきました。

　中国浙江省湖州の桑基魚塘システムは、桑栽培と養蚕、蚕の砂を利用した養魚、桑畑の近くの池での養魚など、さまざまな農業生産様式を取り入れた統合的で多層的な生態農業システムです。毎年冬になると、地元の農民たちは池の泥を掘って堤防に積んで桑の肥料とし、堤防の土壌を改良するとともに化学肥料の使用量を減らしています。この複雑なシステムには、桑の木の繁殖技術、明代（西暦1368〜1644年）以来の桑の木の栽培と管理技術、蚕の卵の繁殖技術、蚕の飼育技術、伝統的な繰糸と機織りの技術など、各生産段階における伝統的な農業知識を数多く活用しています。

　「縦浦横塘」とは縦には河口と河川、横には池があるという低地の水利プロジェクトです。川沿いに「横長の池」を掘り、そこに水を貯めることで、雨季の洪水の影響を最小限に抑え、湖州市への洪水の脅威を大幅に軽減しています。地元の農民たちは低地を養魚池にし、掘削した土を池の堤防として利用することで、徐々に桑を利用した養魚池のエコサイクル農業モデルが形成されました。水面が広いため、「縦浦横塘」は地域の気候の微調整にも役立ちます。

　この独創的なシステムは、複数のスケールで生物種間の農業生態学的共生関係を統合しています。たとえば、同じ池で複数種の魚を飼育することで、それぞれの役割と生態系に対する働きを利用し、生物侵入の脅威に対抗できます。さらに、桑の葉を養蚕に、蚕砂を魚の餌に、魚の糞を池の肥料に、池の泥を桑の栽培に活用することで資源を循環利用でき、グリーンな方法で農業生産の好バランスを実現しています。また、地域や景観レベルでの水管理は農業活動の実施や洪水への対応に役立つ農業生態学の貴重な知識です。

　中国浙江省湖州の桑基魚塘システムは、2014年に中国農業部によってChina-NIAHSとして、2017年にFAOによってGIAHSとして認定されました。

魚の捕獲

2017.07.11 제4차 ERAHS 국제 컨퍼런스[1]

1 회의 개요

제4회 동아시아 농업유산 국제 컨퍼런스가 2017년 7월 11일부터 13일까지 저장성 후저우시에서 개최되었습니다. 이번 회의는 ERAHS와 저장성 후저우시 인민정부가 공동주최하고 중국농학회 농업유산분과, 저장성 후저우시 농업국, 저장성 중국 후저우시 난쉰구 인민정부와 중국과학원 지리학 자원연구소가 주관하였으며, 유엔대학, 일본 GIAHS 네트워크, 한국농어촌유산학회, 중국 후저우 농업유산 보전 개발을 위한 학자 전문가 워크스테이션과 중국 후저우 루유(Lu Yu)차 문화연구회가 공동 주최했습니다. 이번 회의는 농업유산의 학술 교류를 촉진하고, 동아시아 농업유산지역의 실무 경험을 공유하며, 농업유산지역 간의 협력을 강화하는 것을 목표로 했습니다. 이번 회의의 주제는 "산업융합을 통한 농업유산시스템의 보전 촉진"이었으며, FAO, 중국 농업부 국제협력국, GIAHS 전문가위원회 및 China-NIAHS 전문가위원회의 지원을 받았습니다. 이번 회의에는 FAO GIAHS 사무국, FAO GIAHS 과학자문그룹, 중국 농업부 국제교류서비스센터, 중국농업경제학회, 중국, 일본, 한국의 농업유산 연구자, 업계 대표, 농민 대표, 기자 등 230여 명이 참석했습니다.

컨퍼런스는 개폐막식, 기조연설, 특별발표, 포스터 전시 및 현장 답사로 구성되었습니다. 개회식에는 FANG Jie 중국 후저우시 농업국장의 사회로 FAO GIAHS 과학자문그룹 부위원장이자 ERAHS 집행의장인 MIN Qingwen 중국과학원 지리학 자원연구소 교수가 개회사를 하고, LU Yuedong 중국 후저우시 인민정부 부시장이 환영사를 하고, LI Wenhua 중국공학원 원사, LUO Ming 중국 농업부 국제교류서비스센터 부주임, WANG Jiayun 중국농학회 부비서장, XIONG Zhe FAO GIAHS 사무국 프로젝트 담당관이 각각 축사를 했다. 이어서 LUO Shiming 남중국 농업대학 교수, TAKEUCHI Kazuhiko 일본 동경대학 초빙교수, FAO GIAHS 과학자문그룹 위원장인 플로렌스대학 Mauro AGNOLETTI 교수, XU Ming 중국 농업부 국제교류서비스센터장, 박경희 한

---

1 JIAO Wenjun, CHEN Zhe 는 관련 회의 자료를 바탕으로 정리한 후 작성함.

국 농림축산식품부 과장, TAKAMATSU Aya 일본 농림수산성 농촌진흥국 농촌환경과 사무관이 기조 연설을 했습니다. 다른 대표자들은 표식 사용, 브랜드 개발과 경제 발전, 농업 생물다양성 및 생태계 보전, 지속가능한 관광계획 및 관리, 전통문화의 보전 및 계승 매커니즘과 같은 주제를 다루는 특별 발표를 했습니다. 폐막식에서 역대 ERAHS 컨퍼런스 주최지역에 감사패를 수여하고 자원봉사자와 '후저우 초·중·고등학생 뽕나무방죽 물고기 연못 사생대회' 수상자에게 상장을 수여했습니다. 또한, 회의 참석자들은 '후저우 뽕나무 제방 및 물고기 연못시스템', 난쉰 고대도시, 디강 전통마을, 뽕나무 제방 및 물고기 연못 역사 문화박물관을 현장 답사했습니다.

2 주요 교류 성과

2.1 농업유산 보전 및 관리 진전

LUO Shiming 남중국 농업대학 교수는 동아시아 농업 발전 역사를 살펴보고 유럽과의 차이점과 그 이후의 영향 및 GIAHS 보전에 대한 후속 영향을 탐구하고 통찰력을 도출했습니다. TAKEUCHI Kazuhiko 일본 동경대학 교수는 지속가능한 발전의 관점에서 GIAHS 보전과 개발이 직면한 주요 문제를 설명하고 '협력'이라는 중요한 목표를 강조했습니다. FAO GIAHS 과학자문그룹 위원장인 플로렌스대학 Mauro AGNOLETTI 교수는 이탈리아 농촌 경관 보전 관련 농업 정책을 소개하고 그리스 농업이 이탈리아 재배에 미치는 영향과 지역 보호에 대해 논의하고, 농업 관광개발을 더욱 발전시키고 싶다는 바람을 표명하였다. XU Ming 중국 농업부 국제교류서비스센터장은 중국 정부가 농업유산의 보전과 관리에 대한 조치와 성과를 소개하고, 현대 농업의 지속가능한 발전을 촉진하는 방법을 찾을 수 있도록 AHS의 지속적가능한 발전경험을 끌어내야 할 필요성을 강조했습니다. 박경희 한국 농림축산식품부 과장은 한국의 7개 KIAHS와 4개 KIFHS에 대한 배경, 진행상황, 개요, 보전과 활용, 향후 계획 등 주요 정보를 발표했습니다. TAKAMATSU Aya 일본 농림수산성 농촌진흥국 농촌환경과 사무관은 일본의 GIAHS로 지정된 8개 유산지역을 소개하며 농업유산지역에서 브랜드를 개발하고 브랜드 가치를 최대한활용하여 지역 경제발전을 촉진하기 위한 일본의 노력을 강조했습니다.

2.2 농업유산 브랜드 구축과 경제 발전

TIAN Zhihong 중국 농업대학 교수는 GIAHS 가치를 향상시키기 위해 GIAHS 로고에 대한 표준화된 사용 규범 및 평가 시스템을 공식화할 것을 권장했습니다. 그는 로고 보호, 서비스, 모니터링, 평가, 농민 교육, 연구 및 홍보활동을 위한 필수 자금 확보를 포괄하는 강력한 프레임워크를 주장했습니다. XIN Hua 내몽고 자치구 아오한(Aohan)의 농업국장은 GIAHS 브랜드를 적극적으로 활용함으로서 기장을 기반으로 하는 잡곡 산업의 급속한 발전을 어떻게 촉진했는지 설명했습니다. 또한 이를 보다 광범위한 산업과 '기장과 수수의 고향'의 지속가능한 발전을 위한 촉매제로 구상하는 아오한 기장 브랜드를 발전시킬 큰 틀을 강화하기 위한 향후 계획을 제시했습니다

HIROKI Nagamori 일본 이시카와현 농림수산부 사토야마 진흥사무소 기술 책임자는 GIAHS 인증에 기반한 지역개발정책을 설명했습니다. 노토반도 지역은 2011년 GIAHS 동적 보전을 위한 집행위원회를 설립해 재정지원, 인력지원, 조직구조, 브랜드 홍보, 레저 관광, 국제협력 등의 활동을 하고 있습니다. FUJIKAWA Tomonori 일본 동경농업대학 교수는 '시즈오카의 전통 차-풀 통합시스템'의 개요, 유산 보전 및 개발 관련 작업과 정밀 농업 연구 작업을 소개했고 정밀 농업을 전통 차-풀 통합시스템에 통합하면 환경에 미치는 영향을 줄이고 농업의 전반적인 가치를 높이는 데 도움이 될 것이라고 주장했습니다. 이인희한국충남연구원 연구원은 한국의 농촌정책 발전과 갯벌 면적 감소 문제를 살펴보고 갯벌자원 보전, 농촌개발 추진, 농업유산제도와 농촌정책 간의 상호 작용 강화, 보전지향적 농촌개발 실현, 나아가 새로운 목표, 방법, 전략을 수립할 것을 제안했습니다. 백승석 한국농어촌공사 과장은 GIAHS 동적 보전 행동 계획, KIAHS 모니터링 및 평가 시스템 구축, 국가 기준에 따른 다양한 KIAHS 관리 등의 내용을 설명했습니다.

2.3 농업유산과 생물 다양성의 보전

농업유산시스템의 보전은 생물다양성 보전에 도움이 되며 생물다양성은 농업 생산성의 향상과 생산량 증가에 중요한 역할을 합니다. CHEN Xin 저장대학 교수는 생물다양성 활용의 중요한 역할을 강조했으며 '칭티엔 벼-물고기농업시스템'에 대한 그의 연구에 따르면 종 다양성이 종간 상호 작용을 통해 생산성을 향상시키고 유전적 다양성이 종내 생태적 분화를 통해 수확량

시상식

을 향상시킨다는 것을 밝혔습니다. LIANG Luohui 중국과학원 지리학 자원연구소 객원연구원은 중국 윈난성 징마이산의 고대 차숲을 예로 들어 GIAHS 보전의 동기요인을 분석하고 혁신적인 농업 관광 개발, 제품 브랜드 구축, 전통문화 부흥이 농업유산의 지속 가능한 발전에 중요한 역할을 한다고 밝혔습니다. LIU Moucheng 중국과학원 지리학 자원연구소 부교수는 '칭티엔 벼-물고기농업시스템'과 '홍허 하니 다랑이논'에 초점을 맞추어 농가 기부금이 생태 보상 정책 효과에 미치는 영향을 평가했으며 현금 보상이 가장 인기 있는 방법이며 교육수준과 경제 수준이 높은 농민들이 생태 보상 정책을 더 쉽게 받아들일 수 있으며 자연 자본은 비농업 가구와 복합 경영농가의 정책 만족도에 긍정적인 영향을 미치는 요인인 반면, 인적 자본은 동적 보전에 대한 농민의 열정에 부정적인 영향을 미친다는 것을 발견했습니다.

　　TOYODA Mitsuyo 니카다 대학 부교수는 일본의 '따오기와 공생하는 사도시의 사토야마'에 대한 참여 모니터링 및 평가를 소개하면서 농민에게 동기를 부여할 때 경제적, 생태적, 단기적, 장기적 또는 개인과 집단동기를 고려해야 할 필요성을 강조했습니다. YONEKURA Ryuji 기후현 수산연구소 연구원은 농업-하천 경관 생태 네트워크 복원 문제를 분석하고 농업과 하천시스템 간의 연결성을 복원하면 해당 지역의 어종이 증가하여 정책 수립과 관리에 매우 중요한 의미가 있다고 보고했습니다. 구진혁 누리넷 지역계획연구소장은 '울진 금강송 혼농임업시스템'을 연구 대상으로 농업유산지역의 생물다양성을 평가하고, 농업유산시스템에 대한 생태계 서비스의 가치를 계량화하였으며, 객관적 데이터는 생물 다양성 보전을 촉진하고 농업유산 제도에 대한 종합적인 관리정책을 지원하는 데 기여한다고 밝혔습니다. 김진원동국대학 연구원은 '청산도 전통 구들장논'과 '홍허 하니 다랑이논'의 관개 용수 특성을 비교 연구한 결과 양자의 유사성과 차이점을 확인하고 다양한 관리 방법을 활용하여 생물 다양성과 농업유산시스템의 보전을 촉진할 것을 제안했습니다.

2.4   지속가능한 관광계획과 농업유산의 관리

LI Guangzhong 대만 동화대학 교수는 대만 화롄현 푸리향 푸민촌의 지역사회 경관을 기반으로 한 생태/녹색 관광 개발을 소개하며 농업유산지역 보전에 대한 참여적 보전계획과 모니터링, 생태관광의 정의와 목표를 제시했습니다. SUN Yehong 중국 북경연합대학의 부교수는 '홍허 하니 다랑이논'을 예로 들어 소셜네트워크 접근법을 사용하여 관광에 대한 이해관계의 균형을 분석하고 정부의 역할, 기업의 책임, 지역사회의 권리, 관광객의 질 향상이라는 관광 계획 및 관리개념을 제안했습니다. CAO Mao 윈난 농업대학 부교수는 윈난성 농업유산지역의 특색있는 소수민족의 마을경관을 보호하고 연구한 성과를 공유하고, 민족문화 유산과 보호를 마을 주거지 경관계획 및 설계에 통합하고, 포괄적인 보호 및 관리규정을 시급히 제정하고, 궁극적으로는 특색있는 마을주거지 경관과 아름다운 농촌지역의 개발의 실시간 보호를 달성할 것을 제안했습니다.

TOMONORI Tasaki 미야자키현 다카치호정 종합정책실 직원은 현지 주민의 시각으로 미야자키현 산림 테라피와 팜스테이를 포함한 그린투어리즘 자원을 소개했고 농업유산 보전에 대한 지역주민의 태도의 중요성을 강조했습니다. 정재훈 ㈜명소IMC 연구원은 하동군을 예로 들어 농업유산 지식이 관광객의 태도 및 행동 의향에 미치는 영향을 소개하면서 잠재 관광객들에게 차 문화와 농업유산에 대한 지식을 대중화하기 위해 지속적으로 제공하고 정부와 지역 주민들이 협력해 모니터링 또는 관리해야 한다고 주장했습니다. 정명철 국립농업과학원 연구원은 7개 KIAHS지역의 농촌관광 활성화 사업의 분석을 통해 도시와 농촌의 요소 의 연계를 통해 지속가능한 농업유산 보전과 발전을 실현해야 한다고 주장했습니다. HE Qihua 저장성 칭톈현 샤오저우산향 부주임은 샤오저우산향의 농업과 문화 관광의 통합 발전 상황을 소개하며 인프라 투자를 늘리고 혁신을 촉진하고, 건전한 피드백 매커니즘을 구축

전통 공연

현장 방문

및 개선하고, 관광상품 개발에 주력하여 '저장성 칭티엔 벼 - 물고기 문화시스템'의 보호와 계승을 촉진하기 위한 방안을 제안했습니다.

2.5 농업유산의 문화전승 체계

XUE Dayuan 중국 민주대학 교수는 중국의 풍부한 생물 유전자원과 관련된 전통지식, 또한 이를 보호하기 위한 중국 정부의 노력을 강조하고, 소수민족 지역들에 있는 유전자원의 보전과 이와 관련된 전통지식의 보전이 무엇적 보다 가장 중요함을 강조하였다. HU Zui 중국 형양(Hengyang) 사범대학 부교수는 전통 촌락과 문화적 경관의 특징 분석 방법을 기반으로 문화적 경관 특성 분석 방법 체계를 구축하고 이를 통해 중국 3 대 '남부 산악지형의 계단식 논'인 Hunan Xinhua Ziquejie 계단식 논, Jiangxi Chongyi Hakka 계단식 논과 Fujian Youxi 연합 계단식 논의 문화적 경관 특징을 정립하였다. ZHANG

Su 중국과학원 지리학 자원연구소 박사 연구원은 '홍허 하니 다랑이논'을 예로 들어 지역주민들의 구전 전통과 음악, 예술공연, 풍습, 의례, 축제행사, 전통 수공예 등을 소개하고, 농업유산시스템의 보전에서 무형 문화유산의 역할을 탐구하고 문화유산의 효과적인 보전이 농업유산의 지속가능한 발전을 촉진하는 데 도움이 된다고 강조했습니다.

HARA Yuji 일본 와카야마 대학 교수는 '미나베-다나베 매실시스템'의 동적 경관 특성을 분석하고 지식공유 소셜네트워크의 출현이 농업유산시스템의 보전 및 관리의 효율성에 어떻게 기여하는지 설명했습니다. KAJIHARA Hiroyuki 일본 아소산 에코뮤지엄 관장은 농업유산지역에서 문화자원이 더 큰 역할을 하기 위해서는 문화적 다양성을 더 잘 보여주고, 농업 이야기를 집필 및 편집하고, GIAHS 관련 문화개념을 확장하기 위한 조치 등이 필요하다고 주장했습니다. 유철인 제주대학 교수는 한국의 해녀문화유산과 보호, 그리고 '제주 해녀어업시스템'의 홍보 및 홍보를 위한 노력과 함께 국가/국제적 인정, 정부정책 지원, 학술교육 등에 대해 발표했습니다. 유원희 한국지방자치연구원 연구원은 제주도가 등재한 5개의 세계유산을 비교 분석하고, '한국 제주 밭담 농업시스템'에 비해 유네스코가 지정한 세계자연유산과 무형문화유산에 대한 인지도가 높은 것으로 나타났다고 제시했습니다.

중국 후저우 뽕나무 방죽 물고기 연못 시스템

중국 후저우 뽕나무 제방과 물고기 연못 시스템은 2500여 년 전에 시작되었고 뽕나무 재배, 양잠, 양어를 통합하고 복잡한 관개 및 배수 시스템인 'Zong Pu Heng Tang'을 기반으로 합니다. 이 시스템을 통해 현지의 많은 농민들의 생계 요구를 만족시키고 풍부한 생물다양성과 복잡한 농업 경관을 보전할 수 있습니다.

중국 후저우 뽕나무 제방 물고기 연못 시스템은 뽕나무 재배로 한 양잠, 누에똥으로 한 물고기 사육, 뽕나무 밭 근처의 연못에서 물고기를 기르는 것과 같은 다양한 농업생산 모드를 통합하는 포괄적이고 다차원적인 생태 농업시스템이다. 매년 겨울, 현지 농민들은 연못 진흙을 뽕나무 비료로 제방에 파서 제방 토양을 개량하고 화학 비료의 양을 줄이게 됩니다. 이런 복잡한 시스템에는 뽕나무 번식 기술, 명나라(기원 1368-1644년)에서 사용된 뽕나무 재배 및 관리 기술, 누에알 번식 기술, 누에 사육 기술, 전통 실크 릴링 및 직물 제조 기술과 같은 다양한 생산 단계의 많은 전통 및 농생태학적 지식이 포함되어 있습니다.

'Zong Pu Heng Tang '이란 저지대의 수자원 보전 프로젝트입니다. 목표는 강 하구, 수직방향의 강, 수평방향의 연못을 갖는 것입니다. 강을 따라 '횡단 연못'을 굴착하여 연못에 물을 저장함으로써 장마철 홍수의 영향을 최소화하여 중국 후저우시에서 홍수 발생의 가능성을 크게 완하하는 것으로 구성됩니다. 이를 통해 현지 농민들은 저지대를 양어장으로 만들고 파낸 흙더미를 연못 제방으로 사용하여 점차적으로 뽕나무 제방과 물고기 연못시스템의 생태순환 농업 모델이 점차 형성되었습니다. 넓은 수면으로 인해 지역 미기후를 조절하는 역할도 합니다.

이 독창적인 시스템은 여러 차원에서 고도로 농업 생태학적인 것으로 묘사되는 공생 관계를 통합한 것입니다. 예를 들어, 지역 농민들은 동일한 연못에서 여러 물고기를 양식하여 그들의 다양한 역할과 생태적 기능을 통해 생물학적 침입 위협에 대처할 수 있다. 또한 뽕나무 재배로 한 양잠, 누에똥으로 한 물고기 사육, 물고기 분뇨로 연못 토양에 비료 공급, 연못 토양으로 한 뽕나무 재배 같은 자원 재활용은 생태학적 농업 생산의 긍정적인 균형을 이루고 있다. 또한 지역적 및 경관적 차원의 수자원 관리도 농업 활동을 수행하고 홍수에 대처하는 데 지침 역할을 하는 귀중한 농업 생태학적 지식이다.

중국 후저우 뽕나무 제방 물고기 연못 시스템은 2014년 중국 농업부에서 China-NIAHS로 지정 받았고, 2017년 FAO에서 GIAHS로 지정 되었습니다.

양잠

2017.07.11 The 4th ERAHS Conference[1]

1 Overview

The 4th ERAHS Conference was held in Huzhou City, Zhejiang Province, China from July 11 to 13, 2017. The conference was hosted by ERAHS and the People's Government of Huzhou City, Zhejiang Province, co-hosted by CAASS-AHSB, Agriculture Bureau of Huzhou City, People's Government of Nanxun District, Huzhou City with the support of CAS-IGSNRR, UNU, J-GIAHS, KRHA, Academician and Expert Work Station for the Conservation and Development of Agricultural Heritage Systems of Huzhou, and Association for Lu Yu Tea Culture of Huzhou. The conference aimed to facilitate academic exchange, share practical experience in the field of AHS, and promote collaboration in AHS across East Asia. The theme was "Promoting Agricultural Heritage System Conservation through Industrial Integration", and the conference received support from FAO, International Cooperation Department of MOA, GIAHS Expert Committee of MOA, and China-NIAHS Expert Committee of MOA. Over 230 participants attended the conference, including representatives from FAO GIAHS Secretariat, FAO GIAHS Scientific Advisory Group, International Exchange Service Center of MOA, CAASS, as well as AHS researchers, managers, industry representatives, farmers, and media reporters from China, Japan, and South Korea.

The conference featured an opening ceremony, closing ceremony, keynote speeches, special presentations, poster exhibitions, and field visits. The opening ceremony was presided over by FANG Jie, Director of Huzhou City Agriculture Bureau, with an opening address by MIN Qingwen, Vice Chair of FAO GIAHS Scientific Advisory Group, Executive Chair of ERAHS, and Professor at CAS-IGSNRR. LU Yuedong, Deputy Mayor of Huzhou City People's Government, extended a welcoming message and LI Wenhua, Academician of Chinese Academy

---

1 Written by JIAO Wenjun and CHEN Zhe according to conference materials, and then translated into English.

of Engineering, LUO Ming, Deputy Director of International Exchange Service Center of MOA, WANG Jiayun, Deputy Secretary-General of CAASS, and XIONG Zhe, Project Officer of FAO GIAHS Secretariat also conveyed their congratulations for the opening of this meeting. Following this, keynote addresses were delivered by LUO Shiming, Professor at South China Agricultural University, TAKEUCHI Kazuhiko, Project Professor at the University of Tokyo, Mauro AGNOLETTI, Chairman of the FAO GIAHS Scientific Advisory Group and Professor at the University of Florence, XU Ming, Director of International Exchange Service Center of MOA, PARK Kyung-hee, Director of MAFRA, and TAKAMATSU Aya, Deputy Director of Rural Environment Division at MAFF. Other representatives contributed special presentations covering topics such as identification usage, brand creation and economic advancement, agricultural biodiversity and ecosystem services, sustainable tourism planning and management, and the preservation and inheritance mechanisms of traditional culture. The closing ceremony saw ERAHS award certificates to previous conference organizers, volunteers, and winners of the "Huzhou Elementary and Middle School Students' Mulberry-dyke and Fish Pond Painting Contest". Attendees also conducted on-site visits to "Huzhou Mulberry-dyke and Fish Pond System", Nanxun Ancient Town, Digang Ancient Village, and the Mulberry-dyke and Fish Pond Historical and Cultural Museum.

2　Main Achievements

2.1　Advancements in AHS Conservation and Management

Professor LUO Shiming from South China Agricultural University provided a retrospective analysis of the history of agricultural development in East Asia, and compared it with the history of European agricultural development, exploring the subsequent impacts and drawing insights for GIAHS Conservation. Project Professor TAKEUCHI Kazuhiko from the University of Tokyo presented an interpretation of the major challenges faced by GIAHS conservation and development from a sustainable development perspective, underscoring the significance of deeming "collaboration" as a crucial goal. Mauro AGNOLETTI, Chairman of the FAO GIAHS Scientific Advisory Group and professor at the University of Florence, introduced Italy's agricultural

Opening ceremony

policies related to rural landscape conservation, discussed the influence of Greece on Italian cultivation, and regional protection, and expressed the desire to further advance agricultural tourism development. XU Ming, Director of International Exchange Service Center of MOA, shared the measures and achievements of the Chinese government in AHS conservation and management, and highlighted the need to draw experiences from the sustainable development of AHS to better promote modern agriculture's sustainability. PARK Kyung-hee, Director of MAFRA, presented key information on seven KIAHS and four KIFHS in South Korea, covering their backgrounds, progress, overviews, conservation, utilization, and future plans. TAKAMATSU Aya, Deputy Director of Rural Environment Division, MAFF, introduced Japan's eight GIAHS-designated sites, emphasizing Japan's dedication to creating brands from agricultural heritage sites and fully utilizing their brand value to boost local economic development.

2.2　Establishing AHS Brands and Fostering Economic Growth

In a bid to elevate the value of GIAHS, Professor Tian Zhihong from China Agricultural University recommended formulating standardized usage and evaluation systems for GIAHS logos. He advocated for a robust framework encompassing logo protection, services, monitoring, evaluation, and securing essential funds for farmer training, research, and promotional efforts. Xin Hua, Director of the Agriculture Bureau in Aohan Banner, Inner Mongolia Autonomous Region, China, illustrated how leveraging the GIAHS brand has propelled the rapid development of the local coarse grain industry, primarily centered around millet. He also outlined future plans to fortify the overall development framework for the

Aohan millet brand, envisioning it as a catalyst for the sustainable development of a more extensive industry and the "Home of Millet and Sorghum".

HIROKI Nagamori, Technical Supervisor of the *Satoyama* Promotion Office, Agriculture, Forestry and Fisheries Department, Ishikawa Prefecture, introduced local development policies grounded in GIAHS certification. He underscored the establishment of an executive committee in the Noto region in 2011, dedicated to the dynamic conservation of GIAHS. The committee's actions span financial support, manpower assistance, organizational structures, brand promotion, leisure tourism, and international collaboration. Professor FUJIKAWA Tomonori from the Tokyo University of Agriculture in Japan provided an overview of "Traditional Tea-grass Integrated System in Shizuoka" and associated efforts in heritage conservation, development, and precision agriculture research. He asserted that integrating precision agriculture into traditional tea-grass systems will help mitigate environmental impact and enhance the overall value of related agriculture. Reflecting on the evolution of rural policies and the decrease in tidal flat areas in South Korea, Senior Research Fellow YI In-hee from the Chungnam Institute proposed implementing corresponding policy measures to safeguard tidal flat resources, propel rural development, strengthen the interplay between AHS and rural policies, realize conservation-oriented rural development, and subsequently devise new goals, methods, and strategies. Deputy Manager BEAK Seung-seok from the Korea Rural Community Corporation delineated the dynamic protection action plan for GIAHS, the establishment of the KIAHS monitoring and evaluation system, and the national-level management of different KIAHS.

2.3　AHS and Biodiversity Conservation

The conservation of AHS contributes significantly to the protection of biodiversity which plays a crucial role in enhancing agricultural productivity and increasing yields. Professor CHEN Xin from Zhejiang University in China emphasized the vital role of biodiversity utilization. Her research on the "Qingtian Rice-Fish Culture" revealed that species diversity improves productivity through inter-species interactions, and genetic diversity enhances yield through ecological differentiation within a species. Taking the ancient tea forests on Jingmai Mountain in Yunnan, China, as an example, CAS-IGSNRR visiting professor LIANG Luohui analyzed the motivating factors for GIAHS conservation, and identified the significant role of innovative agricultural tourism development, establishing product brands, and reviving traditional culture in the sustainable development of AHS. Focusing on the "Qingtian Rice-Fish Culture" and the "Honghe Hani Rice Terraces", CAS-IGSNRR Associate Professor LIU Moucheng evaluated the impact of household endowments on the effectiveness of ecological compensation policies. The results indicated that cash compensation is the most popular method, and farmers with higher education and economic levels are more likely to accept ecological compensation policies. He also found that natural capital is a positive factor influencing the satisfaction of non-farming and part-time farming households with the policy, while human capital has a detrimental effect on farmers' enthusiasm for dynamic conservation.

Introducing Participatory Monitoring and Evaluation for the "Sado's *Satoyama* in Harmony with Japanese Crested Ibis" in Japan, Associate Professor TOYODA Mitsuyo from Niigata University emphasized the need to consider economic and ecological incentives, short-term and long-term measures, as well as individual and collective motivation when motivating farmers. Addressing the restoration of the agricultural-river landscape ecological network, Research Fellow YONEKURA Ryuji Yonekura from the Gifu Prefectural Research Institute for Fisheries and Aquatic Environment, reported that reestablishing connectivity between agriculture and river systems leads to an increase in fish species at the surveyed locations, providing valuable insights for policy formulation and management. With the "Uljin Geumgangsong Pine Agroforestry System, South Korea" as the research subject, GU Jin-hyuk, the General Manager of Korea Regional Planning Institute, evaluated the biodiversity of AHS, and quantified the value of ecosystem services for AHS. The objective data obtained contributes to promoting biodiversity conservation and supporting comprehensive management policies for AHS. Comparing the irrigation water characteristics of "Traditional Gudeuljang Irrigated Rice Terraces in Cheongsando, South Korea" and "Honghe Hani Rice Terraces", Research Fellow KIM Jin-won from Dongguk University in South Korea identified similarities and differences between the two and recommended adopting distinct management approaches for each to promote biodiversity and AHS conservation.

2.4   Sustainable Tourism Planning and Management for AHS

Professor LI Guangzhong from Dong Hwa University in Taiwan presented how Fumin Village in Fuli Township, Hualien County, Taiwan, utilized a community landscape-based approach to develop eco/green tourism, and summarized the participatory conservation planning and monitoring of AHS, as well as the definition and objectives of ecotourism. Taking "Honghe Hani Rice Terraces" as an example, Associate Professor SUN Yehong from Beijing Union University in China employed a social network

Display and Communication

approach to analyze the balance of interests in tourism, and proposed the tourism planning and management concept of enhancing the roles of the government, corporate responsibility, community rights, and tourist quality. Associate Professor CAO Mao from Yunnan Agricultural University in China shared achievements in protecting and researching the distinctive ethnic village landscape of AHS in Yunnan, and proposed integrating ethnic cultural inheritance and protection into the planning and design of village residential landscapes, urgently formulating comprehensive protection and management regulations, and ultimately achieving the simultaneous protection of distinctive village residential landscapes and the development of beautiful rural areas.

TOMONORI Tasaki, a staff member from the Policy Management Office, Takachiho Town, Miyazaki Prefecture, Japan, introduced the green tourism resources in the Takachiho mountain area from the perspective of local residents, including forest therapy and farm stays, and emphasized the importance of the local residents' attitude toward AHS conservation. Taking Heodong County as an example, CHEONG Jae-hoon, Myungso IMC research fellow, presented the impact of AHS knowledge on tourist attitudes and behavioral intentions, and suggested continuous efforts to popularize tea culture and AHS-related knowledge among potential tourists, with collaboration between the government and local residents in monitoring and management. Analyzing seven KIAHS rural tourism revitalization projects, JEONG Myeong-cheo, a research fellow from the Rural Development Administration, believed that dynamic conservation and sustainable development of AHS can be achieved through the connection of urban and rural elements. HE Qihua, Deputy Head of Xiaozhoushan Township in Qingtian County, Zhejiang Province, China, introduced the integrated development of agriculture and cultural tourism in the township, proposed measures to increase infrastructure investment, advance creativity and innovation, establish and improve a sound feedback mechanism, and focus on the development of tourism products to promote the protection and inheritance of the "Qingtian Rice-Fish Culture".

2.5 Cultural Inheritance Mechanisms of AHS

Professor XUE Dayuan from Minzu University of China highlighted the nation's rich biological genetic resources and the associated knowledge transmission, as well as the efforts made by the Chinese government in protecting them, and emphasized the significance of the conservation of genetic resources and related knowledge in ethnic minority regions. Associate Professor HU Zui from Hengyang Normal University introduced a cultural landscape feature analysis method system based on traditional settlements, and identified cultural landscape features of three major "Rice Terraces in Southern Mountainous and Hilly Areas" in China: Xinhua Ziquejie Terraces in Hunan Province, Chongyi Hakka Terraces in Jiangxi Province, and Youxi Lianhe Terraces in Fujian Province. Taking "Honghe Hani Rice Terraces" as an example, Dr. ZHANG Su, a postdoctoral researcher at CAS-IGSNRR, presented oral traditions, music, art performances, customs, rituals, festive events, and traditional craftsmanship of local residents, and explored the role of intangible

Field visit

cultural heritage in AHS conservation, highlighting the conducive role of effective preservation of cultural heritages in promoting the sustainable development of AHS.

Professor HARA Yuji from the Wakayama University in Japan provided an analysis of the dynamic landscape features of the "Minabe-Tanabe Ume System, Japan" and explored how the emergence of knowledge-sharing social networks contributes to the effectiveness of AHS conservation and management.KAJIHARA Hiroyuki, the Director of the Mount Aso Ecomuseum, advocated for measures to better showcase cultural diversity, write and edit agricultural stories, and expand GIAHS-related cultural concepts so as to maximize the role of cultural resources in agricultural heritage sites. Professor YOO Chul-in from Jeju National University in South Korea presented the cultural inheritance and protection of Haenyeo in South Korea, along with initiatives to promote and publicize the "Jeju Haenyeo Fisheries System, South Korea", including national/international recognition, government policy support, and academic education.YOU Won-hee Kani, the Director of the Research Institute for Regional Government & Economy, conducted a comparative analysis of five globally recognized heritage sites from Jeju Island, and found that, compared with the "Jeju Batdam Agricultural System, South Korea", UNESCO-designated world natural and intangible cultural heritage sites enjoy higher awareness among residents and tourists.

Huzhou Mulberry-dyke and Fish Pond System, China

Huzhou Mulberry-dyke and Fish Pond System originated more than 2500 years ago. It includes the cultivation of mulberry-dyke trees, silk rearing, fish cultivation and is based on a very complex irrigation and drainage system called "Zong Pu Heng Tang". This system allows many farmers to respond to their needs, protecting a huge biodiversity as well as a complex landscape.

Huzhou Mulberry-dyke and Fish Pond System is a comprehensive and multi-dimensional eco-agricultural system integrating several agricultural production modes working in symbiosis: mulberry tree cultivation provide leaves for silkworm rearing; silkworm feces provide food to feed fishes; and fish-raising in ponds are located nearby the mulberry fields; Every winter, the rich mud at the bottom of the Fish-pond and the rivers is dug up to the dykes as mulberry fertilizer, improving dyke soil, reducing chemical fertilizers. This complex system includes many traditional and agroeco-

Fishing

logical knowledge for each stage of the production such as mulberry propagation techniques, mulberry cultivating management technology used from Ming Dynasty (AD 1368—1644), silkworm egg reproduction technology, silkworm rearing technology, traditional silk reeling and textile-making technology.

"Zong Pu Heng Tang" is a water conservancy project in lowlands. The objective is to have river mouths, rivers in the vertical direction, and ponds in the horizontal direction. It consists in digging "horizontal ponds" along the rivers so as to hold water in ponds and minimize the impact of flooding during rainy seasons, and more over greatly mitigate the threats of flood disasters to Huzhou city. It allowed to turn lowlands into fish-raising ponds with the dug-out earth piling as the ponds' dykes, the ecological cycling model of Mulberry-dyke and Fish Pond System was gradually developed. Due to the vast water surfaces, it plays a role on regulating regional microclimate.

This ingenuous system integrates symbiotic relations described as highly agro-ecological at several scales: by growing several species of fishes in the same ponds, farmers rely on their different roles and services provided to manage bio aggressors' threats in the fields around. In addition, the eco-cycle of resources providers between mulberries' leaves to worms, worms' feces to fishes and fishes' feces as fertilizers to mulberries is a virtuous balance to produce in an ecological way relying only on natural phenomenon. Finally yet importantly, water resource management at the regional and landscape levels is a precious agro-ecological knowledge allowing agricultural activities and facing floods.

Huzhou Mulberry-dyke and Fish Pond System was designated by MOA as a China-NIAHS in 2014 and designated by FAO as a GIAHS in 2017.

2017.07.13 ERAHS第八次工作会议

　　"ERAHS第八次工作会议"于2017年7月13日在中国浙江省湖州市召开。ERAHS第四届执行主席、中国科学院地理科学与资源研究所研究员闵庆文主持会议，共同主席、日本金泽大学荣誉教授NAKAMURA Koji和韩国协成大学教授YOON Won-keun以及中日韩三国有关专家、农业文化遗产地代表参加了会议。会议就"第四届东亚地区农业文化遗产学术研讨会"进行了总结，对中国方面的成功组织给予了肯定和赞赏，讨论了会议成果出版以及未来可能的合作。根据轮值规则，选举日本金泽大学荣誉教授NAKAMURA Koji为第五届ERAHS执行主席，中国科学院地理科学与资源研究所研究员闵庆文和韩国协成大学教授YOON Won-keun担任共同主席，"第五届东亚地区农业文化遗产学术研讨会"拟于2018年8月在日本和歌山县举行。

2017.07.13 ERAHS第8回作業会合

　　2017年7月13日、「ERAHS第8回作業会合」は中国浙江省湖州市で開催されました。ERAHS第4回会議議長で中国科学院地理科学・資源研究所のMIN Qingwen教授が司会を努め、共同議長で金沢大学の中村浩二名誉教授と韓国協成大学のYOON Won-keun教授をはじめ、日中韓3か国の関係専門家、農業遺産地域の代表者たちが出席しました。会議では「第4回東アジア農業遺産学会」を総括し、中国側の成功裏の開催を評価し、会議の成果の出版と今後の協力の可能性について議論しました。持ち回り規則により、金沢大学の中村浩二名誉教授を第5回ERAHS議長に、中国科学院地理科学・資源研究所のMIN Qingwen教授と韓国協成大学のYOON Won-keun教授を共同議長に選任し、2018年8月に和歌山県で「第5回東アジア農業遺産学会」を開催することで合意しました。

2017.07.13 ERAHS 제8차 실무 회의

　　'ERAHS 제8차 실무 회의'는 2017년 7월 13일에 중국 저장성 중국 후저우시에서 개최되었습니다. ERAHS 제4기 집행의장인 MIN Qingwen 중국과학원 지리학 자원연구소 교수가 회의를 주재하고 공동의장을 맡은 NAKAMURA Koji 일본 가나자와 대학 명예교수, 윤원근 협성대학 교수, 한중일 3국 관계 전문가, 농업유산지역 대표 등이 참석했다. 회의에서는 '제4회 동아시아 농업유산 학술 세미나'를 총평하고 중국측의 성공적인 개최를 인정하고 찬사를 보냈으며, 회의 결과의 출판과 향후 가능한 협력을 논의했다. 순번 규정에 따라 NAKAMURA Koji 일본 가나자와 대학 명예교수를 제5기 ERAHS 집행의장으로 선정하고 MIN Qingwen 중국과학원 지리학 자원연구소 교수와 윤원근 협성대학 교수가 공동의장을 담당하고 '제5회 동아시아 농업유산 국제 컨퍼런스'를 2018년 8월 일본 와카야마현에서 개최하기로 합의했습니다.

2017.07.13 The 8th Working Meeting of ERAHS

The 8th ERAHS Working Meeting was convened on July 13, 2017, in Huzhou City, Zhejiang Province, China. Chaired by MIN Qingwen, Executive Chair of the 4th ERAHS Conference and Professor from CAS-IGSNRR, the meeting was co-chaired by Emeritus Professor NAKAMURA Koji from Kanazawa University and Professor YOON Won-keun from Hyupsung University. Experts and agricultural heritage site representatives from China, Japan, and South Korea participated in the meeting. Attendees summarized outcomes from the preceding ERAHS conference, affirming and commending Chinese organizers, and discussed proceedings publication and future partnerships. Per established rotation rules, Emeritus Professor NAKAMURA Koji was elected as Executive Chair of the 5th ERAHS Conference, with Professor MIN Qingwen from CAS-IGSNRR and Professor YOON Won-keun from Hyupsung University as Co-Chairs. Participants agreed to convene the 5th ERAHS Conference in Wakayama Prefecture, Japan in August 2018.

2018.01.22 ERAHS第九次工作会议

合影留念

"ERAHS第九次工作会议"于2018年1月22日在日本和歌山县召开，会议由ERAHS第五届执行主席、日本金泽大学荣誉教授NAKAMURA Koji主持。首先，中国、日本和韩国秘书处就"第四届东亚地区农业文化遗产学术研讨会"之后各国在推动农业文化遗产保护与管理方面取得的进展进行了简单介绍。随后，大家对拟于8月26—29日在日本和歌山县举行的"第五届东亚地区农业文化遗产学术研讨会"主题、日程等进行了详细讨论。

经认真研究，"第五届东亚地区农业文化遗产学术研讨会"主题定为"农业文化遗产保护与可持续性社会"，会期两天。会上，将邀请6个主旨报告，设置6个分会场，安排36个专题报告。会后，将考察"日本南部—田边梅树系统"，包括南部町梅子博物馆、田边市梅园、农民市场等。此外，还将提供展位进行农业文化遗产地海报与农产品展示，计划在国际学术期刊《Journal of Resources and Ecology》上组织专刊发表优秀论文。

ERAHS成员还参加了1月23日在和歌山县举行的"东亚地区农业文化遗产保护与利用监测评估研讨会"。日本东京大学特聘教授TAKEUCHI Kazuhiko、中国科学院地理科学与资源研究所研究员闵庆文和韩国协成大学教授YOON Won-keun分别就题为《GIAHS监测评估的重要性》《GIAHS在中国的保护与利用》和《韩国农业与渔业文化遗产的保护与利用》做主题报告。中国科学院地理科学与资源研究所助理研究员焦雯珺、韩国农渔村遗产学会主任PARK Yoon-ho、联合国大学可持续性高等研究所研究助理Evonne YIU分别介绍了中国、韩国和日本在农业文化遗产监测评估方面所开展的工作及主要进展，日本和歌山大学教授YABU Shinobu介绍了"日本南部—田边梅树系统"保护措施的监测评估。

2018.01.22 ERAHS第9回作業会合

　2018年1月22日、「ERAHS第9回作業会合」は日本和歌山県で開催されました。ERAHS第5回会議議長で金沢大学の中村浩二名誉教授が司会を務めました。まず、中国、日本、韓国の事務局から、「第4回東アジア農業遺産学会」後の各国における農業遺産保全と管理促進の進捗について簡単なプレゼンテーションが行われました。その後、8月26日から29日まで和歌山県で開催される予定の「第5回東アジア農業遺産学会」のテーマと日程について議論が行われました。

　検討の結果、「第5回東アジア農業遺産学会」は、「農業遺産と持続可能な社会」をテーマとし、2日間にわたって開催すると決まりました。会議では、基調講演6件、セッション6箇所、研究発表36件が予定されます。会議の後、みなべ町梅博物館、田辺市梅園、農家市場などを含め、「日本みなべ・田辺の梅システム」を現地視察する予定です。このほか、農業遺産地域のポスターと農産品の展示ブースも設けられ、国際学術誌『Journal of Resources and Ecology』で特集として優れた論文を掲載する予定です。

会議でのディスカッション

ERAHSのメンバーは、1月23日に和歌山県で開催された「東アジア農業遺産の保全・活用活動のモニタリングと評価の手法」のワークショップに参加しました。東京大学の武内和彦特任教授、中国科学院地理科学・資源研究所のMIN Qingwen教授と韓国協成大学のYOON Won-keun教授はそれぞれ『GIAHSモニタリングと評価の重要性』『中国におけるGIAHSの保全と活用』と『韓国農業・漁業遺産の保全と活用』と題した講演を行いました。中国科学院地理科学・資源研究所のJIAO Wenjun研究補佐員、韓国農漁村遺産学会のPARK Yoon-ho理事、国際連合大学サステイナビリティ高等研究所のEvonne YIU研究員はそれぞれ中国、韓国、日本における農業遺産のモニタリングと評価事業の進捗を紹介しました。和歌山大学の養父志乃夫教授は「日本みなべ・田辺の梅システム」保全活動のモニタリングと評価手法を紹介しました。

2018.01.22 ERAHS 제9차 실무 회의

ERAHS 제9차 실무 회의는 2018년 1월 22일 일본 와카야마현에서 개최되었습니다. ERAHS 제5기 집행의장인 NAKAMURA Koji 일본 가나자와 대학 명예교수가 회의를 주재했습니다. 먼저 중국, 일본과 한국 사무국은 '제4회 동아시아 농업유산 국제 컨퍼런스' 이후 각국이 농업유산의 보존 및 관리를 추진해온 주요성과를 간략히 소개했습니다. 이어 8월 26일부터 29일까지 일본 와카야마현에서 열릴 예정인 '제5회 동아시아 농업유산 국제 컨퍼런스'의 주제와 일정 등을 자세히 논의했습니다.

참가자들은 진지한 검토 끝에 '제5회 동아시아 농업유산 국제 컨퍼런스'의 주제는 '농업유산과 지속가능한 사회'로 정하고 이틀간 진행하기로 결정했습니다. 컨퍼런스는 이틀간 진행되며, 6개의 기조 연설, 6개 분과 회의장을 설치하고, 36개 특별 발표로 구성됩니다. 회의가 끝난 후 미나베 매실박물관, 다나베시 매실원, 농민시장 등 포함한 '미나베-다나베 매실시스템'을 답사할 계획을 수립했습니다. 또한, 농업유산 포스터와 농산품 전시

전문가 발표

전문가 발표

부스도 마련하고, 우수 논문을 선정하여 국제학술지 'Journal of Resources and Ecology'에 게재할 예정입니다.

ERAHS 멤버들은 1월 23일 와카야마현에서 열린 '동아시아의 농업 유산시스템 보전과 활용의 모니터링 및 평가 세미나'에도 참석했습니다. TAKEUCHI Kazuhiko 일본 동경대학 교수, MIN Qingwen 중국과학원 지리학 자원연구소 교수, 윤원근 협성대학 교수는 각각 'GIAHS 모니터링 및 평가의 중요성', 'GIAHS의 중국 국내 보전과 활용', '한국 농업 및 어업 유산의 보전과 활용'에 대해 기조발표를 했습니다. JIAO Wenjun 중국과학원 지리학 자원연구소 부교수, 박윤호 한국농어촌유산학회 이사와 유엔대학 지속가능성 고등연구소 Evonne YIU 연구원은 각각 중국, 한국, 일본이 농업유산 모니터링 및 평가에서 수행한 작업과 주요 진행 상황을 소개했고, YABU Shinobu 일본 와카야마 대학 교수는 '미나베-다나베 매실시스템'에 대한 보호 조치의 모니터링 및 평가를 발표했습니다.

2018.01.22 The 9th Working Meeting of ERAHS

The 9th ERAHS Working Meeting was held on January 22, 2018, in Wakayama, Japan. The meeting was presided over by NAKAMURA Koji, Emeritus Professor at Kanazawa University and Executive Chair of the 5th ERAHS Conference. The initial agenda involved a concise update from the secretariats of China, Japan, and South Korea on the progress made in advancing AHS conservation and management in the three countries since the 4th ERAHS Conference. Subsequently, attendees had a detailed discussion on the theme and schedule for the upcoming 5th ERAHS Conference, slated for August 26-29 in Wakayama, Japan.

After thorough deliberation, participants decided to set the theme for the 5th ERAHS Conference as "Agricultural Heritage Systems and Sustainable Societies". The conference would span two days and feature six invited keynote presentations, six parallel sessions, and 36 specialized reports. Following the conference, attendees would visit the "Minabe-Tanabe Ume System, Japan", including the Ume Museum of Minabe Town, the Ume Orchard of Tanabe City, and the Farmers' Market. Additionally, the conference would host exhibitions showcasing posters and agricultural products from agricultural heritage sites, and outstanding papers will be selected for publication in a special issue of "Journal of Resources and Ecology".

ERAHS members also participated in the "Seminar on Monitoring and Evaluation of Agricultural Heritage System Conservation and Utilization in East Asia" held on January 23 in Wakayama, Japan. During the seminar, Project Professor TAKEUCHI Kazuhiko from the University of Tokyo, Professor MIN Qingwen from CAS-IGSNRR, and Professor YOON Won-keun from Hyupsung University delivered keynote presentations on the importance of monitoring and evaluation for GIAHS, the conservation and utilization of GIAHS in China, and the conservation and utilization of agricultural and fishery heritage in South Korea respectively. Associate Professor JIAO Wenjun from CAS-IGSNRR, Director

Expert presentation

PARK Yoon-ho from KRHA, and Research Assistant Evonne YIU from UNU-IAS introduced the monitoring and evaluation measures already taken in China, South Korea, and Japan regarding AHS, outlining their significant progress. Additionally, Professor YABU Shinobu from Wakayama University presented the monitoring and evaluation of protective measures for the "Minabe-Tanabe Ume System, Japan".

2018.08.26 第五届 ERAHS 学术研讨会[1]

1 会议概况

为促进中日韩三国在农业文化遗产保护、管理与相关研究方面的学术交流，分享农业文化遗产保护与管理经验、地区产业发展模式以及推动遗产地之间的相互交流与合作，由 ERAHS 和日本南部町、田边市政府主办，FAO、联合国大学、中国农学会农业文化遗产分会、韩国农渔村遗产学会、日本 GIAHS 网络和日本和歌山县政府协办的"第五届东亚地区农业文化遗产学术研讨会"，于 2018 年 8 月 26—29 日在日本和歌山县南部町召开。来自 FAO、日本农林水产省、和歌山县政府的官员及中日韩三国农业文化遗产保护领域的专家、管理人员、企业家和新闻记者 200 余人参加了会议。

本次会议的主题为"农业文化遗产保护与可持续性社会"，分为开幕式与主旨报告、专题交流、墙报展示、实地考察四个部分。在开幕式上，日本南部—田边地区 GIAHS 推进协会会长、南部町町长 KOTANI Yoshimasa 与和歌山县知事 NISAKA Yoshinobu 致欢迎辞，介绍了南部—田边地区的基本情况、当地传统的民俗文化、宝贵的农业资源以及独特的农业类型。日本农林水产省近畿地区农政局副主任 KAMIYAMA Osamu 致辞。

FAO GIAHS 协调员 ENDO Yoshihide、中国科学院地理科学与资源研究所研究员闵庆文、ERAHS 荣誉主席、日本东京大学特聘教授 TAKEUCHI Kazuhiko、农业农村部国际交流服务中心项目官员刘海涛、日本农林水产省农村振兴局农村环境处处长 HARA Takafumi 以及韩国协成大学教授 YOON Won-keun，分别围绕 GIAHS 的近期发展与未来前景、GIAHS 保护与乡村振兴、GIAHS 保护与多方参与、GIAHS 在中国的发展、GIAHS 在日本的发展、KIAHS 与 KIFHS 的发展做主旨报告。

其他与会代表围绕 GIAHS 的代际传承、品牌建设、多方参与、乡村旅游发展、监测评估及生物多样性保护等主题进行交流，分享各自研究成果。会议期间还进行了墙报与特色产品展示活动，促进与会代表直观了解农业文化

---

1 李禾尧，闵庆文，刘某承，张碧天．全球重要农业文化遗产与可持续性社会——"第五届东亚地区农业文化遗产学术研讨会"综述与展望 [J]．中国农业大学学报（社会科学版），2019, 36(4): 131-136.

中国代表团合影

遗产并进行广泛交流。与会代表还实地考察了"日本南部—田边梅树系统"，参观了纪州石神田边梅林、纪州备长炭纪念公园、和歌山梅子研究所以及南部町梅子博物馆。

2 主要交流成果

2.1 农业文化遗产保护工作的近期进展

FAO GIAHS协调员ENDO Yoshihide系统介绍了2017年9月以来全球范围内新认定GIAHS项目的主要情况，FAO以及区域代表处单独或联合中国、日本、韩国等国家举办的多次学术研讨会，GIAHS高级别培训班以及第五届GIAHS国际论坛的情况，GIAHS科学咨询小组近期所开展的工作。他希望ERAHS会议未来能够集合中日韩三国的科研力量，对GIAHS认定项目进行自然生态与社会经济方面的科学分析，深入挖掘传统农业智慧的科学内涵，在气候变化、生物多样性保护等全球性议题的大背景下，制定行动计划与监测评估方案。

农业农村部国际交流服务中心项目官员刘海涛对2002年以来中国农业文化遗产保护工作所取得的经验与成就进行了梳理，认为GIAHS是开展农业文化研究的重要平台、展示传统农业成就的重要窗口、生产生态农业产品的重要基地和发展生态旅游产业的重要场所，并表示中国农业农村部将继续加大

大会报告

对农业文化遗产保护与利用的支持。日本农林水产省农村振兴局农村环境处处长 HARA Takafumi 系统介绍了日本 GIAHS 与 Japan-NIAHS 的认定标准、流程及入选项目的基本情况，并从居民自豪感提升、农产品附加值增加和社区发展振兴三方面介绍农业文化遗产认定对日本产生的积极影响。韩国协成大学教授 YOON Won-keun 简要回顾了 2011 年以来 KIAHS 与 KIFHS 的发展历程与项目认定情况，并从保护与利用规划、监测与评估体系、乡村恢复项目等三方面介绍现行管理措施，并提出未来 KIAHS 和 KIFHS 管理工作将以保护为导向，建立乡村土地利用规划体系，促进旅游观光产业的发展。

2.2 农业文化遗产保护的政策与技术措施

在乡村振兴战略的指引下，农业文化遗产大有可为。基于对乡村振兴战略背景的系统梳理以及对 China-NIAHS 五大特点的深入分析，中国科学院地理科学与资源研究所研究员闵庆文提出，农业文化遗产地应当针对上述特点，充分利用资源优势与"后发"优势，从产业振兴、人才振兴、文化振兴、生态振兴和组织振兴五个方面实现乡村经济发展、乡土文化传承、乡村社会和谐与乡村生态健康，成为乡村振兴的示范区，为世界农业与农村可持续发展贡献出中国方案。

中国科学院地理科学与资源研究所副研究员刘某承以"云南红河哈尼稻作梯田系统"为例，通过建立"多目标生产决策模型"，评估了现行生态补偿政策对农业文化遗产地农户的生产行为与福祉所产生的影响。中国科学院地理科学与资源研究所博士生张碧天通过分析四川成都市郫都区的地表径流、地下水空间与季节分布情况，提出传统的水旱轮作模式有利于在水质与供给量两方面

提升调蓄水资源的生态系统服务功能。中国林业科学院亚热带林业研究所副研究员王斌以"四川郫都林盘农耕文化系统"为例，对农田土壤养分含量与空间分布进行实证研究，并探讨其在不同土壤类型与种植模式中的分布差异。

日本和歌山大学副教授HARA Yuji利用遥感解译法分析了"日本南部—田边梅树系统"的土地利用类型时空变化，以及两种不同的梅子种植模式对农业文化遗产地生物多样性的影响。韩国东国大学研究助理KIM Jin-won介绍了在"韩国锦山传统人参农业系统"所开展的植物区系特征研究，指出人参种植区为苔藓类植物提供天然生息场所，并有效增强了土壤沉积，人参种植区所营造的小气候也为众多物种的共存提供了必要基础。韩国东国大学研究员WEI Siyang介绍了在"韩国花开传统河东茶农业系统"有关驯化植物特征的实证研究，发现绝大多数在传统河东茶园的驯化植物都为依靠重力播种的单组分植物，一方面对遗产系统的威胁较小，另一方面出于维持生物多样性的考虑，也要进行必要的监测。

2.3　农业文化遗产与多方协作

ERAHS荣誉主席、日本东京大学特聘教授TAKEUCHI Kazuhiko阐述了多方协作的内涵及其与联合国可持续发展目标的关系，强调多方协作对于实现GIAHS动态保护与可持续利用的重要意义，要建立在本地区内部、地区之间及国家之间的GIAHS多方协作关系，并以ERAHS交流机制作为具体例证进行阐释。日本石川县珠洲市政府办公室主任UTSUNOMIYA Daisuke介绍了珠洲市"儿童感知农业与生物多样性关系"项目的开展情况，并表示目前已取得积极的成效。日本宫崎县高千穗町综合政策室主任TASAKI Tomonori分享了宫崎县基于"协会—大学—社区"互动模式所进行的"GIAHS学院"活动，旨在让当地居民科学认知遗产价值，提升自信心与主人翁意识，同时为学生的职业发展提供机会。

韩国釜山大学研究员LEE Da-yung通过对KIAHS利益相关方进行类型与角色分析，认为应当更多地关注GIAHS认定后的法律法规制定、人力资源建设等问题，拓宽农业文化遗产地的项目资金来源，同时为公众和外部企业提供参与渠道。韩国济州大学教授IN Yoo-chul强调了以海女、海女协会、乡村渔业合作社、中央与地方政府、专家学者等为代表的多元主体参与对于"韩国济州岛海女渔业系统"可持续发展的重要意义。日本新潟大学副教授TOYODA Mitsuyo深情回望了佐渡岛居民与朱鹮和谐共生的十年历程，指出在

公众对"日本佐渡岛稻田—朱鹮共生系统"的保护意识不断提高的背景下,在协调物种保护与农户生计方面出现了新的挑战,需要多方共同参与解决。

2.4 农业文化遗产与乡村发展

联合国大学可持续性高等研究所研究助理 Evonne YIU 以能登半岛穴水町的传统渔业发展为例,阐述了渔业遗产保护与"蓝色旅游"可持续发展的关系,强调基于中长期规划的渔业遗产旅游开发,可以有效改善渔民收入,提升其自信与自豪感,是一种海岸地带可资借鉴的发展模式。日本金泽大学博士后 RAHMAN Shukur 运用文化学的视角,通过案例分析,展现"日本能登里山里海"传统文化复兴运动的样貌,强调社区文化资源管理的重要性。中国科学院地理科学与资源研究所研究员闵庆文指出,GIAHS 地区蕴含着丰厚的自然生态与社会文化资源,是实现乡村振兴的重要基础。

韩国区域规划研究所首席执行官 GU Jin-hyuk 介绍了蔚珍郡金刚松保护区在整合本土自然资源与社区参与,促进可持续旅游业发展方面的实践,认为地方的旅游发展规划应与农业文化遗产的保护目标对接。韩国地方自治研究院主管 YOU Won-hee Kani 以"韩国济州岛石墙农业系统"为例,认为挖掘文化背景与强化农业生产功能有助于进一步开发济州石墙的旅游潜力,增强石墙景观作为旅游目的地的吸引力。中国科学院地理科学与资源研究所博士生李禾尧提出以"驴—花椒—石堰"耦合结构作为理解"河北涉县旱作石堰梯田系统"的切入点,从语言系统、村落职业、价值体系及人格化与社会化机制等方面深入剖析驴文化,强调村落文化挖掘对于农业文化遗产保护的重要意义。云南农业

会后考察

大学讲师郭静伟探讨了人类学视阈下农业文化遗产保护遇到的"全球化—地方化"及"现代化—本土化"的困境，并提出提高本土文化感知及培养跨学科视野的对策建议。日本大分县宇佐市农政处处长 SAYA Ayaka 以"日本国东半岛宇佐林农渔复合系统"为例，介绍了在2013年被认定为 GIAHS 后两合村逐渐探索出的面向社区领导力、社区资源利用以及机构与网络建设的"两合"模式，强调传统知识的转化与管理是挖掘社区人力资源的关键环节。

2.5　农业文化遗产的监测评估

韩国农渔村遗产学会主任 PARK Yoon-ho 系统介绍了韩国对 GIAHS/KIAHS 开展监测评估的做法，指出韩国农林畜产食品部依据每个农业文化遗产地认定后的保护行动计划进行项目资金支持，同时每年进行 1 ～ 2 次定期检查，第四年进行中期评估。由中央政府、地方政府、地方执行委员会及社区居民构成的 GIAHS/KIAHS 保护与管理体系，未来将制定中长期规划，提高当地社区居民的参与度，提升监测水平。

日本金泽大学副教授 KITAMURA Kenji 讲述了通过参与式研究对"日本能登里山里海"社区能力建设项目开展监测工作，强调当地居民经过培训将成长为 GIAHS 常态化、动态化监测的重要力量。基于"韩国济州岛石墙农业系统"与"日本大崎耕土传统水管理系统"的案例研究，日本上智大学研究助理 KIM Seula 对比分析了日韩两国在多方参与的 GIAHS 监测工作中各自存在的局限性，提出了为更好地实现监测活动的系统性与连续性，要更加明确当地居民、中央/地方政府、科研机构/人员以及 ERAHS 各自的角色。

2.6　农业文化遗产的品牌建设

联合国大学可持续性高等研究所客座研究员 NAGATA Akira 介绍了包括"能登一品（Noto no Ippin）"在内的日本 GIAHS 农产品认证商标已产生较好的市场影响力，强调品牌建设是长线工程，需要平衡消费者对农产品品质的严苛要求及农户生计所需的关系。日本国东半岛宇佐地区 GIAHS 推进协会主席 HAYASHI Hiroaki 分析了蔺草用于榻榻米草席制作的传统工艺在现代传承中遭遇的困境，提出通过认知传统蔺草榻榻米的价值、培养人力资源、开发"GIAHS ＋地理标志"商标体系等途径促进保护与利用。日本和歌山县南部町政府办公室主任 AOKI Tomohiro 介绍了"梅树系统（Ume System）"商标的产生背景及其对农业文化遗产地经济发展的积极影响。

2.7 农业文化遗产保护的实践经验

福建省尤溪县副县长刘怀明介绍了作为中国"南方山地稻作梯田系统"之一的"福建尤溪联合梯田"保护与发展的措施与成效，并提出将联合梯田"田园综合体"总体发展规划与农业文化遗产保护目标严格对接的构想。浙江省庆元县食用菌管理局副局长叶晓星从信仰、语言、戏曲、武术等方面介绍了"浙江庆元林—菇共育系统"历史悠久而内涵丰富的香菇文化，并通过建设香菇博物馆、多渠道宣传推介等途径促进保护与利用。河北省涉县农牧局副局长贺献林从"河北涉县旱作石堰梯田系统"的特征出发，重点介绍了地方政府围绕"保护什么"与"怎么保护"两大问题所开展的一系列实践探索，不断推动遗产保护与利用的多方参与。

日本金泽大学荣誉教授 NAKAMURA Koji 通过介绍金泽大学在能登半岛实施的人才培养计划及日本与菲律宾 GIAHS 保护利用国际合作项目，认为新型农民的培养有利于解决农业文化遗产地人口流失与农业萎缩的问题，通过国际合作项目可以促进不同国家遗产地年轻人之间的交流。日本德岛大学副教授 NAITO Naoki 通过展示"日本西阿波陡坡地农业系统"的研究案例，认为众筹运动有利于吸引更多公民参与到 GIAHS 保护之中，在城镇居民与农业文化遗产地社区居民之间形成信息沟通网络与利益连接网络。日本宫城县大崎市 GIAHS 推进协会主任 TAKEMOTO Masatada 与韩国全罗南道潭阳郡郡守 KIM Jong-koo 分别介绍了"日本大崎耕土传统水管理系统"和"韩国潭阳竹林农业系统"的基本情况。

3 总结与展望

本届会议上，专家学者就 GIAHS 保护目标、发展策略、监测评估体系建设及农业文化遗产地资源挖掘利用等方面已达成基本共识，但在多学科交流碰撞、农业文化遗产地展示介绍、国际间结对交流等方面仍有提升空间。面向 GIAHS 可持续发展的未来，提出以下几点展望。

（1）挖掘科学内涵，多学科探究分析

纵观本届大会的学术报告，专家学者们主要从地理学、生态学、教育学和文化人类学等学科视角出发，展示相关研究成果，学科多样性有所欠缺，对 GIAHS 的科学内涵有待进一步深入挖掘。结合现代科学的发展潮流，建议未来能够吸引更多农学、经济学、历史学、社会学等领域的研究人员参会，

通过开展更为广泛的实证研究与交叉学科研究，进一步揭示遗产地活态存续的机制，为其动态保护与可持续发展提供科学依据。

（2）融汇文创理念，多途径展示推介

本届大会共有7位来自中日韩农业文化遗产地的官员作专题报告，介绍农业文化遗产保护与利用的经验。报告人在介绍发展历史、系统特征、特色产品、保护管理办法之余，在典型案例剖析、遗产科学性解说等方面仍有所欠缺，未来应减少对农业文化遗产的一般性介绍。在大会期间举行的墙报展示环节，除各农业文化遗产地展出的宣传折页及特色农产品外，仅见于"韩国济州岛石墙农业系统"的标识徽章及"日本阿苏草原可持续农业系统"的雪松精油与木质水杯。农业文化遗产地应更多是将文创理念渗透在农产品的深加工、包装设计与宣传推广中，一方面借由现代手段充分展示遗产特征，另一方面也有助于增加产品附加值、助推品牌化建设与农户增收。

（3）结对共谋发展，多领域互动交流

建议通过"结对子"的方式增强国际间农业文化遗产地的交流与合作，特别是生态环境条件、自然景观特征、历史文化渊源等相近的农业文化遗产地间开展多领域的互访交流与合作更具有必要性与重要性。

日本南部—田边梅树系统

无论作为食品还是药品，梅子（日本杏）自1300年前在日本一直都具有很高的价值。腌制的梅子易于保存，具有预防食物中毒、缓解疲劳等良好的药用效果，可作为配菜每天食用。"南部—田边梅树系统"是一个独特的系统，它利用养分贫瘠的红壤坡地，持续地进行高品质的梅子生产。2012年当地的梅子产量约为4.4万吨，约占日本梅子总产量的50%。单位面积产量很高，约为每10英亩（1英亩≈0.4公顷）产出1.5吨，是日本其他梅子产区的两倍左右。

南部—田边地区的红壤坡地不适合发展一般的农业和林业，为了谋生，大约400年前人们开始培育适合在当地生长的梅树。通过保留果园附近和坡地山脊的灌木林，起到保护流域、补充养分、防止崩塌等作用。在持续和扩大梅树栽培的同时，人们不断地改良梅树，培育出多样的遗传资源，创造出适合当地的优良品种。人们还改进了梅子加工和生产技术，开发出满足现代需求的加工食品，如低盐梅子、含有梅子成分的保

健食品以及其他健康产品。灌木林和果园形成了独特而美丽的景观。从灌木林到果园再到稻田和田中水流，为各种各样的动植物提供了栖息地，并使梅树和许多其他农作物得以种植。梅子祭祀节、梅子传统烹饪等构成了当地独有的梅子文化。通过对有限资源的精心利用，遗产地建立了一个以市场为基础的可持续农业体系，通过生产、加工、分销、旅游等多个部门的协调，形成了一个价值约700亿日元的农产品加工产业，为当地提供了稳定的就业岗位。日本"南部—田边梅树系统"于2015年被FAO认定为GIAHS。

遗产地景观

2018.08.26 第5回ERAHS会議[1]

1　会議の概要

　　農業遺産の保全・管理と研究における日中韓3か国の学術交流を深め、農業遺産の保全と管理経験及び地域産業発展モデルの経験を共有するとともに、遺産地域間の相互交流と協力を促進するため、ERAHS、みなべ町、田辺市が主催し、FAO、国際連合大学、中国農学会農業遺産分会、韓国農漁村遺産学会、日本のJ-GIAHSネットワーク会議と日本和歌山県政府が共催した「第5回東アジア農業遺産学会」が2018年8月26日から29日まで、和歌山県みなべ町で開催されました。FAO、農林水産省、和歌山県の関係者、日中韓3か国の農業遺産保全分野の専門家、意思決定者、企業と報道関係者ら約200人が参加しました。

　　今回の会議は、「農業遺産保全と持続可能な社会」をテーマとし、開会式、基調講演、パラレルシンポジウム、ポスターセッションと現地視察の4プログラムに分けて行われました。開会式では、みなべ・田辺地域世界農業遺産推進協議会会長でみなべ町長の小谷芳正氏、和歌山県知事の仁坂吉伸氏が歓迎の挨拶を述べ、みなべ・田辺地域の概要、現地の伝統的民

集合写真

十年一剣を磨く 2013—2023 年東アジア農業遺産保全研究協力の歩み

俗文化、貴重な農業資源および特色ある農業などについて紹介しました。農林水産省近畿農政局長の神山修氏は来賓挨拶を行いました。

　FAO GIAHS事務局長の遠藤芳英氏、中国科学院地理科学・資源研究所のMIN Qingwen教授、ERAHS名誉議長・東京大学の武内和彦特任教授、中国農業農村部国際交流サービスセンタープロジェクトオフィサーのLIU Haitao氏、農林水産省農村振興局農村環境課長の原孝文氏および韓国協成大学のYOON Won-keun教授はそれぞれ、GIAHSの発展とこれからの方向、GIAHS保全と農村振興、GIAHS保全と多様な主体の参加、中国におけるGIAHSの発展、日本におけるGIAHSの発展、KIAHSとKIFHSの発展について基調講演を行いました。

　ほかの参加者はGIAHSの次世代への継承、ブランド化、多様な主体の参加、農村ツーリズムの発展、モニタリング・評価と生物多様性の保全などのテーマをめぐって交流を行い、研究成果を共有しました。会議期間中、参加者たちに直感的に農業遺産を理解してもらい交流をするために、ポスターと特産品の展示活動も行われました。また「みなべ・田辺の梅システム」を現地視察し、紀州石神田辺梅林、紀州備長炭記念公園、和歌山県うめ研究所およびみなべ町うめ振興館を訪問しました。

2　主な交流成果

2.1　農業遺産保全事業の最近の進捗

　国際連合食糧農業機関（FAO）GIAHS事務局長の遠藤芳英氏は、2017年9月以降、新たに認定された世界GIAHSプロジェクトの概要、FAOや地域連絡事務所が単独で、または中国、日本や韓国などの国々と共同で開催した数多くの学術シンポジウム、GIAHSハイレベル研修コース、第5回GIAHS国際フォーラムの概要、GIAHS科学助言グループの最近の活動について体系的に紹介し、ERAHS会議が今後、日中韓3か国の科学的研究力を結集し、GIAHS認定プロジェクトに対する自然生態学と社会経済学の観点からの科学的分析を行い、伝統的な農業の知恵の科学性を発掘し、気候変動や生物多様性保全などの世界的課題を考慮した行動計画とモニタリング・評価案を策定することに期待感を示しました。

　中国農業農村部国際交流サービスセンターのLIU Haitaoプロジェクト

オフィサーは、2002年以降の中国の農業遺産保全活動の経験と成果を振り返り、GIAHSは農業文化研究の重要なプラットフォームであり、伝統農業の成果を展示する重要な窓口であり、エコ農業製品の生産の重要な基地であり、エコツーリズム産業の発展の重要な場所であると考え、中国農業農村部は今後も農業遺産の保全と活用への支援を引き続き強化することも表明しました。農林水産省農村振興局農村環境課の原孝文課長は、GIAHSと日本農業遺産の認定基準やプロセス、認定地域の概要を体系的に紹介し、住民の誇りを高め、農産物の付加価値を高め、地域社会の発展を活性化させるという観点から、日本における農業遺産の認定がもたらすプラスの影響について紹介しました。韓国協成大学のYOON Won-keun教授は、2011年以降のKIAHSとKIFHSの歩みとプロジェクト認定を簡単に振り返り、保全・活用企画、モニタリングと評価システム、農村振興事業の3点から現在の管理措置を紹介し、今後、KIAHSとKIFHSの管理を保全志向で行い、農村の土地利用計画システムを確立し、ツーリズム産業を振興することを提案しました。

2.2 農業遺産の保全政策と技術的措置

農村振興戦略の指導の下、農業遺産は大きな潜在力を持っています。中国科学院地理科学・資源研究所のMIN Qingwen教授は、農村振興戦略の背景を体系的に整理し、China-NIAHSの5つの特徴を深く分析した上、農業遺産地域は上記の特徴に応じて、資源の強みと「後発組」としての優位性を十分に活用し、産業活性化、人材活性化、文化活性化、生態活性化、組織活性化の5点から、農村の経済発展、地域文化の継承、農村の社会調和、農村の生態健全化を実現し、農村活性化の実証サイトを目指して、中国の解決策として世界の農業と農村の持続可能な発展に貢献すべきであると主張しました。

中国科学院地理科学・資源研究所のLIU Moucheng副研究員は、中国雲南紅河の「ハニ族の棚田」を例に、「多目的生産決定モデル」の構築を通じて、現行の生態補償政策が農業遺産地域における農民の生産行動と福祉に与える影響を評価しました。中国科学院地理科学・資源研究所博士課程学生のZHANG Bitian氏は、中国四川省成都市郫都区における地表流出水と地下水の空間的・季節的分布を分析し、伝統的な輪作モデルが、水質と供

給量の両面において水資源の生態系サービス機能の強化に資することを提案しました。中国林業科学院亜熱帯林業研究所のWAGN Bin副研究員は、四川省「郫都の林盤農耕文化システム」を例に、農地の土壌養分の空間分布に関する実証研究を行い、異なる土壌タイプや植栽パターンの分布の違いを探りました。

和歌山大学の原祐二准教授は、「日本みなべ・田辺の梅システム」の土地利用パターンの時空変化、2つの異なる梅栽培パターンが農業遺産地域の生物多様性に与える影響について、リモートセンシングの解釈手法を用いて分析しました。韓国東国大学研究助手のKIM Jin-won氏は、「韓国クムサンの伝統的な高麗人参農業システム」で行われた植物相特性調査について紹介し、高麗人参植栽地はコケ類の自然生息地を提供し、土壌堆積を効果的に促進すること、高麗人参植栽地に形成される微気象は多くの種の共存に必要な基盤を提供することを指摘しました。韓国東国大学研究員のWEI Siyang氏は、「韓国ファゲ面における伝統的ハドン茶栽培システム」で行われた栽培植物化の特徴に関する実証研究を紹介し、伝統的なハドン茶園にある現地化された植物のほとんどが重力によって播種される単一成分植物であって、農業遺産へのリスクが低いが、生物多様性の保全を考慮し必要なモニタリングを行うべきと考えました。

2.3　農業遺産と多方面連携

ERAHS名誉議長・東京大学の武内和彦特任教授は、多面的な連携の

基調講演

伝統公演

意味と国連の持続可能な開発目標との関係を説明し、GIAHSの動的な保全と持続可能な利用に対する多方面連携の重要な意味を分析し、地域内、地域間、国間でGIAHS多方面連携関係を構築すべきと強調し、ERAHS交流体制を例としてあげました。石川県珠洲市自然共生研究員の宇都宮大輔氏は、「子供達が農業と生物多様性の関係を学ぶ機会を作る珠洲市の取り組み」及びその成果を紹介しました。宮崎県高千穂町総合政策室主事の田﨑友教氏は、宮崎県における「協会・大学・地域住民」間の交流に基づく「GIAHSアカデミー」の取り組みを紹介し、地域住民に農業遺産の価値を共有し、誇りと主人公意識を育てるとともに学生のキャリアに機会を与えていると述べました。

　　韓国釜山大学研究員のLEE Da-yung氏は、KIAHSのステークホルダーのタイプと役割分担を分析し、GIAHS認定後の法規制や人材の育成にもっと注意を払うべきであり、農業遺産に対する事業資金の調達先を広げるとともに、一般市民や外部企業の参加ルートを提供すべきであると考えました。韓国チェジュ大学のIN Yoo-chul教授は、海女、海女協会、漁業協同組合、中央および地方政府、専門家学者などを代表とする多様な主体の参加による「韓国チェジュ島の海女漁業システム」の持続可能な発展への重要な意味を強調しました。新潟大学の豊田光世准教授は、佐渡島民とトキの共生10年を振り返り、「トキと共生する佐渡の里山」の保全に対する社会的意識の高まりを背景に、トキの保全と農家の生計を両立させるという新たな課題があり、多方面の連携によるアプローチが必要であると指摘しました。

2.4　農業遺産と農村開発

　　国際連合大学サステイナビリティ高等研究所リサーチ・アソシエイトのEvonne YIU氏は、能登半島穴水町の伝統的漁業の開発を例に、漁業遺産の保全と「ブルーツーリズム」の持続可能な開発の関係を説明し、中長期的な計画に基づく漁業遺産観光の開発は、漁業者の収入を効果的に向上させ、漁業者の自信と誇りを高めることができ、沿岸域観光の一形態であることを強調しました。金沢大学博士研究員のRAHMAN Shukur氏は、文化研究の視点を応用し、「能登の里山里海」の伝統文化復興運動の様相を事例研究を通じて示し、地域文化資源管理の重要性を強調しました。中国科

学院地理科学・資源研究所のMIN Qingwen教授は、GIAHS認定地域は自然生態資源と社会文化資源が豊富であり、農村活性化の重要な基盤であると指摘しました。

韓国ヌリネットのCEOであるGU Jin-hyuk氏は、金剛山保護区における持続可能な観光開発のために、地域の自然資源と地域住民の参加を統合した実践を紹介し、地域の観光開発計画は、農業遺産の保全目的と一致させるべきだと主張しました。韓国地方自治研究院のYOU Won-hee Kani氏は、「韓国チェジュ島の石垣農業システム」を例に、文化的背景を探求し、農業生産の機能を強化することで、済州の石垣の観光ポテンシャルをさらに発展させ、観光地としての石垣景観の魅力を高めることができると述べました。中国科学院地理科学・資源研究所博士課程学生のLI Heyao氏は、「ロバ―山椒―石垣」の結合構造を入り口として、「渉県の乾燥地における石垣段畑システム」を理解し、言語体系、村落の生業、価値体系、擬人化・社会化のメカニズムなどの側面からロバ文化を分析し、文化遺産保全における村落文化の発掘の意義を強調することを提案しました。中国雲南農業大学講師のGUO Jingwei氏は、人類学の観点から農業遺産の保全で遭遇する「グローバル化-ローカル化」と「近代化-ローカル化」のジレンマについて論じ、地域の文化意識を向上させ、学際的な視点を養うための対策を提唱しました。大分県宇佐市農政課の佐矢彩華氏は、「クヌギ林とため池がつなぐ国東半島・宇佐の農林水産循環」を例に、2013年にGIAHSに認定された後、コミュニティのリーダーシップ、コミュニティ資源の活用、制度とネットワークの構築といったアプローチを徐々に模索してきました。伝統的知識の変換と管理は、コミュニティの人的資源を活用する上で重要なリンクであることを強調しました。

2.5　農業遺産のモニタリングと評価

韓国農漁村遺産学会のPARK Yoon-ho理事は、GIAHS/KIAHSのモニタリングと評価を実施する韓国の実践を体系的に紹介し、韓国農林畜産食品部は、各農業遺産が認定された後、保全のための行動計画に基づいて事業資金を支援すると同時に、年に1～2回の定期点検と4年目の中間評価を実施していると指摘しました。中央政府、地方政府、地方実行委員会、地域住民で構成されるGIAHS/KIAHS保全管理システムは、今後中長期計画を

策定し、地域住民の参加を増やし、モニタリングのレベルを向上させていくと紹介しました。

金沢大学の北村健二准教授は、参加型調査による「日本能登の里山里海」のモニタリングについて述べ、地域住民がGIAHSの定期的かつダイナミックなモニタリングの重要な力となるよう訓練されることを強調しました。上智大学のリサーチ・アソシエイトKIM Seula氏は、「韓国チェジュ島の石垣農業システム」と「大崎耕土」のケーススタディに基づき、日本と韓国における複数当事者によるGIAHSモニタリングの限界を比較・分析し、モニタリング活動のより良い体系化と継続性を達成するために、地域住民、中央・地方政府、研究機関・関係者、ERAHSの役割を明確にすべきであると提案しました。

2.6　農業遺産のブランド化

国際連合大学サステイナビリティ高等研究所客員研究員の永田明氏は、「能登の一品（Noto no Ippin）」をはじめとする日本の農産物のGIAHSに関連した認証マークが市場に良い影響を与えていることを紹介し、ブランド化は長期的なプロジェクトであり、農産物の品質に対する消費者の厳しい要求と農家のニーズとのバランスを取る必要があることを強調しました。国東半島宇佐地域世界農業遺産推進協議会会長の林浩昭氏は、伝統工芸であるしちとういの現代への継承の難しさを分析し、伝統的なしちとういの価値を認め、人材を育成し、「GIAHS＋地理的表示」の表示制度を整備することで、保全と利用を促進することを提案しました。和歌山県みなべ町の青木友宏氏は、「梅システム（Ume System）」の商標の背景や、農業遺産の経済発展への積極的な影響について紹介しました。

2.7　農業遺産保全の実践経験

福建省尤渓県副県長のLIU Huaiming氏は、中国における「南部山岳丘陵地域における棚田システム」の一つである「福建尤渓連合棚田」の保全・発展の施策と成果を紹介し、連合棚田の全面的な発展計画と農業遺産の保全目的を厳密に一致させるという考えを打ち出しました。中国浙江省慶元県食用菌管理局副局長のYE Xiaoxing氏は、「浙江省慶元県の森林とキノコ栽培の共生システム」のキノコ文化の長い歴史と豊かな意味合いを、

現地視察

信仰、言語、歌劇、武術などの面から紹介し、キノコ博物館の建設と多方面への広報宣伝を通じて、文化遺産の保全と活用を推進しました。河北省渉県農牧局副局長のHE Xianlin氏は、「渉県の乾燥地における石垣段畑システム」の特徴から始め、「何を保全するか」、「どのように保全するか」という2つの大きな問題に対する地方政府の努力を紹介し、遺産の保全と活用における多者の参加を継続的に推進すると呼びかけました。

　金沢大学の中村浩二名誉教授は、能登半島で実施している人材育成プログラムや、日本とフィリピンのGIAHSとの保全・活用に関する国際協力プロジェクトの紹介を通して、農業遺産における農業の過疎化・縮小の問題を解決するためには、新しいタイプの農業従事者の育成が有効であり、国際協力プロジェクトを通じて、各国の遺産の若者の交流を促進することができると考察しました。徳島大学の内藤直樹准教授は、「にし阿波の傾斜地農耕システム」の事例紹介を通して、クラウドファンディングは、GIAHSの保全に多くの市民が参加し、都市住民と農業遺産住民との情報伝達ネットワークや利害関係のネットワーク形成に資するとの考えを示しました。宮城県大崎市世界農業遺産推進協議会の武元将忠氏と韓国全羅南道タミャン郡部長のKIM Jong-koo氏はそれぞれ「「大崎耕土」の伝統的水管理システム」と「韓国タミャンの竹林農業システム」の概要を紹介しました。

3　まとめと展望

　今回の会議では、専門家と学者はGIAHS保護目標、発展戦略、モニタリング評価システムの建設及び農業遺産地の資源発掘利用などの面で基本的な共通認識に達しましたが、学際的な交流、農業遺産地の展示紹介、国

際間のペア交流などの面で依然として向上の余地がありました。GIAHSの持続可能な発展の未来に向けて、以下のいくつかの展望を提案します。

（1）科学的な意味合いの掘り起こし、学際的な調査・分析

会議の学術報告を通して、専門家や研究者は主に地理学、生態学、教育学、文化人類学などの観点から関連する研究成果を示しました。現代科学の発展動向と相まって、今後、農学、経済学、歴史学、社会学などの分野の研究者をより多く会議に参加させ、より広範な実証的・学際的研究を通じて遺産の存続メカニズムをさらに明らかにし、遺産の動態的な保全と持続可能な発展のための科学的根拠を提供することが提案されます。

（2）文化・創造コンセプトの統合、多チャンネル展示とプロモーション

中国、日本、韓国の農業遺産関係者7名が特別講演を行い、農業遺産の保全と活用の経験を紹介しました。農業遺産の発展の歴史、制度の特徴、特産品、保全管理方法などを紹介しましたが、典型的な事例の分析や科学的な説明にはまだ不足があり、今後、農業遺産の一般的な紹介を減らす必要があります。大会期間中に行われたポスターセッションでは、各農業遺産の広報用リーフレットや特産品のほかは、「チェジュ島の石垣農業システム」のロゴバッジと「阿蘇の草原の維持と持続的農業」の杉油と木製の水杯のみが展示されました。農業遺産は、農産物のさらなる加工、包装デザイン、プロモーションに文化創造の概念を浸透させ、一方では現代的な手段で遺産の特性を十分に発揮させ、他方では農産物の付加価値を高め、ブランド化を促進し、農家の収入を増やすべきです。

（3）共通の発展と多分野にわたる交流のためのツイニング

ツイニングで国際間における農業遺産地域の交流と連携を促進します。特に、生態学的条件、自然景観の特徴、歴史的・文化的起源などが類似している農業遺産間の学際的な交流・協力の必要性と重要性が指摘されています。

日本みなべ・田辺の梅システム

食用にせよ薬用にせよ、日本では1300年前から梅が珍重されてきました。梅干しは保存がきき、食中毒予防や疲労回復などの効果

があり、おかずとして毎日食べられます。「みなべ・田辺の梅システム」は、栄養の乏しい土壌の斜面を利用して高品質の梅を連作するユニークなシステムで、2012 年には約 4 万 4000 トンを生産し、日本の梅生産量の約 5 割を占めました。単位面積当たりの収穫量は多く、10 エーカー（1 エーカー≒0.4 ヘクタール）当たり約 1.5 トンと、日本の他の梅産地の約 2 倍です。

　みなべ・田辺地域の赤色ローム質の斜面は、一般的な農林業には適しておらず、人々は生計を立てるために、約 400 年前からこの地域の生育に適した梅の木を栽培するようになりました。果樹園の近くや斜面の尾根に低木林を残すことで、水源涵養、養分補給、崩落防止などの役割を果たしています。人々は梅の栽培を継続・拡大する一方で、梅の改良を続け、多様な遺伝資源を栽培し、地域に適した優れた品種を生み出してきました。また、梅の加工・生産技術も改良され、減塩梅干しや梅の成分を含む健康食品など、現代のニーズに合った加工食品も開発されています。低木林と果樹園は、独特の美しい景観を形成しています。低木林から果樹園、水田、水田に流れる水まで、さまざまな動植物の生息地となり、梅をはじめとする多くの作物の栽培を可能にしています。梅祭りや伝統的な梅料理は、この地域独特の梅文化を形成しています。限られた資源を大切に使うことで、市場原理に基づいた持続可能な農業システムを確立し、生産、加工、流通、観光など様々な部門が連携することで、約 700 億円の農産物加工産業が創出され、地域に安定した雇用を提供しています。「みなべ・田辺の梅システム」は、2015 年に FAO から GIAHS に認定されました。

2018.08.26 제5차 ERAHS 국제 컨퍼런스[1]

1 회의 개요

　　농업유산시스템 보전 및 관리와 관련된 연구에 관한 한중일 3국의 학술 교류 촉진, 농업유산 보전 및 관리 경험 공유, 지역산업 발전모델 및 유산지역 간 상호교류 및 협력을 위해 ERAHS와 일본 미나베, 다나베 시청이 주최하고, FAO, 유엔대학, 중국농학회 농업유산분과, 한국농어촌유산학회, 일본 GIAHS 네트워크와 일본 와카야마현 정부가 후원하는 제5회 동아시아 농업유산 국제 컨퍼런스가 2018년 8월 26~29일 일본 와카야마현 미나베에서 개최되었습니다. 회의에는 FAO, 일본 농림수산성, 와카야마현 정부 관계자와 한중일 농업유산 보전 분야 전문가, 임원, 기업인, 기자 등 200여명이 참석했다.

　　이번 회의의 주제는 '농업유산시스템 보전과 지속 가능한 사회'로 개회식과 기조 연설, 주제별 토론, 포스터 전시, 현장 답사 등으로 구성되었다. 개회식에서 일본 미나베 · 다나베지역 GIAHS 추진협의회 회장인 KOTANI Yoshimasa 미나베 정장과 NISAKA Yoshinobu 와카야마현 지사는 환영사를 통해 미나베 · 다나베지역의 일반 현황, 현지 전통 민속 문화, 소중한 농업 자원, 독특한 농업 유형을 소개했다. 또한 KAMIYAMA Osamu 일본 농림수산성 긴기지방 농정국 부주임도 연설을 했다.

　　ENDO Yoshihide FAO GIAHS 코디네이터, MIN Qingwen 중국과학원 지리학 자원연구소 교수, ERAHS 명예의장인 TAKEUCHI Kazuhiko 일본 동경대학 교수, LIU Haitao 중국 농업농촌부 국제교류서비스센터 프로젝트 담당관, HARA Takafumi 일본 농림수산성 농촌진흥국 농촌환경과 과장, 윤원근 협성대학 교수가 기조연설을 통해 GIAHS의 최근 발전과 전망, GIAHS 보전 및 농촌 활성화, GIAHS 보전 및 다중 이해관계자 참여, 중국의 GIAHS 개발, 일본의 GIAHS 개발, KIAHS 및 KIFHS의 진행상황을 주요 내용으로 기조 연설을 진행했습니다.

1　LI Heyao, MIN Qingwen, LIU Moucheng, ZHANG Bitian. 세계중요농업유산과 지속가능한 사회 '제5회 동아시아 농업유산 국제 컨퍼런스' 요약과 전망에서 번역함 중국 농업대학 학보 (사회과학판), 2019, 36(4): 131-136.

십년일검 ： 2013-2023년 동아시아 농업유산 보전 연구 협력 과정

다른 참석자들은 GIAHS의 세대 간 전파, 브랜드 구축, 다중 이해관계자 참여, 농촌관광 개발, 모니터링 및 평가, 생물다양성 보전 등의 주제에 대한 토론에 참여하고 각자의 연구 결과를 공유했습니다. 회의 기간 포스터 전시와 특산품 전시 활동도 진행되어 농업유산에 대한 시각적인 이해를 제공하고 와 폭넓은 교류를 촉진했습니다. 또한, 회의 참석 자들은' 미나베-다나베 매실시스템'을 현장 답사하고 기슈 이시카미 다나베 매실과수원, 기슈 빈초탄 기념공원, 와카야마 매실연구소, 미나베정 매실박물관을 견학했습니다.

2 주요 교류 성과

2.1 농업유산 보전 사업의 최근 진전

ENDO Yoshihide FAO GIAHS 코디네이터는 2017년 9월 이후 전 세계적으로 새롭게 지정된 GIAHS 프로젝트의 주요 상황, FAO 및 지역 대표부들이 별도로 주최하거나 중국, 일본, 한국 등과 공동으로 개최한 여러 학술 세미나, GIAHS 고급 교육 과정 및 제5회 GIAHS 국제 포럼의 상황, 최근 FAO GIAHS 과학자문그룹이 수행한 작업을 소개했습니다. 그는 향후 ERAHS 컨퍼런스 한중일 3국의 과학 연구 역량을 모아 GIAHS 지정 프로젝트에 대한 심층적인 과학적분석을 수행할 수 있기를 희망한다고 밝혔습니다. 그는 기후변화, 생물 다양성 보전 같은 전 세계가 직면한 문제를 배경으로 전통적인 농업지혜의 과학적 본질을 더 깊이 탐구하고 행동 계획을 개발하고평가계획을 모니터링하는 것이 중요하다고 강조했습니다.

LIU Haitao 중국 농업농촌부 국제교류서비스센터 프로젝트 담당관은 2002년 이후 중국 농업유산 보전사업에서 얻은 경험과 성과를 정리하고 GIAHS가 농업연구의 중요한 플랫폼, 전통농업의 성과를 보여주는 중요한 창구, 생태농산물 생산의 중요한 허브, 생태관광 발전을 위한 필수자원이라고 강조했습니다. 그는 중국 농업농촌부는 농업유산 보전과 활용에 대한 지원을 계속 확대할 것이라고 밝혔습니다. 일본 HARA Takafumi 일본 농림수산성 농촌진흥국 농촌환경과 과장은 일본 GIAHS 와 Japan-NIAHS의 인정기준, 절차 및 선정 프로젝트의 기본상황을 소개하고, 주민의 자부심 제고, 농산물 부가가치 향상, 지역사회 발전 및 활성화의 3가지 차원에서 농업유산 인정에 미치는 긍정적인 영향을 소개했습니다다. 윤원근 협성대학 교수는 2011년 이후 KIAHS 와 KIFHS의 발전 과정과 프로젝트 인정 상황을 간략하게 검토하

전시 및 커뮤니케이션

고, 보전 및 활용 계획, 모니터링 및 평가 체계, 농촌 복원 프로젝트 등 3가지 관점에서 현재의 관리방안을 제시하고, 향후 KIAHS와 KIFHS 관리의 발전방향을 보전지향적 접근, 농촌 토지이용계획 시스템 구축과 관광 및 관광 산업의 발전을 강조하였다.

2.2 농업유산 보전정책과 기술적 조치

농업유산시스템의 보전을 위한 정책 및 기술적 방안들은 농촌활성화의 지도 전략에 따라 크게 확대될 자세를 갖추고 있다. MIN Qingwen 중국과학원 지리학 자원연구소 교수는 농촌활성화의 전략적 배경에 대한 체계적인 검토와 China-NIAHS의 5대 특성에 대한 심층 분석을 바탕으로 농업유산지역의 특성에 맞게 자원과 '후발주자'의 이점을 충분히 활용해야 한다고 제안했습니다. 여기에는 산업 활성화, 인재 활성화, 문화 활성화, 생태 활성화, 조직 활성화를 통해 농촌 경제발전, 농촌 문화유산 보전, 농촌 사회화합과 농촌 생태건강을 실현하여 농촌 활성화의 시범 구역이 되어야 하며, 글로벌 농업 및 농촌의 지속가능한 발전을 위해 복제 가능한 "중국 템플릿" 제공하는 것이 포함됩니다.

LIU Moucheng 중국과학원 지리학 자원연구소 부교수는 '홍허 하니 다랑이논'을 예로 들며 '다목적 생산 결정 모델'을 수립해 현재의 생태 보상 정책이 농업유산지역 농가의 생산행태와 복지에 미치는 영향을 평가했습니다. ZHANG Bitian 중국과학원 지리학 자원연구소 박사과정 학생은 쓰촨성 청두시 피두구의 지표수 흐름, 지하수 공간분포 및 계절적 변화를 분석하여 전통적인 논과 밭의 윤작 모델이 수질과 공급량 차원에서 수자원의 생태계 서비스 기능을 향상시키는 데 도움이 된다고 제안했습니다. WANG Bin 중국임업과학원 아열대 임업연구소 부교수는 '피두 대나무숲과 농업문화시스템'을 사례연구로 삼아 농지 토양의 영양분 함량과 공간적 분포에 대한 실증 연구를 수행하고 다양한 토양 유형과 재배 패턴에 따른 영양분 분포의 차이를 논의했습니다

HARA Yuji 와카야마 대학 부교수는 원격탐사해석을 사용하여 '미나베-다나베 매실시스템'의 토지이용 유형의 시공간적 변화를 면밀히 조사하고 두 가지 다른 매실 재배 패턴이 농업유산의 생물다양성에 미치는 영향을 분석했습니다. 김진원동국대학 연구원은 '금산 전통 인삼농업시스템'의 식물상 특성 연구를 소개하면서 인삼재배 지역이 이끼류의 자연 서식지를 제공하고 토양 침적을 효과적으로 강화하며, 인삼재배 지역이 조성하는 미기후도 많은 종의 공존에 필요한 조건을 제공한다고 강조했습니다. 위사양 동국대학 연구원은 '화개면 전통 하동차 농업시스템'에서 현지화 식물의 특성에 관한 실증 연구를 소개하고, 전통 하동 차밭의 현지화 식물의 대다수가 중력에 의해 파종되는 단일성분 식물이라는 사실을 밝혀냈으며, 한편으로는 유산시스템에 대한 위협이 적으며, 다른 한편으로는 생물다양성에 기여한다는 사실을 발견하고 지속적인 모니터링이 필요함을 제시했습니다.

2.3 농업유산과 다양한 이해관계자의 협력

ERAHS 명예의장인 TAKEUCHI Kazuhiko 일본 동경대학 교수는 다양한

전통 공연

이해관계자간 협력의 의미와 유엔 지속가능한 개발 목표와의 관계를 설명하고 다양한 이해관계자간의 협력이 GIAHS의 동적 보전과 지속가능한 활용을 실현하는 데 중요함을 강조하고 ERAHS 교류 매커니즘을 구체적인 사례로 사용하여 지역 내, 지역 간 및 국가 간 다양한 이해관계자간 협력을 구축할 필요성을 강조했습니다. . UTSUNOMIYA Daisuke 이시카와현 스즈시 진흥사무소장은 스즈시의 '농업에 대한 어린이의 인식과 생물다양성 관계' 프로젝트의 진행상황을 소개하며 지금까지의 긍정적인 성과를 강조했습니다. TASAKI Tomonori 미야자키현 다카치호정 종합정책실장은 지역 주민들에게 유산의 가치에 대한 과학적 이해를 제공하고, 자신감과 주인의식을 높이고, 학생들의 직업개발 기회를 제공하는 것을 목표로 하는 미야자키현의 '협회-대학-지역 사회' 간의 인터랙티브 모델을 기반으로 한 'GIAHS 아카데미'의 활동을 공유했습니다.

이다영 부산대학 연구원은 KIAHS의 이해관계자 유형과 역할 분석을 통해 GIAHS 지정 후 법적 규제의 제정, 인적자원 양성 등에 더 많은 관심을 기울이고 공공 및 외부 기업의 참여채널 마련을 포함하여 농업유산지역 사업 자금원을 확대하기 위한 노력이 필요하다고 제안했습니다. 유철인 제주대학 교수는 해녀, 해녀협회, 어업협동조합, 중앙과 지방 정부, 전문가 및 학자 등 다양한 주체가 참여하는 것이 ' 제주도 해녀어업시스템'의 지속가능한 발전을 위해 중요하다고 강조했습니다. TOYODA Mitsuyo 니카다 대학 부교수는 사도시 주민들과 따오기가 조화롭게 공생하는 10년의 과정을 돌아보며 '따오기와 공생하는 사도시의 사토야마'에 대한 대중의 보전 의식이 높아지는 가운데 종 보전과 농민들의 생계유지 간의 새로운 갈등을 해결하기 위해 다양한 이해관계자들의 참여가 필요함을 강조했습니다.

2.4   농업유산과 농촌개발

유엔대학 지속가능성 고등연구소 Evonne YIU 연구원은 노토반도 노보리베츠정의 전통어업 개발 사례를 바탕으로 어업유산 보전과 '어촌관광'의 지속 가능한 발전 관계를 설명하고 어민들의 소득을 효과적으로 향상시키고 다른 어촌지역이 배울 수 있는 어촌지역의 참고할 만한 발전모델로서 어민들의 자신감과 자부심을 높이기 위해 어업유산 관련 관광개발의 중장기계획이 필요하다고 강조했습니다. Shukur RAHMAN 가나자와 대학 박사후 연구원은 문화적 시각을 활용한 사례분석을 통해 '일본 노토반도의 사토야마 사토우미' 전통문화 부흥 운동의 모습을 보여주며 지역사회 문화자원 관리의 중요성을 강조했습니다. MIN Qingwen 중국과학원 지리학 자원연구소 교수는 GIAHS 지역이 풍부한 자연, 생태, 사회문화적 자원으로 농촌활성화를 달성하는데의 중요한 기반이 된다고 지적하였다.

구진혁 지역계획연구소 누리넷 대표는 울진군 금강송보전구역의 지역 천연자원과 지역사회 참여를 통합하고 지속가능한 관광개발 추진방안을 소개하면서 농업유산 보전 목표 달성을 위해 지역 관광개발 계획이 농업유산시스템 보전목표에 부합해야 한다고 제안했습니다. 유원희 한국지방자치연구원 연구원은 '제주 밭담 농업시스템'을 예로 들며 문화적 배경에 대한 탐구와 농업생산기능 강화가 제주 밭담의 관광 잠재력을 더욱 발휘해 방문객에게 매력을 더하는데 기여할 수 있다고 제안했습니다. LI Heyao 중국과학원 지리학 자원연구소 박사과정 학생은 '당나귀-후추-돌 결합구조'를 '허베이 Shexian 건조지대 돌 계단식 밭 시스템'의 본질을 이해하기 위해 사용할 것을 제안하고, 언어체계, 마을직업, 가치체계, 개인화 및 사회화 매커니즘과 같은 측면에서 당나귀 문화를 깊게 이해하고 농업유산 체계 보전을 위해 마을문화를 탐구하는 것의 중요성을 강조했습니다. GUO Jingwei 윈난 농업대학 강사는 인류학적 시각으로 농업유산 시스템 보전을 탐구했는데, '세계화-지역화' 및 '현대화-지역화'의 딜레마를 논의하고 지역문화에 대한 인식 제고 및 학제적 관점을 배양하기 위한 전략을 제안했다. SAYA Ayaka 일본 오이타현 우사시 농정과 과장은 2013년 GIAHS로 지정된 '쿠니사키 반도 우사지역의 농림어업 통합시스템'을 예로 들며 지역 사회 리더십, 지역 사회 자원 활용 및 제도와 네트워크 개발의 융합을 강조하며 '두 공동체' 모델을 소개하고, 전통 지식의 전환과 관리가 지역 사회 인적 자원 활용의 측면에서 핵심적 부분임을 강조했다.

2.5 농업유산의 모니터링 및 평가

박윤호 한국농어촌유산학회 이사는 한국의 GIAHS/KIAHS 모니터링 및 평가실태에 대한 종합적인 개요를 소개하면서 한국 농림축산식품부가 농업유산 지정 이후 각 농업유산별로 수립된 보전 활동 계획에 따라 사업비를 지원하고, 매년 1~2회 정기점검을 실시하고, 4년차에 중간평가를 실시하고 있다고 설명했습니다. 또한, 중앙정부, 지방자치단체, 지역추진위원회 및 지역사회 주민들로 구성된 GIAHS/KIAHS 보전 및 관리체계를 활용하여 지역사회 주민의 참여와 모니터링 역량을 강화하기 위한 중장기 계획을 수립하고자 함을 설명하였다.

　KITAMURA Kenji 일본 가나자와 대학 부교수는 '노토반도의 사토야마 사토우미' 지역사회 역량강화 프로젝트에 초점을 맞춘 참여연구 프로젝트를 소개하고, 지역 주민들이 관련 교육을 통해 GIAHS의 정기적이고 동적인 모니터링을 지원하는 중요한 세력으로 성장할 수 있다고 강조했습니다. '한국 제주 밭담 농업시스템'과 '일본 지속가능한 논농업을 위한 오사기 고도의 전통적 물관리시스템'의 사례 연구를 바탕으로 김슬아 일본 소피아 대학 박사과정 학생은 일본과 한국의 참여형 GIAHS 모니터링 작업을 비교 분석하여 각각의 한계를 강조하였다. 보다 효과적이고 지속가능한 모니터링 활동을 위해서는 그 과정에서 지역 주민, 중앙/지방 정부, 연구 기관/인력, ERAHS 각각의 역할을 보다 명확하게 규정할 필요가 있다고 제안했습니다.

2.6　농업유산의 브랜드개발

　NAGATA Akira 유엔대학 지속가능성 고등연구소 객원연구원은 Notono Ippin과 같은 일본의 GIAHS 인증 농산물 상표에 대해 논의하여 상당한 시장 영향력을 강조하고 브랜드 개발의 장기적인 특성과 농산물의 품질에 대한 소비자의 높은 기대치와 농가의 생계요구 사이의 균형을 맞출 필요성을 강조했습니다. HAYASHI Hiroaki 일본 쿠니사키반도 우사지역 GIAHS 추진협의회 회장은 다다미 멍석 제조에 사용되는 러시의 전통 공예가 현대 전승에서 겪는 어려움을 분석하고 전통 러시 다다미의 가치를 인식하고 인적 자원을 육성하고 'GIAHS+지리적 표시' 상표 시스템을 개발하여 보전과 활용을 촉진할 것을 제안했습니다. AOKI Tomohiro 와카야마 현 미나베지역 진흥사무소장은 '매실 시스템(Ume System)'의 상표제작 배경과 농업유산지역의 경제 발전에 미친 긍정적인 영향을 설명했습니다.

2.7　농업유산 보전의 실무경험

　LIU Huaiming 푸젠성 유시현 부현장은 중국의 '남부 산악지형의 계단식 논' 중 하나인 '푸젠 우시 연합 계단식 논'의 보전과

현장 방문

발전방안과 효과를 제시하고, 연합 계단식 논의 '농촌 복합단지'로의 종합적인 발전 계획을 농업유산 보전 목표에 따라 수립한다는 개념을 제안했습니다. YE Xiaoxing 저장성 중국 칭위안현 식용균류 관리국 부국장은 신앙, 언어, 연곡, 무술 등의 차원에서 '저장성 칭위안 숲-버섯 공동배양시스템'의 유구하고 풍부한 표고버섯 문화를 소개하고, 표고버섯 박물관 건립과 다양한 홍보채널을 통해 표고버섯의 보전과 활용을 촉진할 것을 제안했습니다. HE Xianlin 허베이성 Shexian 농림축산국 부국장은 '허베이 Shexian 건조지역 돌 계단식 밭 시스템'의 특징을 살펴보고 지방정부가 '무엇을 보전해야 하는가'와 '어떻게 보전해야 하는가'라는 두 가지 주요 문제를 중심으로 일련의 실질적인 탐색을 진행했으며, 이러한 접근 방식이 어떻게 다양한 이해관계자의 참여를 통해 유산보전과 활용을 지속적으로 추진했는지를 강조했습니다.

NAKAMURA Koji 가나자와 대학 명예교수는 노토반도에서 실시하는 인재양성 프로그램 및 일본과 필리핀의 GIAHS 보전과 활용 국제협력 프로그램을 소개함으로써 새로운 농업인재 양성이 농업유산지역 인구 감소와 농업 위축 문제를 해결하는 데 유리하고, 국제협력 프로그램을 통해 국가들간의 유산지역 젊은이들 간의 교류를 촉진할 수 있다고 주장했습니다. NAITO Naoki 일본 도쿠시마 대학 부교수는 '니시-아와 급경사지 농업시스템'의 연구 사례를 통해 크라우드펀딩 운동이 GIAHS 보전에 더 많은 시민들의 참여를 유도하는데 도움이 되며, 도시 주민과 농업유산 지역주민 사이의 정보소통 네트워크와 이해사슬을 구축하는 데 도움이 된다고 주장했습니다. TAKEMOTO Masatada 미야기현 오사키시 GIAHS 추진협회장과 김종구 전라남도 담양군 과장은 각각 '일본 오사키 고도의 지속가능한 논농업을 위한 전통 물관리시스템'과 '담양 대나무밭 농업시스템'에 대해 간략히 설명했습니다.

3 요약 및 전망

이번 회의에서 전문가와 학자들은 GIAHS 보전 목표, 개발전략, 모니터링 및 평가시스템 구축, 농업유산시스템의 자원 개발 및 활용 등에 대한 기본 공감대를 형성했지만 다학제간 교류, 농업유산 전시 및 소개, 국제간 협력 교류 등 은 여전히 개선의 여지가 있었습니다. 따라서 향후 GIAHS의 지속 가능한 발전을 위해 다음과 같은 기대치를 제시했습니다.

(1) 과학적 함의의 발굴, 다학제간 연구 및 분석

이번 학술대회의 학술 발표를 보면 전문가와 학자들은 주로 지리학, 생태학, 교육학, 문화인류학적 관점에서 관련 연구 성과를 제시하였다. 그러나 학문분야의 다양성이 부족하고 GIAHS의 과학적 근거를 더 깊이 탐구해야 한다. 현대 과학의 발전 흐름과 추세를 고려할 때 농학, 경제학, 역사학, 사회학 등의 분야에서 더 많은 연구자들이 더 폭넓은 실증 연구와 학제간 연구에 참여하기를 희망합니다. 이를 통해 농업유산의 생명력에 영향을 미치는 역동적인 매커니즘을 밝힐 수 있으며, 따라서 동적 보전와 지속 가능한 개발을 위한 과학적 근거를 제공할 수 있을 것입니다.

(2) 문화적, 창의적 개념 통합, 다양한 채널을 통한 전시와 홍보

이번 학술대회에서는 한중일 농업유산지역 관계자 7명이 농업유산 보전과 활용 경험을 주제로 특별 발표를 했다. 발표자들은 발전사, 제도적 특징, 특색있는 생산물, 보전 및 관리 방법 등에 초점을 맞추었고, 유산의 전형적인 사례 분석, 과학적 측면에 대한 심층적인 분석에는 관심을 기울이지 않았다. 앞으로는 농업유산에 대한 일반적인 소개 내용은 줄여야 할 것 같습니다. 대회 기간 열린 전시 세션에서는 '한국 제주 밭담 농업시스템'의 로고 배지와 '일본 아소 초원의 지속가능한 농업관리'의 삼목 아로마 기름 및 나무 물컵이 예외적으로 특색이 있었고, 이를 제외하고는 대부분 홍보 브로셔와 다양한 농업유산 지역의 특색있는 농산물을 선보였습니다. 농업유산은 농산물의 심층적인 가공, 포장디자인, 홍보, 판촉활동에 문화적, 창의적 개념을 더 많이 접목하고, 한편으로는 현대적인 수단을 통해 유산의 특징을 충분히 보여주며 다른 한편으로는 제품의 부가가치를 높이고 브랜드 구축을 촉진하고 농민 소득을 높이는 데 도움이 될 것을 권장합니다.

(3) 공동의 발전과 다학제적 교류를 위한 자매결연짝을 맞춰서 발전을 도모하고
다분야 간의 상호교류를 촉진함

우리는 '자매결연' 접근법을 통해 각국의 농업유산지역 특히 생태환경 조건, 자연경관 특성, 역사문화적 기원 등이 유사한 농업유산지역 간의 다학제적 교류 및 협력의 필요성과 중요성을 제안했습니다.

일본 미나베-다나베 매실시스템

매실은 식용이나 약용으로 1300년 전부터 일본에서 높은 가치를 지니고 있는 작물이었습니다. 매실장아찌는 보관이 쉽고 식중독 예방, 피로회복 등 약효가 뛰어나 매일 반찬으로 섭취되어 왔습니다. '미나

건조 매실

베-다나베 매실시스템'은 영양분이 부족한 토양의 경사지를 활용해 고품질의 매실을 지속적으로 생산해 온 독특한 시스템입니다. 이 지역의 2012년 매실 생산량은 연간 약 44,000톤(2012년 기준)으로 일본 전체 매실 생산량의 약 50%를 차지하고 있습니다. 단위면적당 생산량은 10a당 약 1.5톤으로 일본의 다른 매실 생산지역의 약 2배에 달합니다.

　미나베-다나베 지역의 적토 경사지는 일반 농업과 임업에 사용하기 어렵지만, 생계를 위해 약 400년 전부터 현지에 적합한 매실을 재배하기 시작했습니다. 매실 과수원 근처와 가파른 경사면을 따라 관목림을 보존하여 유역을 보전하고 영양분을 보충하고 붕괴를 방지하는 역할을 가지고 있습니다. 매실재배를 지속하고 확대하면서 사람들은 매실을 지속적으로 개량하고 다양한 유전자원을 재배하며 지역에 적합한 우수한 품종을 만들어 냈습니다. 또한 사람들은 매실가공 및 생산기술을 개선하고 저염매실, 매실성분을 함유한 건강식품 및 기타 건강 제품과 같은 현대의 요구를 만족시키는 가공식품을 개발했습니다. 관목림과 매실 과수원은 독특하고 아름다운 경관을 형성했습니다. 관목림에서 매실 과수원, 논과 밭으로 물이 흐르면서 다양한 동식물의 서식지를 제공할 뿐만 아니라 매실을 비롯한 많은 농작물의 재배가 가능해졌습니다. 매실 공양축제, 매실 전통요리 등 이 지역 특유의 매실문화가 형성되었습니다. 지역의 한정된 자원의 활용을 통해 유산 지역은 시장을 기반으로 지속가능한 농업시스템을 구축하고 생산, 가공, 유통, 관광 등 다양한 부문의 연계를 통해 약 700억 엔 규모의 매실산업을 창출하여 지역의 안정적인 일자리를 창출했습니다. '미나베-다나베 매실시스템'은 2015년 FAO에 의해 GIAHS로 지정되었습니다.

2018.08.26 The 5th ERAHS Conference[1]

1 Overview

To promote academic exchange among China, Japan, and South Korea in AHS conservation, management, and related research, and to share experiences in AHS conservation and management, regional industrial development models, and facilitate mutual exchange and cooperation among agricultural heritage sites, the 5th ERAHS Conference took place from August 26 to 29, 2018, in Minabe-cho, Wakayama Prefecture, Japan. The conference was hosted by ERAHS, Minabe-cho, Tanabe City, with the support of FAO, UNU, CAASS-AHSB, KRHA, J-GIAHS, and Wakayama Prefecture government. Over 200 participants attended, including representatives from FAO, MAFF, officials from Wakayama Prefecture government, and experts, managers, entrepreneurs, and journalists in the AHS conservation field from China, Japan, and South Korea.

The theme of the conference was "Agricultural Heritage System Conservation and Sustainable Society", comprising an opening ceremony with keynote speeches, thematic discussions, poster exhibitions, and field visits. During the opening ceremony, KOTANI Yoshimasa, the President of Minabe-Tanabe Regional Association for GIAHS Promotion and the Mayor of Minabe-cho, along with NISAKA Yoshinobu, the Governor of Wakayama Prefecture, delivered welcoming speeches, introducing the basic information of the Minabe-Tanabe region, its rich traditional folk culture, valuable agricultural resources, and unique agricultural practices. KAMIYAMA Osamu, Deputy Director of Kinki Regional Agricultural Administration Office, MAFF, also delivered remarks.

ENDO Yoshihide, the FAO GIAHS Coordinator, Professor MIN Qingwen from CAS-IGSNRR, Project Professor TAKEUCHI Kazuhiko from the University

1 Translated from LI Heyao, MIN Qingwen, LIU Moucheng, ZHANG Bitian. Globally Important Agricultural Heritage Systems and Sustainable Society - Review and Outlook of the 5th ERAHS Conference. Journal of China Agricultural University (Social Sciences Edition), 2019, 36(4): 131-136.

of Tokyo and Honorary Chair of ERAHS, LIU Haitao, Project Officer at Center of International Cooperation Service, Ministry of Agriculture and Rural Affairs of China (MARA), HARA Takafumi, Director of Rural Environment Division at MAFF, and Professor YOON Won-keun from Hyupsung University delivered keynote speeches on recent developments and future prospects of GIAHS, GIAHS conservation and rural revitalization, multi-stakeholder participation in GIAHS conservation, GIAHS development in China, GIAHS development in Japan, and the progress of KIAHS and KIFHS.

Other participants engaged in discussions and shared research findings on topics such as intergenerational transmission in GIAHS, brand building, multi-stakeholder participation, rural tourism development, monitoring and assessment, and biodiversity conservation. The conference also featured poster displays and showcases of unique products, providing a visual understanding of AHS and fostering extensive exchanges among participants. Participants also visited the "Minabe-Tanabe Ume System, Japan", exploring the Kishu Ishigami Tanabe Bairin Ume Orchard, the Kishu Binchotan Memorial Park, the Wakayama Ume Research Institude, and the Minabe Town Ume Promotion Museum.

2　Main Achievements

2.1　Recent Advances in AHS Conservation

FAO GIAHS Coordinator, ENDO Yoshihide, provided a comprehensive overview of the new GIAHS projects recognized globally since September 2017, conferences organized by FAO and regional representatives, including independent or joint initiatives with countries such as China, Japan, and South Korea, advanced training courses, the 5th International Forum on GIAHS, and recent efforts by the GIAHS Scientific Advisory Group. Yoshihide expressed the hope that future ERAHS conferences could bring together the scientific research efforts of China, Japan, and South Korea to conduct in-depth scientific analyses of GIAHS designation projects in terms of natural ecology and socio-economic aspects. He emphasized the importance of delving deeper into the scientific essence of traditional agricultural wisdom and developing action plans and monitoring

Publicity and display

evaluation schemes against the backdrop of global issues like climate change and biodiversity conservation.

Summarizing China's experiences and achievements in AHS conservation since 2002, LIU Haitao, an official from Center of International Cooperation Service, MARA, highlighted GIAHS as a crucial platform for agricultural cultural research, a vital window showcasing traditional agricultural accomplishments, an important production hub for ecological agricultural products, and an essential resource for developing eco-tourism. He affirmed China's commitment to increasing support for AHS conservation and utilization. HARA Takafumi, Director of Rural Environment Division at Rural Development Bureau of MAFF, systematically introduced the designation criteria, processes, and basic information of Japan's GIAHS and Japan-NIAHS, and discussed the positive impacts generated by AHS designation in Japan in boosting residents' pride, increasing the added value of agricultural products, and promoting community development and revitalization. After briefly reviewing the development and project designations of KIAHS and KIFHS since 2011, Professor YOON Won-keun from Hyupsung University presented the current management measures from three perspectives of protection and utilization planning, monitoring and evaluation, and rural recovery, and proposed future development directions for KIAHS and KIFHS management, emphasizing a protection-oriented approach, the establishment of rural land-use planning systems, and the promotion of tourism and sightseeing industries.

2.2　Policies and Technical Measures of AHS Conservation

The policies and technical measures for AHS conservation are poised for significant expansion under the guiding strategies of rural revitalization. Following a systematic review of the strategic backdrop of rural revitalization and an in-depth analysis of the five key characteristics of China-NIAHS, Professor MIN Qingwen from CAS-IGSNRR suggested that agricultural heritage sites should fully capitalize on resources and their "latecomer" advantage. This includes achieving rural economic development, rural cultural heritage preservation, harmonious rural society, and rural ecological health through industry revitalization, talent revitalization, cultural revitalization, ecological revitalization, and organizational revitalization, so as to become demonstration zones for rural revitalization and provide a replicable "Chinese template" for global agricultural and rural sustainability.

Using the "Honghe Hani Rice Terraces" as an example, Associate Professor LIU Moucheng from CAS-IGSNRR presented a "multi-objective production decision model" to assess the impact of current ecological compensation policies on the production behavior and well-being of farmers in agricultural heritage sites. Analyzing surface runoff, groundwater spatial distribution, and seasonal variations in Chengdu's Pixian District, Ph.D. candidate ZHANG Bitian from CAS-IGSNRR proposed that the traditional water-rice rotation system enhances the ecosystem service functions of water storage resources in terms of water quality and supply. Taking the "Pidu Bamboo Forest and Farming Culture System" as a case study, Associate Professor Wang Bin from the Research Institute of Subtropical Forestry, Chinese Academy of Forestry, conducted empirical research on the nutrient content and spatial distribution of farmland soil, and explored the variations in nutrient distribution under different soil types and cultivation patterns.

HARA Yuji, Vice Professor at Wakayama University, Japan, employed remote sensing interpretation to scrutinize the spatiotemporal variations in land use types within the "Minabe-Tanabe Ume System, Japan", and explored the impact of two distinct Ume cultivation patterns on the biodiversity of the agricultural heritage sites. KIM Jin-won, a research assistant at Dongguk University in South

Keynote speech

Korea, introduced the study on plant community characteristics in the "Geumsan Traditional Ginseng Agricultural System,South Korea", and underscored the role of ginseng cultivation areas as natural habitats for mosses, fostering soil deposition and creating microclimates conducive to the coexistence of diverse species. Researcher WEI Siyang from Dongguk University in South Korea presented empirical research on the characteristics of domesticated plants in the "Traditional Hadong Tea Agrosystem in Hwagae-myeon, South Korea", and found that the majority of domesticated plants in traditional Hadong Tea gardens are monocomponent plants that are dispersed by gravity and pose minimal threats to the heritage system while contributing to biodiversity, which requires continuous monitoring.

2.3 AHS and Multi-Stakeholder Collaboration

TAKEUCHI Kazuhiko, the Honorary Chairman of ERAHS and Project Professor at the University of Tokyo, elucidated the meaning of multi-stakeholder collaboration and its relationship with the United Nations Sustainable Development Goals. He emphasized the vital significance of multi-stakeholder collaboration in achieving dynamic protection and sustainable utilization of GIAHS, and the need to establish multi-stakeholder collaboration within regions, between regions, and among countries using the ERAHS exchange mechanism as a specific example. UTSUNOMIYA Daisuke, the Director of the Office of Suzu City Government in Ishikawa Prefecture, Japan, introduced the progress of the Suzu City project "Children's Perception of Agriculture and Biodiversity Relationship", highlighting the positive outcomes achieved so far. TASAKI Tomonori, the Director of the Policy Management Office, Takachiho Town, Miyazaki Prefecture, Japan, shared the activities of the "GIAHS Academy" based on the "Association-University-Community" interactive model, which aims to provide local residents with a scientifically informed understanding of heritage value, boost their confidence and sense of ownership, and offer opportunities for students' career development.

Examining the types and roles of stakeholders in KIAHS, South Korea Pusan National University research fellow LEE Da-yung suggested a heightened focus on the formulation of legal regulations and the development of human resources post-GIAHS recognition, and that efforts should be made to broaden the funding sources for agricultural heritage sites, including creating participation channels for the public and external enterprises. Professor IN Yoo-chul from Jeju National University emphasized the importance of diverse stakeholders, such as Haenyeo, Haenyeo associations, rural fishing cooperatives, central and local governments, and experts and scholars, in the sustainable development of the "Jeju Haenyeo Fisheries System, South Korea". Reflecting on a decade of harmonious coexistence

Display and Communication

between Sado Island residents and the Japanese Crested Ibis, Associate Professor TOYODA Mitsuyo from Niigata University in Japan highlighted the necessity for multi-stakeholder participation in resolving emerging conflicts between species protection and farmers' livelihoods as public awareness of the need to protect the "Sado's *Satoyama* in Harmony with Japanese Crested Ibis" increases.

2.4   AHS and Rural Development

Drawing on the example of traditional fisheries development in Noboribetsucho on the Noto Peninsula, UNU-IAS research assistant Evonne YIU elucidated the relationship between fisheries heritage conservation and sustainable "blue tourism" development, and emphasized the need for mid-to-long-term planning in tourism development related to fisheries heritage to effectively improve fishermen's income, and enhance their confidence and pride as a development model that other coastal areas can learn from. RAHMAN Shukur, a postdoctoral researcher at Kanazawa University in Japan, presented the situation of the "Noto's *Satoyama* and *Satoumi*, Japan" traditional cultural revival movement in Noto, Japan, from a cultural perspective and case analysis, underscoring the importance of community cultural resource management. Professor MIN Qingwen from CAS-IGSNRR pointed out that GIAHS areas constitute a crucial foundation for achieving rural revitalization with their rich natural, ecological, and socio-cultural resources.

Introducing the practices of Uljin gun's Geumgangsong Pine Protection Area in integrating local natural resources, community involvement, and promoting sustainable tourism development, GU Jin-hyuk, the Chief Executive Officer of Korea Regional Planning Institute, proposed that local tourism development plans should align with the goals of AHS conservation. Taking the "Jeju Batdam Agricultural System, South Korea" as an example, YOU Won-hee Kani, the Director of Research Institute for Regional Government & Economy, suggested that exploring cultural backgrounds and strengthening agricultural production functions contribute to further develop the tourism potential of Jeju Batdam, enhancing its attractiveness to visitors. LI Heyao, a Ph.D. student from CAS-IGSNRR, suggested using the "Donkey-Pepper-Dry Stone Coupled Structure" to better understand the essence of the "Hebei Shexian Dryland Stone Terraced System", delved into the donkey culture from aspects like language systems, village occupations, value systems, and personalization and socialization mechanisms, and emphasized the significance of exploring village culture for AHS conservation. GUO Jingwei, a lecturer at Yunnan Agricultural University of China, explored the conservation of AHS from an anthropological perspective, discussed the dilemmas of "globalization-localization" and "modernization-localization" and suggested strategies to enhance local cultural awareness and cultivate interdisciplinary viewpoints. SAYA Ayaka, Director of the Agricultural Division, Usa City, Oita Prefecture, Japan, used the example of the "Kunisaki Peninsula Usa Integrated Forestry, Agriculture and Fisheries System" in Japan, which was designated as a GIAHS in 2013, to showcase the evolving "Two-Community" model explored by the villages, emphasizing the fusion of community leadership, resource utilization, and institutional/network development, and underscored the pivotal role of converting and managing traditional knowledge as a key aspect of harnessing community human resources.

2.5　AHS Monitoring and Evaluation

Director PARK Yoon-ho from KRHA provided a comprehensive overview of the GIAHS/KIAHS monitoring and assessment practices implemented in South Korea, highlighted that MAFRA provides project funding based on the conservation action plans developed for each agricultural heritage sites, and regular inspections are conducted one to two times annually, with a mid-term assessment in the fourth year. Also, by leveraging the GIAHS/KIAHS conservation and management system, composed of the central government, local government, local executive committees, and community residents, South Korea aims to formulate medium to long-term plans to enhance local community participation and monitoring capabilities.

Associate Professor KITAMURA Kenji from Kanazawa University in Japan introduced a participatory research project focused on the capacity building of the "Noto's *Satoyama* and *Satoumi*, Japan" community, and emphasized that relevant training can empower local residents to become crucial forces supporting the

Field visit

regular and dynamic monitoring of GIAHS. Based on the case studies of "Jeju Batdam Agricultural System, South Korea" and "Osaki Kôdo's Traditional Water Management System for Sustainable Paddy Agriculture, Japan", Research Assistant KIM Seula from Sophia University in Japan conducted a comparative analysis of the participatory GIAHS monitoring practices in Japan and South Korea, highlighting the shortcomings in both. She suggested that, for more effective and sustainable monitoring activities, it is required to more clearly define the roles of local residents, central/local governments, research institutions/staff, and ERAHS in the process need to be more clearly defined.

2.6　AHS Brand Building

UNU-IAS Visiting Research Fellow NAGATA Akira discussed Japan's GIAHS-related certified agricultural product labels, such as "Noto no Ippin", underscoring their substantial market influence, and emphasized the long-term nature of brand development and the necessity to strike a balance between consumers' high expectations for agricultural product quality and farmers' livelihood needs. HAYASHI Hiroaki, Chair of the Council for the Promotion of GIAHS in Kunisaki Peninsula Usa Area, analyzed the challenges facing the preservation of traditional rush tatami-making techniques, proposed methods such as promoting the value of traditional rush tatami, cultivating human resources, and developing a "GIAHS + Geographical Indication" label system to foster the conservation and utilization of this traditional craft. AOKI Tomohiro, Director of the Minabe Town Office, Wakayama Prefecture, introduced the background of the creation of the "Ume System" trademark and its positive impact on the economic development of the agricultural heritage sites.

2.7 Practical Insights into AHS Conservation

Deputy County Magistrate LIU Huaiming from Youxi County, Fujian Province, China, presented the conservation and development measures, along with their effectiveness, for the "Youxi Lianhe Terraces", one of China's "Rice Terraces in Southern Mountainous and Hilly Areas", and proposed the concept of formulating a comprehensive development plan for the United Terraces "Rural Complex" strictly in line with AHS conservation goals. YE Xiaoxing, Deputy Director of the Edible Fungi Administration Bureau, Qingyuan County, Zhejiang Province, China, delved into the rich and historical culture of shiitake mushrooms represented by the "Zhejiang Qingyuan Forest—Mushroom Co-culture System", covering aspects such as beliefs, language, drama, martial arts, and more, and recommended promoting its conservation and utilization through the construction of a mushroom museum and various promotional channels. Starting with the characteristics of the "Hebei Shexian Dryland Stone Terraced System", HE Xianlin, Deputy Director of the Agriculture and Animal Husbandry Bureau in Shexian, Hebei Province, China, emphasized how the local government engaged in a series of practical explorations centered around the two fundamental questions of "what to preserve" and "how to preserve", and how this approach continuously propelled heritage conservation and utilization with the involvement of multiple stakeholders.

Drawing on the talent development program implemented by Kanazawa University in the Noto Peninsula and the international collaboration project on GIAHS conservation and utilization between Japan and the Philippines, Emeritus Professor NAKAMURA Koji from Kanazawa University in Japan delved into the role of cultivating modern farmers in addressing population outflow and agricultural contraction in agricultural heritage sites, and believed that international collaboration projects can stimulate exchanges among young individuals in agricultural heritage sites across different countries. Associate Professor NAITO Naoki from Tokushima University in Japan, using the research case of "Nishi-Awa Steep Slope Land Agriculture System, Japan", argued that crowdfunding is beneficial in attracting more citizens to participate in GIAHS conservation, and it helps establish an information communication network and a chain of interests connecting urban residents and those in AHS communities. TAKEMOTO Masatada, Director of the GIAHS Promotion Association of Osaki City, Miyagi Prefecture, and KIM Jong-koo, Director of Damyang County in Jeollanam-do, South Korea, provided an overview of "Osaki Kôdo's Traditional Water Management System for Sustainable Paddy Agriculture, Japan" and "Damyang Bamboo Field Agriculture System, South Korea", respectively.

3   Summary and Outlook

At this conference, experts and scholars have largely reached a consensus on the conservation goals, development strategies, and the construction of monitoring and assessment systems for GIAHS, as well as the exploration and utilization of resources in AHS. However, there is still room for improvement in multidisciplinary exchanges, showcasing and introducing agricultural heritage sites, and international paired exchanges. Therefore, we present the following expectations for the sustainable development of GIAHS in the future:

(1) Unearthing Scientific Significance through Multidisciplinary Exploration and Analysis

Examining the academic presentations at this conference, experts mainly showcased research results from geographical, ecological, educational, and cultural anthropology perspectives. However, there is a lack of diversity in disciplines, and the exploration of the scientific significance of GIAHS remains insufficient. Considering the current trend in modern scientific development, we hope to attract more researchers from fields such as agronomy, economics, history, and sociology, to participate in broader empirical and interdisciplinary research. This can further reveal the dynamic mechanisms affecting the vitality of agricultural heritage sites, therefore providing a scientific basis for its dynamic conservation and sustainable development.

(2) Integrating Cultural and Creative Concepts for Diverse Promotional Approaches

In this conference, seven officials from agricultural heritage sites in China, Japan, and South Korea presented their experience in AHS conservation and utilization through special reports. These reports mainly focused on development history, systemic features, distinctive products, and conservation management methods, and paid less attention to in-depth analysis of typical cases and the scientific aspects of heritage. In the future, generic introductions to AHS should be reduced. The exhibition segment of the conference featured mostly promotional brochures and distinctive agricultural products from various agricultural heritage sites, with the only exceptions being the badges for "Jeju Batdam Agricultural System, South Korea" and the cedar oil and wooden cups for the "Managing Aso Grasslands for Sustainable Agriculture". It is recommended that agricultural heritage sites integrate cultural and creative concepts more extensively into the deep processing, packaging design, and promotional activities of agricultural products, so as to fully showcase the heritage features through modern means, and contribute to increasing the added value of products, promoting brand building, and boost farmers' income.

(3) Paired Development and Cross-Domain Interactive Communication

We should enhance communication and collaboration among agricultural heritage sites from different countries, especially those with similar ecological conditions, natural landscape features, and historical and cultural origins, through the "paired development" approach. Additionally, promoting multi-disciplinary visits, exchanges, and cooperation between agricultural heritage sites with shared characteristics can further enrich interactions.

Minabe-Tanabe Ume System, Japan

As both food and medicine, ume (Japanese apricot) have been a highly valued crop in Japan from about 1,300 years ago. Pickled ume keep well and have excellent medicinal effects including the prevention of food poisoning and recovery from fatigue, and have been consumed daily as a Japanese side dish. The Minabe-Tanabe Ume System is a unique system which has sustainably produced high-quality ume by making use of slopes with rudaceous soil, which is poor in nutrients. The production of ume in this region comes to about 44,000 t annually (2012), accounting for about 50% of Japan's total production. Yield per unit area is high, at about 1.5 t per 10 a, which is about twice that of Japan's other ume-producing districts in Japan.

The steeply inclined mountainous parts of this site with their rudaceous soils could not be used for the usual kinds of agriculture and forestry. Therefore, to make a living, about 400 years ago people started cultivating ume, which can be produced even under these conditions. They have also maintained mixed forests as coppice forests. By maintaining coppice forests near ume orchards and along the ridges of steep slopes, people have endowed them with functions including watershed conservation, nutrient replenishment, and slope collapse prevention. While sustaining and expanding ume cultivation, people have continually improved ume, nurtured diverse genetic resources, and created outstanding varieties that are adapted to this site, of which the Nanko variety is representative. People have refined techniques for ume processing as well as production, developing worry-free and safe processed foods that meet modern needs, such as flavored umeboshi with reduced salt, health foods that use ume ingredients, and other healthful applications. The coppice forests and ume orchards formed a unique and beautiful landscape. The flow of water from coppice forests to ume orchards to rice paddies and fields has maintained a habitat for a large and diverse variety of flora and fauna, and has enabled the cultivation of ume and many other agricultural crops. An ume offering festival,a traditional culinary culture which uses ume, and other features constitute an ume culture that is unique to this site.The accumulated efforts of people to carefully utilize the limited resources of the locality established a sustainable agricultural system based primarily on ume, and have now created an ume industry said to be worth about ¥70 billion through the coordination of diverse sectors such as production, processing, distribution, and tourism, thus bringing stable local employment. The Minabe-Tanabe Ume System was designated as a GIAHS by FAO in 2015.

2018.08.28 ERAHS第十次工作会议

  ERAHS第十次工作会议于2018年8月28日在日本和歌山县南部町召开。ERAHS第五届执行主席、日本金泽大学荣誉教授NAKAMURA Koji主持会议，共同主席、中国科学院地理科学与资源研究所研究员闵庆文和韩国协成大学教授YOON Won-keun以及中日韩三国有关专家学者、农业文化遗产地代表20余人参加了会议。会议就"第五届东亚地区农业文化遗产学术研讨会"进行了总结，对日本方面的成功组织给予了肯定和赞赏，并讨论了会议成果出版、研究会发展方向以及深化未来合作等问题。根据轮值规则，选举韩国协成大学教授YOON Won-keun为ERAHS第六届执行主席，中国科学院地理科学与资源研究所研究员闵庆文和日本金泽大学荣誉教授NAKAMURA Koji为共同主席，并决定第六届学术会议于2019年5月在韩国庆尚南道河东郡举行。

参会人员讨论

2018.08.28 ERAHS第10回作業会合

　2018年8月28日、ERAHS第10回作業会合が和歌山県みなべ町で開催され、ERAHS第5回会議議長の金沢大学の中村浩二名誉教授が司会を務め、中国科学院地理科学・資源研究所のMIN Qingwen教授と韓国協成大学のYOON Won-keun教授が共同議長を務め、日中韓3か国からの専門家や学者、農業遺産地域の代表者20人以上が出席しました。会議では、「第5回東アジア農業遺産学会」を総括し、日本側の成功裏の開催を確認・評価するとともに、会議の成果の公表、研究所の発展方向、今後の協力関係の深化などについて議論しました。持ち回り規則により、韓国協成大学のYOON Won-keun教授が第6回ERAHS会議議長に、中国科学院地理科学・資源研究所のMIN Qingwen教授と金沢大学の中村浩二名誉教授が共同議長に選出され、2019年5月に韓国慶尚南道ハドン郡で第6回ERAHS会議を開催することが決定されました。

2018.08.28 ERAHS 제10차 실무 회의

     ERAHS 제10차 실무 회의는 2018년 8월 28일 일본 와카야마현 미나베 지역에서 개최되었습니다. ERAHS 제5기 집행의장인 NAKAMURA Koji 일본 가나자와 대학 명예교수가 회의를 주재하고 공동의장을 맡은 MIN Qingwen 중국과학원 지리학 자원연구소 교수와 윤원근 협성대학 교수, 한중일 3국 관계 전문가, 농업유산지역 대표 20여명이 참석했습니다. 회의에서는 '제5회 동아시아 농업유산 국제 컨퍼런스'를 총평하고 일본측의 성공적인 개최를 인정하고 찬사를 보냈으며, 회의 결과의 출판과 향후 가능한 협력을 논의했습니다. 순번 규정에 따라 윤원근 협성대학 교수를 제6차 ERAHS 집행의장으로 선정하고 MIN Qingwen 중국과학원 지리학 자원연구소 교수와 NAKAMURA Koji 일본 가나자와 대학 명예교수가 공동의장으로 선출되었으며, 제6회 ERAHS 국제 컨퍼런스를 2019년 5월 한국 경상남도 하동군에서 개최하기로 결정했습니다.

2018.08.28 The 10th Working Meeting of ERAHS

The 10th ERAHS Working Meeting was convened on August 28, 2018, in Minabe-cho, Wakayama Prefecture, Japan. Emeritus Professor NAKAMURA Koji from Kanazawa University, the Executive Chair of the 5th ERAHS Conference, presided over the meeting and the meeting was attended by more than 20 participants, including Co-Chairs of the 5th ERAHS Conference, Professor MIN Qingwen from CAS-IGSNRR and Professor YOON Won-keun from Hyupsung University, along with other experts, scholars, and representatives from agricultural heritage sites in China, Japan, and South Korea. The participants reviewed the achievements of the 5th ERAHS Conference, praised the successful organization by the Japanese hosts, and discussed matters such as the publication of conference outcomes, future development directions, and further collaboration. Following the rotational schedule, it was decided that the 6th ERAHS Conference would be held in May 2019 in Hadong County, Gyeongsangnam-do, South Korea. Professor YOON Won-keun from Hyupsung University was elected as the Executive Chair, and Professor MIN Qingwen from CAS-IGSNRR and Emeritus Professor NAKAMURA Koji from Kanazawa University would serve as Co-Chairs.

2019.02.26 ERAHS 第十一次工作会议

ERAHS第十一次工作会议于2019年2月26日在韩国首尔召开。中国、日本和韩国秘书处首先就"第五届东亚地区农业文化遗产学术研讨会"之后各国在推动农业文化遗产保护与管理方面取得的进展进行了简单汇报。随后对拟于5月19—22日在韩国河东郡举行的"第六届东亚地区农业文化遗产学术研讨会"方案进行了详细讨论。经研究，会议的主题定为"农业和渔业文化遗产助力乡村发展"，会期3天，共设置6个分会场，由7个主旨报告和30个专题报告组成。会后将考察"韩国花开传统河东茶农业系统"，包括野生茶园、河东茶文化博物馆、河东茶研究所等。会议还将提供展位进行农业文化遗产地海报以及产品展示，并在国际期刊上组织专刊发表优秀会议文章。

ERAHS成员还参加了2月25日在首尔举行的"农业文化遗产保护与利用国际研讨会"。中国科学院地理科学与资源研究所研究员闵庆文、韩国光州全南研究院研究员KIM Jun、联合国大学可持续性高等研究所客座研究员NAGATA Akira、韩国农渔村遗产学会主任PARK Yoon-ho分别就中国农业文化遗产保护和利用的经验、KIFHS的保护和利用、日本的GIAHS保护和利用和KIAHS的保护和利用作主题报告。韩国协成大学荣誉教授YOON Won-keun主持讨论会，中国科学院地理科学与资源研究所副研究员焦雯珺、联合国大学可持续性高等研究所项目官员NAGAI Mikiko、韩国釜山大学教授LEE Yoo-jick、韩国农林畜产食品部农业博物馆规划组副主任JUNG Jang-sig和韩国海洋水产开发院研究员RYU Jeong-gon参与讨论会，分享了对农业文化遗产保护与利用的主要观点，并与参会人员进行了互动。

参会人员讨论

2019.02.26 ERAHS第11回作業会合

　　ERAHS第11回作業会合は、2019年2月26日に韓国ソウルで開催されました。中国、日本、韓国の事務局からは、まず「第5回東アジア農業遺産学会」後の農業遺産の保全・管理推進における各国の進捗状況について簡単な報告がなされました。その後、5月19日から22日まで韓国ハドン郡で開催される「第6回東アジア農業遺産学会」のプログラムについて詳細な議論が行われました。会議のテーマは「農村開発のための農業遺産」で、6つのセッション、7つの基調講演と30のプレゼンテーションから構成され、3日間開催されます。会議終了後には、野生の茶園、ハドン茶文化館、ハドン茶研究所など「韓国ファゲ面における伝統的ハドン茶栽培システム」の現地視察が行われます。農業遺産地域のポスターや製品を展示するブースが設けられ、優れた論文を掲載する国際ジャーナルの特別号が発行されます。

　　ERAHSのメンバーは、2月25日にソウルで開催された「農業遺産の保全と活用に関する国際シンポジウム」にも参加しました。中国科学院地理科学・資源研究所のMIN Qingwen教授、韓国光州全南研究院のKIM Jun研究員、国際連合大学サステイナビリティ高等研究所の永田明客員研究員、

会議でのディスカッション

韓国農漁村遺産学会のPARK Yoon-ho理事はそれぞれ、中国における農業遺産保全と活用の経験、KIFHSの保全と開発、日本におけるGIAHSの保全と発展、KIAHSの保全と発展について発表を行いました。韓国協成大学のYOON Won-keun名誉教授はディスカッションの司会を務め、中国科学院地理科学・資源研究所のJIAO Wenjun副研究員、国際連合大学サステイナビリティ高等研究所のNAGAI Mikikoプロジェクトオフィサー、韓国釜山大学のLEE Yoo-jick教授、韓国農林畜産食品部農業博物館推進チームのJUNG Jang-sig副主任と韓国海洋水産開発院のRYU Jeong-gon研究員がディスカッションに参加し、農業遺産の保全と活用に関する重要な視点を共有し、参加者と交流しました。

2019.02.26 ERAHS 제11차 실무 회의

    ERAHS 제11차 실무 회의는 2019년 2월 26일 서울에서 개최되었습니다. 먼저 중국, 일본과 한국의 사무국은 '제5회 동아시아 농업유산 국제 컨퍼런스' 이후 각국의 농업유산의 보존 및 관리를 추진해온 추진경과를 간략히 소개했습니다. 이어 5월 19일부터 22일까지 하동군에서 개최될 예정인 '제6회 동아시아 농업유산 국제 컨퍼런스'의 주제와 일정 등을 상세히 논의했습니다. 진지한 검토 후 '제6회 동아시아 농업유산 국제 컨퍼런스'의 주제는 '농업유산을 통한 농촌지역개발'로 정하고 3일간 총 6개의 분과세션, 7개의 기조 연설, 30개의 학술발표가 진행될 계획을 수립하였다. 회의 후에는 야생차밭, 하동차문화박물관, 하동차연구소 등을 포함한 '화개면 전통 하동차 농업시스템'을 현장 답사할 계획을 수립하였다. 또한, 농업유산지역 포스터와 농산품 전시 부스도 마련돼 국제학술지에 정기적으로 우수 논문을 발표할 예정이다.

    ERAHS 회원들은 2월 25일 서울에서 열린 '농업유산 보전과 활용을 위한 국제 워크숍'에도 참석했습니다. MIN Qingwen 중국과학원 지리학 자원연구소 교수, 김준 광주전남연구원 연구위원, NAGATA Akira 유엔대학 지속가능성 고등연구소 객원연구원, 박윤호 한국농어촌유산학회 이사는 각각 중국의 농업유산 보전과 활용 경험, KIFHS의 보전과 활용, 일본의 GIAHS 보전과 활용, KIAHS의 보전과 활용에 대해 기조발표를 했다. 종합토론에서는 윤원근 협성대학 교수가 회의를 주재하고 JIAO Wenjun 중국과학원 지리학 자원연구소 부교수, NAGAI Mikiko 유엔대학 지속가능성 고등연구소의 프로그램 책임자, 이유직 부산대학 교수, 정장식 한국농림축산식품부 농업박물관추진팀 사무관, 류정곤 한국해양수산개발원 연구위원이 토론자로 참여하여 농업유산 보전과 활용에 대한 다양한 관점을 제시하고 참석자들과 토론하고 소통하는 시간을 가졌습니다.

단체 사진

2019.02.26 The 11th Working Meeting of ERAHS

Expert presentation

The 11th ERAHS Working Meeting was convened on February 26, 2019, in Seoul, South Korea. The secretariats of China, Japan, and South Korea provided a concise overview of the advancements in promoting AHS conservation and management since the 5th ERAHS Conference. Subsequently, attendees engaged in a comprehensive discussion on the agenda for the 6th ERAHS Conference to be held on May 19-22 in Hadong County, South Korea. Through deliberation, the conference theme was determined as "Promoting Rural Development through Agricultural Heritage Systems", spanning three days with six concurrent sessions, seven keynote addresses, and 30 specialized presentations. Post-conference activities would include a field visit to the Traditional Hadong Tea Agrosystem in Hwagae-myeon, featuring the Wild Tea Garden, the Hadong Tea Culture Museum, and the Hadong Tea Research Institute. Furthermore, the conference would feature exhibitions displaying posters and products of agricultural heritage sites, and exceptional conference papers would be published in a special edition of an international journal.

ERAHS members also attended the "International Workshop on Agricultural

Heritage System Conservation and Utilization" held on February 25th in Seoul. Professor MIN Qingwen from CAS-IGSNRR, Research Fellow KIM Jun from Gwangu Chonnam Research Institute, Visiting Research Fellow NAGATA Akira from UNU-IAS, and Director PARK Yoon-ho from KRHA shared their insights on China's AHS conservation and utilization, the conservation and utilization of KIFHS, GIAHS conservation and utilization in Japan, and the conservation and utilization of KIAHS, respectively. Chaired by Emeritus Professor YOON Won-keun from Hyupsung University, Associate Professor JIAO Wenjun from CAS-IGSNRR, Project Officer NAGAI Mikiko from UNU-IAS, Professor LEE Yoo-jick from Pusan National University, Deputy Director JUNG Jang-sig from Agricultural Museum Planning Team, MAFRA, and Research Fellow RYU Jeong-gon from Korea Maritime Institute provided diverse perspectives on AHS conservation and utilization and discussed and interacted with the audience.

2019.05.19 第六届 ERAHS 学术研讨会[1]

1 会议概况

2019 年 5 月 19—22 日，由 ERAHS、韩国河东郡政府和韩国农渔村遗产学会主办，中国科学院地理科学与资源研究所、中国农学会农业文化遗产分会和日本 GIAHS 网络协办的"第六届东亚地区农业文化遗产学术研讨会"在韩国庆尚南道河东郡召开。会议得到韩国农林畜产食品部、韩国海洋水产部、庆尚南道和韩国农渔村公社的支持。来自 FAO、联合国大学，中国、日本、韩国的政府管理人员、科研人员、农业文化遗产地代表、企业家以及新闻媒体记者共 250 余人参加会议。

会议的主题为"农业和渔业文化遗产助力乡村发展"，目的是促进中日韩三国农业文化遗产保护与发展的成果交流与经验分享，加强农业文化遗产地之间的交流与合作。韩国河东郡郡守 YOUN Sang-ki 致开幕词，介绍了河东郡的茶叶种植基本情况、当地传统的民俗文化、宝贵的农业资源以及独特的农业类型。韩国农林畜产食品部农业博物馆规划组主任 CHO Chae-ho 和韩国农渔村遗产学会主席 LEE Byung-ki 先后致贺词。来自中日韩三国的科研人员及农业文化遗产地管理人员以大会报告、专题报告、墙报展示等形式围绕农业文化遗产的重要性和价值研究、动态保护措施和遗产地经验进行了介绍。会议期间，还举办了农业文化遗产保护成果展、农业文化遗产地农产品展，与会代表实地考察了"韩国花开传统河东茶农业系统"。

2 主要交流成果

2.1 东亚地区农业文化遗产保护管理

日本东京大学特聘教授 TAKEUCHI Kazuhiko 介绍了农业生物多样性锐减对粮食安全和环境可持续发展的威胁，提出了传统农业的作用，即保障食物与生计安全、保存品种资源、保护农业生态系统和传承地方传统知识

1　刘显洋，闵庆文，焦雯珺，丁陆彬. 农业和渔业文化遗产助力乡村发展——"第六届东亚地区农业文化遗产学术研讨会"综述 [J]. 自然与文化遗产研究，2019, 4(11): 116-119.

与文化。中国科学院地理科学与资源研究所研究员闵庆文以"云南红河哈尼稻作梯田系统"等为例，介绍了农业文化遗产在促进山地农业综合发展中的价值，即促进农产品深加工、促进农业多功能拓展、挖掘品牌价值和增强农民自信等。FAO GIAHS 协调员 ENDO Yoshihide 对 GIAHS 实施的最新情况进行了解读，并从体制建设、保障机制、产业发展、监测评估等方面提出展望。韩国协成大学荣誉教授 YOON Won-keun 在回顾了韩国的农村发展政策的基础上，提出了农业文化遗产对其的启示，即任何农村发展政策的发展必须以保护为前提，"破坏—再开发式"的发展模式已逐步被"保护式"所取代。

韩国农林畜产食品部农业博物馆规划组副主任 JUNG Jang-sig 介绍了 KIAHS 与 KIFHS 的项目进展和基本情况，并着重介绍了 KIAHS 的评选机制与评选标准。农业农村部国际交流服务中心项目官员刘海涛从分布、价值、产品等角度系统地介绍了中国 GIAHS 的概况，从管理体制、国际合作和科学研究等方面，全面阐述了中国近年来积极探索的保护措施，提出了建设农业研究平台、打造生态农产品基地和发展生态旅游的举措。日本农林水产省农村振兴局农村环境处主任 KOMIYAMA Hiroki 系统介绍了 Japan-NIAHS 的概

中国代表团合影

况，重点介绍了Japan-NIAHS的认定标准和认定流程，并以"能登半岛山地与沿海乡村景观"为例，提出开展Japan-NIAHS评选具有提高社区居民自豪感、增加农产品附加价值、增加游客数量、促进社区振兴等作用。

2.2 农业文化遗产动态保护

韩国东国大学博士生CHOI Dong-suk就"韩国青山岛传统板石灌溉稻作梯田"的植物区系和土地利用类型的变化情况进行了分析，进而提出现存湿地面积锐减而休耕农田面积增多的问题。她提出了将区域发展与农业文化遗产保护结合起来的思路，并给出了种植稻田以恢复休耕田、面向农民出台优惠政策的建议。韩国东国大学博士生KIM Jin-won比较了韩国、中国和越南的稻作梯田在系统结构、管理现状、面临威胁等方面的不同，并分别提出对策建议。韩国济州研究中心高级研究员SONG Won-seob系统介绍了"韩国济州岛海女渔业系统"所面临的威胁，即人口老龄化、人口减少、农村渔业资源锐减，并提出了安全事故预防、建设海女学校以及开发乡村渔业资源恢复项目等措施。

浙江省湖州桑基鱼塘产业协会会长徐敏利以"浙江湖州桑基鱼塘系统"为例，系统分析了桑基鱼塘产业在发掘、保护、传承和利用农业文化遗产、增加农民收入、助力乡村振兴战略实施过程中的作用，提出了促进一二三产业融合发展，强化遗产地农民的利益联结，形成农业文化遗产保护长效机制的建议。中国科学院地理科学与资源研究所博士生张碧天论述了农业文化遗产的传统知识的发掘与传承意义，认为农业文化遗产的传统知识可以分为生态资源高效利用类、生物多样性保育类、灾害防御类和生计维持类，并就农业文化遗产的传统知识管理提出了全面普查和提升传承能力两项建议。

北京联合大学院教授孙业红围绕农业文化遗产旅游发展概况，从传统饮食角度切入，以"浙江青田稻鱼共生系统"为案例，探讨了游客环境责任行为与传统饮食偏好之间的关系。红河学院教授张红臻介绍了红河县发展生态旅游的新模式，提出了在梯田弃耕现象日益加重、居民利益与

展示与交流

遗产保护冲突加剧的背景下，应该遵循"政府主导、统筹资源、市场运作、重点建设"的思路，统筹做好哈尼梯田旅游资源一体化管理，以梯田旅游观光为基础，建立哈尼梯田文化景观遗产和非物质文化遗产相融合的旅游体系，从而实现哈尼梯田的"保护、开发、经营、反哺"。中国科学院地理科学与资源研究所副研究员刘某承以"云南红河哈尼稻作梯田系统"为例，利用所建立的多目标生产决策模型，评估了现行生态补偿政策对农业文化遗产地农户的生产行为与福祉所产生的影响。

2.3　农业文化遗产与多方协作

韩国海洋水产开发院研究员RYU Jeong-gon针对KIFHS的管理制度，介绍了韩国可持续渔业的认证体系，指出了海洋管理委员会在维持渔业可持续发展中的作用，即保证生产、带动销售，优化渔业资源的评估、监测和管理，提出了构建政府、社区、学校、非政府组织等多方利益相关者联动的管理体制。日本立命馆太平洋大学教授Vafadari KAZEM基于对日本农业文化遗产地政府的调查结果，分析了政府参与模式在主导乡村旅游发展过程中的优势，提出当前存在过分依赖政府补贴与经营接班人缺乏的问题。中国农业科学院农业经济与发展研究所助理研究员张永勋以中国"南方山地稻作梯田系统"之一的"广西龙胜龙脊梯田"为例，阐述了梯田景观的变化情况、当地产业发展及农民收入的变化情况。他认为，梯田保护机制的核心要素包括多方参与机制、乡村能人带动、民主的决策机制和有效的监督机制。

2.4　农业文化遗产与青年一代

中国科学院地理科学与资源研究所副研究员焦雯珺分享了GIAHS主题绘本的创作理念、创作过程与推广现状，表明农业文化遗产的科普工作正在逐步引起重视，探索面向不同人群的科普方法将是又一研究与实践重点。日本新潟大学副教授TOYODA Mitsuyo以社区管理者的视角为切入点，以"日本佐渡岛稻田—朱鹮共生系统"为例，分析了农业文化遗产地社区衰落原因，提出了"想法—计划—行动—反馈"的社区会议模式，号召面向年轻一代的社区参与机制，以期为探索社区独特性、加强社区居民联络、助力社区振兴提供机会。

日本金泽大学荣誉教授NAKAMURA Koji分析了GIAHS对社会可持续发展的贡献，即生活资料供给、气候水文调节、传统文化教育，通过对比"日

本能登里山里海""日本佐渡岛稻田—朱鹮共生系统"与"菲律宾伊富高稻作梯田"的发展现状，介绍了农业文化遗产地青年劳动力缺乏和旅游业发展不规范的问题，提出了农业文化遗产地发展亟须年轻一代的参与。福建省尤溪县政协主席林思文介绍了中国"南方山地稻作梯田系统"之一的"福建尤溪联合梯田"近年来的保护发展措施与成效，强调多方参与机制在推进农业文化遗产地旅游发展中的重要性。

2.5 茶类农业文化遗产的价值及其发展

韩国河东绿茶研究所所长 KIM Jong-cheol 从遗传资源保护、生态循环过程及其生态系统服务、产业发展、历史文化传承等方面，阐述了"韩国花开传统河东茶农业系统"的价值，提出了提高灾害处理能力，促进多样化出口业务、生产多样化产品的发展思路。南京农业大学教授朱世桂以西湖龙井茶制茶技艺的传承为案例，探讨了茶艺传承与利用的方法，提出了建立管理机构、加大政策扶持力度、保护茶艺传承人的建议。韩国国立农业科学院研究员 JEONG Myeong-cheol 提出"韩国花开传统河东茶农业系统"的动态保护策略，即构建农村可持续发展循环体系以实现区域激活，提出了构建信息共享平台、加大农业环境监测力度、限制土地利用的发展策略。

宣传与展示

日本东京农业大学教授FUJIKAWA Tomonori以"日本静冈传统茶—草复合系统"为例，基于环境信息分析了传统茶树的综合栽培效益，并提出了品牌推广的策略。韩国竹资源研究所科长PARK In-jong以竹子对皇室、学者和农民的作用为切入点，探讨了"韩国潭阳竹林农业系统"的价值特点，重点强调了其对保护农民粮食和生计的安全价值。

2.6 农业文化遗传的价值与重要性

中国林业科学院亚热带林业研究所副研究员王斌以"四川郫都林盘农耕文化系统"为例，研究了成都市郫都区水旱轮作农田土壤养分特征及其空间变异，探讨其在不同土壤类型与种植模式中的分布差异，提出水旱轮作是种地养地相结合的一种生物学措施，具有提高产量、改善地力、降低草害、减轻病虫害的作用。北京科技大学教授杨丽韫以四川省郫都区为例，利用投入产出模型，分析了不同传统种植模式投入产出比，得出传统轮作模式相较于现代连作模式，对化肥农药的依赖性更低的结论，从而提出传承农耕文化、借助绿色品牌等策略以确保传统农业轮作模式可持续发展。

韩国全南大学教授KIM Ok-sam系统回顾了"韩国宝城泥船渔业系统"历史发展过程，介绍了各种泥船结构特点和其在维持系统良性发展中的价值，并提出了保护对策。韩国庆南研究院研究员HAN Sang-woo在介绍原始

会后考察

钓鱼堰的历史发展基础上，提出了其在渔业生产、环境保护、景观维持等方面的价值。日本德岛大学副教授 NAITO Naoki 以德岛的本土农具为例，分析了农业文化遗产中物质文化保护的重要性及保护策略，在阐述"日本西阿波陡坡地农业系统"的地形和土壤类型特点的基础上，系统介绍了传统农具的种类、使用情况和重要性，提出了利用博物馆和工厂进行形态学保护、培育传统工匠和引进其他农业机械替代品的保护策略。

浙江省庆元县副县长吴小军介绍了"浙江庆元林—菇共育系统"的特征与价值，并介绍了现阶段的重点工作，即通过举办节庆活动、注重香菇文化的传承与保护来促进弘扬香菇文化；通过出版香菇文化专著、开展全方位宣传与建设香菇博物馆来深入挖掘遗产内涵；通过提高农业文化遗产保护的制度建设，打造重要农业文化遗产的管理体系。内蒙古阿鲁科尔沁旗副旗长裴焕斌从特征、保护与发展存在的问题及可持续发展目标三个方面介绍了"内蒙古阿鲁科尔沁旗草原游牧系统"，指出该系统具有活态性、复合性、适应性、多功能性的特征，并提出以保护游牧核心区为基础，以开发生态产品、发展休闲牧业、建设基础设施为手段，全面推动蒙古族游牧系统保护与发展的策略。

3 总结与展望

3.1 农业文化遗产的内涵与价值有待深入挖掘

尽管此次会议中多位专家学者就农业文化遗产的价值与重要性进行探讨，但研究多局限于价值的表层分析，无差异性地集中在保障食物安全、保护生态环境、传承传统文化等方面。不同的农业文化遗产有着不同的系统结构和维持机理，其在生产、生活、生态等方面的功能及作用途径也不尽相同。因此，应进行更为细致的深入研究，挖掘农业文化遗产的价值，并在此基础上明确保护对象与发展策略。

3.2 农业文化遗产的评估与监测应进一步加强

对于农业文化遗产的价值评估，应该在单一地评估生态、经济、文化等多方面的价值的基础上，探索农业文化遗产综合价值的评估方法。对于农业文化遗产的监测，尽管东亚地区目前开展了一系列探索性工作，但是仅处于起步阶段，未来应积极推进农业文化遗产监测体系的实践与应用。

3.3 农业文化遗产的科普宣传值得关注

在历经概念引入、价值探讨、管理实践等阶段之后，科普宣传成为农业文化遗产所面临的又一重要工作。此次会议设置"农业文化遗产与青年一代"这一议题，多位学者强调遗产地的发展需要青年力量的投入，表明其对遗产可持续传承与发展的作用，而科普工作是提高遗产关注度的手段。与日本、韩国相比，我国对农业文化遗产的科普宣传工作尚在初期，应积极探索多方融合背景下遗产科普工作的理论建设与实践应用。

韩国花开传统河东茶农业系统

河东郡位于朝鲜半岛南部，韩国庆尚南道西部。在韩国众多的茶叶产地中，最著名的手工茶产地位于河东郡西北部的花开乡，花开乡被智异山环绕，由海拔100～1000米的山地组成。花开乡的绿茶产量占河东

河东茶

郡绿茶产量的87.8%，至今仍保持着传统的茶叶生产体系。它是韩国著名的产茶区，与河东郡一起引领着韩国茶产业和茶文化的发展。

花开乡拥有1200年的茶叶种植历史。佛教文化在花开地区非常盛行，许多寺庙在其中发挥了重要作用，因此人们将其称为"智异山佛教"。茶园都建在坡地上，适合种植本地茶树。从地理位置上看，这一地区的茶叶种植条件并不理想。但是，当地人很有智慧，他们在山坡上开垦茶园，利用森林阻挡寒风，利用花开溪自然流淌的水气保持最佳的湿度和温度，从而形成了适合种植茶叶的小气候环境。

"韩国花开传统河东茶农业系统"是一种自然友好型农业系统，以最少的人为干预来管理土地，实现了人与自然的和谐共生。花开乡的居民使用当地传统的天然肥料来管理土壤和茶树，这种肥料是由附近橡树林的副产品和秋季修剪过程（当地独特的修剪过程）中获得的树枝和老叶制成的。此外，他们还通过保持茶树下部的杂草来防止有害昆虫对茶叶的损害。

在生态学上，"韩国花开传统河东茶农业系统"是连接生活在智异山内或周围的各种动植物栖息地的生态轴，既是物种的容纳者，也是物种的供应者。"韩国花开传统河东茶农业系统"于2015年被韩国农林畜产食品部认定为KIAHS，于2017年被FAO认定为GIAHS。

2019.05.19 第6回 ERAHS 会議[1]

1 会議の概要

2019年5月19日から22日にかけて、ERAHS、韓国ハドン郡および韓国農漁村遺産学会が主催し、中国科学院地理科学・資源研究所、中国農学会農業遺産分会と日本のJ-GIAHSネットワーク会議が共催する「第6回東アジア農業遺産学会」が韓国慶尚南道ハドン郡で開催されました。韓国農林畜産食品部、韓国海洋水産部、慶尚南道と韓国農漁村公社の後援を受けて、FAO、国際連合大学、中国、日本、韓国政府の意思決定者、研究者、農業遺産地域の代表、企業家および報道関係者など250名以上が出席しました。

会議は、「農村発展のための農業・漁業遺産」をテーマとし、中国、日本、韓国の農業遺産の保全と発展における成果の交換と経験の共有を促進し、農業遺産間の交流と協力を強化することを目的としました。韓国ハドン郡郡長のYOUN Sang-ki氏が開会の挨拶を述べ、ハドン郡における茶栽培の基本的な状況、地域の伝統的な民俗文化、貴重な農業資源、独特な農業の種類などを紹介しました。韓国農林畜産食品部農業博物館推進チームのCHO Chae-ho氏と韓国農漁村遺産学会のLEE Byung-ki会長は来賓挨拶を述べました。日中韓3か国の研究者と農業遺産地域の代表者は、基調講演、研究発表、ポスターセッションなどを通じて、農業遺産研究の重要性や価値、ダイナミックな保全対策、遺産の経験などについて紹介しました。会議期間中、農業遺産保全成果展示会と農業遺産地域農産品展示会も行われ、代表者たちは「韓国ファゲ面における伝統的ハドン茶栽培システム」を現地視察しました。

1　以下から翻訳した：LIU Xianyang, MIN Qingwen, JIAO Wenjun, DING Lubin. 農村発展のための農業・漁業遺産——「第6回東アジア農業遺産学会」の概要. 自然と文化遺産の研究, 2019, 4(11): 116-11.

開会式

2　主な交流成果

2.1　東アジア農業遺産の保全と管理

　　東京大学の武内和彦特任教授は、農業生物多様性の急激な減少がもたらす食料安全保障と環境の持続可能性への脅威を紹介し、伝統農業の役割、すなわち食料と生活の確保、品種資源の保全、農業生態系の保全、地域の伝統的知識と文化の継承について提言しました。中国科学院地理科学・資源研究所のMIN Qingwen教授は「雲南紅河ハニ族の棚田」などを例に、中山間地農業の総合的発展を促進するための農業遺産の価値、すなわち、農産物の深層加工を促進し、農業の多面的機能拡大を促進し、ブランド化の価値を探求し、農民の自信を高めることを紹介しました。FAO GIAHSコーディネーターの遠藤芳英氏は、GIAHS実施の最新状況を説明し、制度構築、セーフガードメカニズム、産業発展、モニタリング・評価などの観点から展望を述べました。韓国協成大学のYOON Won-keun名誉教授は、韓国の農村開発政策を概観し、農業遺産の着想、すなわち、いかなる農村開発政策の展開も保全を前提にしなければならないこと、「破壊-再開発」の開発モードは次第に「保全モード」に取って代わられたことを提起しました。

　　韓国農林畜産食品部農業博物館推進チームのJUNG Jang-sig事務官は、KIAHSとKIFHSのプロジェクトの進捗状況と基本状況を紹介し、KIAHSの選定メカニズムと選定基準に焦点を当てました。中国農業農村部国際交

十年一剣を磨く2013—2023年東アジア農業遺産保全研究協力の歩み

流サービスセンタープロジェクトオフィサーのLIU Haitao氏は、中国のGIAHSの概要を流通、価値、製品などの観点から体系的に紹介し、中国が近年積極的に模索している保全対策について、管理体制、国際協力、科学研究などの観点から総合的に詳しく説明し、農業研究プラットフォームの構築、エコ農業製品基地の建設、エコツーリズムの発展などのイニシアティブを打ち出しました。農林水産省農村振興局農村環境対策室長の小宮山 弘樹氏は、J-NIAHSの概要を体系的に紹介し、J-NIAHSの認定基準や認定プロセスに焦点を当て、能登半島の里山里海景観を例に、日本の農業遺産の選定には、地域住民の誇りを高め、農産物の付加価値を高め、観光客を増やし、地域の活性化を促進する効果があると述べました。

基調講演

2.2　農業遺産の動的な保全

韓国東国大学博士課程学生のCHOI Dong-suk氏は、植物相と土地利用形態の変化を分析し、既存の湿地面積の激減と休耕農地面積の増加について問題提起しました。また、地域開発と農業遺産保全の両立を提案し、田植えによる休耕田の復元や農家への優遇政策の導入を提案しました。韓国東国大学博士課程学生のKIM Jin-won氏は、韓国、中国、ベトナムの棚田のシステム構造、現在の管理状況、直面している脅威などの違いを比較し、それぞれの対策を提案しました。韓国済州学研究センター上級研究員のSONG Won-seob氏は、「韓国チェジュ島の海女漁業システム」が抱える高齢化、人口減少、農村漁業資源の激減などの課題を紹介し、安全事故の防止、海女のための学校建設、農村漁業資源回復プロジェクトの展開などの対策を提案しました。

中国浙江省湖州桑基魚塘産業協会会長のXU Minli氏は、「浙江省湖州の桑基魚塘システム」を例に、農業遺産の発見、保全、伝承、活用の過程における桑基魚塘産業の役割を体系的に分析し、農民の収入を増やし、

農村の活性化戦略の実施を支援し、一、二、三次産業の一体的な発展を促進し、遺産地域の農民の発展を強化する対策を打ち出しました。中国科学院地理科学・資源研究所博士課程学生のZHANG Bitian氏は、農業遺産の伝統的知識の発見と継承の意義について論じ、農業遺産の伝統的知識は、生態資源の有効利用、生物多様性の保全、災害防御、生活維持のカテゴリーに分けられると考察し、農業遺産の伝統的知識の管理について、総合的な調査の実施と継承能力の向上という2つの提言を提示しました。

中国北京連合大学のSUN Yehong教授は、伝統的な食生活の視点から出発し、「浙江青田の水田養魚」を事例として、農業遺産観光の発展における観光客の環境責任行動と伝統的な食生活の嗜好の関係について論じました。中国紅河学院のZHANG Hongzhen教授は、紅河県におけるエコツーリズムの新しい発展方式を紹介し、棚田の耕作放棄現象が増加し、住民の利益と遺跡保全の対立が激化している背景で、政府は「政府主導、資源統合、市場運営、建設重視」の理念に従って、ハニ族の棚田観光資源を調整し、改善することで棚田観光に基づき、ハニ棚田文化景観遺産と無形文化遺産の総合観光システムを確立し、ハニ棚田の「保全、発展、運営、フィードバック」を実現することを提案しました。中国科学院地理科学・資源研究所のLIU Moucheng副研究員は、「雲南紅河ハニ族の棚田」を例に、自身が構築した多目的生産意思決定モデルを用いて、現行のエコ補償政策が農業遺産の生産行動と農民の幸福に与える影響を評価しました。

2.3　農業遺産と多方面連携

韓国海洋水産開発院研究員のRYU Jeong-gon氏は、KIFHSの管理システムに関して韓国の持続可能な漁業の認証システムを紹介し、持続可能な漁業を維持するための海洋管理委員会の役割、すなわち生産の確保、販売の促進、漁業資源の評価・監視・管理の最適化について指摘し、政府、地域社会、学校、非政府組織（NGO）が参加するマルチステークホルダー管理システムの構築を提案しました。立命館太平洋大学のVafadari KAZEM教授は、日本の農業遺産行政に関する調査結果に基づき、農村観光の発展をリードする行政参加モデルの利点を分析し、行政補助金への過度な依存と経営後継者不足という現状の問題点を提起しました。中国農業科学院農業経済・発展研究所研究補佐員のZHANG Yongxun氏は、中国「南部山岳丘陵

地域における棚田システム」の一つである「広西龍勝龍脊棚田」を例に、棚田景観の変化、地域産業の発展、農民の収入について述べ、多様な主体の参加体制、村人たちによる押上力、民主的な意思決定体制と効率的な監督体制が棚田保全体制のコア要素であると主張しました。

2.4　農業遺産と若い世代

　　中国科学院地理科学・資源研究所のJIAO Wenjun副研究員は、GIAHSをテーマとした絵本のコンセプト、プロセス、普及状況について紹介し、農業遺産の普及が徐々に注目されていること、また、さまざまなグループに対する普及の方法を探ることが、研究と実践のもう一つの焦点になることを示しました。新潟大学の豊田光世准教授は、コミュニティ・マネージャーの視点を入り口に、「トキと共生する佐渡の里山」を例に、農業遺産におけるコミュニティの衰退の理由を分析し、「アイデア - プラン - アクション - フィードバック」を提唱し、地域の独自性を探求する機会を提供し、地域住民間の連携を強化し、地域の活性化に貢献するために、若い世代がコミュニティに参加する仕組みの必要性を訴えました。

　　金沢大学の中村浩二名誉教授は、GIAHSの持続可能な社会発展への貢献、すなわち生活手段の提供、気候・水文調節、伝統文化の教育について分析し、「能登の里山里海」「トキと共生する佐渡の里山」と「フィリピンイフガオの棚田」の発展状況を比較しながら、農業遺産における若い労働力不足や観光の不定期な発展の問題点を紹介し、若い世代を巻き込んだ農業遺産の開発が急務であるとの提言を行いました。福建省尤渓県政協主席のLIN Siwen氏は、中国「南部山間棚田」の一つである「福建尤渓連合棚田」の保全、開発措置と成果を紹介し、農業遺産地域の観光資源開発における多様な主体の参加体制の重要性を強調しました。

2.5　茶農業遺産の価値およびその発展

　　韓国ハドン緑茶研究所所長のKIM Jong-cheol氏は、遺伝資源の保全、生態系循環過程とその生態系サービス、産業発展、歴史文化継承の観点から、「韓国ファゲ面における伝統的ハドン茶栽培システム」の価値について詳しく説明し、災害管理能力の向上、多角的な輸出事業の推進、多角的な製品の生産などの開発案を提示しました。南京農業大学のZHU Shigui教

会議でのディスカッション

授は、西湖龍井茶の製茶技術の継承をケーススタディとして、茶芸の継承と活用について議論し、管理組織の設立、政策支援の強化、茶芸継承者の保全などの提案を行いました。韓国国立農業科学院研究員のJEONG Myeong-cheol氏は、「韓国ファゲ面における伝統的ハドン茶栽培システム」の動的な保全戦略、すなわち地域活性化のための持続可能な農村開発循環システムの構築を提唱し、情報共有プラットフォームの構築、農業環境のモニタリング努力の強化、土地利用の制限などについて提言を行いました。

　東京農業大学の藤川智紀教授は、「静岡の茶草場農法」を例に環境情報に基づく伝統的な茶樹の総合的な栽培効果を分析し、ブランド振興の戦略を提示しました。韓国竹資源研究所科長PARK In-jong氏は、王室、学者、農民にとっての竹の役割を出発点として、「韓国タミャンの竹林農業システム」の価値特性について議論し、農民の食料と生活の安定を守るための価値を強調しました。

2.6　農業文化伝承の価値と重要性

　中国林業科学院亜熱帯林業研究所のWANG Bin副研究員は、「四川郫都の林盤農耕文化システム」を例に、成都市郫都区における水旱輪作農地

広報と展示

の土壌養分の特性とその空間的な変化を分析し、異なる土壌の種類と植栽パターンの違いの分布を探索した結果、水旱輪作は植栽と耕作を組み合わせた生物学的対策であり、収量の増加、土壌強度の向上、草害の軽減、病害虫の緩和などの機能を持つことを提案しました。北京科技大学のYANG Liyun教授は、四川省郫都区を例に、産業連携モデルを使って、異なる伝統的な作付様式の産業連関比を分析し、伝統的な輪作様式は現代的な連作様式に比べて、化学肥料と農薬への依存度が低いという結論を導き出し、伝統的な農業輪作様式の持続的な発展を確保するために、農業文化の継承とグリーンブランドの活用という戦略を打ち出しました。

　韓国全南大学のKIM Ok-sam教授は、「韓国ポソンの泥船漁業システム」の歴史的発展を体系的に検討し、様々な泥舟の構造的特徴とシステムの健全な発展を維持する上での価値を紹介し、保全策を提示しました。韓国慶南研究院研究員のHAN Sang-woo氏は、元来の漁業堰の歴史的発展について紹介し、漁業生産、環境保全、景観維持におけるその価値を提唱し

十年一剣を磨く 2013―2023 年東アジア農業遺産保全研究協力の歩み

ました。徳島大学の内藤直樹准教授は、徳島の在来の農具を例に、農耕文化財の物質文化保全と戦略の重要性を分析し、「にし阿波の傾斜地農耕システム」の地形と土質の特徴を踏まえ、伝統的な農具の種類、その用途と重要性を体系的に紹介し、形態保全のための博物館や工場の活用、伝統工芸職人の育成、農業機械の他の代替手段の導入などの保全戦略を提案しました。

　　中国浙江省慶元県副県長のWU Xiaojun氏は、「浙江省慶元県の森林とキノコ栽培の共生システム」の特徴や価値、現段階での重要な作業、すなわち、祭りや活動を開催してキノコ文化の振興を図り、キノコ文化の継承と保全に力を入れること、キノコ文化に関する単行本を出版してキノコ文化の保全を行うことなどを紹介しました。内モンゴルアルホルチン旗副県長のPEI Huanbin氏は、「内モンゴルにおけるアルホルチンの草原遊牧システム」について、特徴、保全と発展の問題点、持続可能な発展の目標という3つの側面から紹介し、遊牧システムが生活性、複合性、適応性、多機能性などの特徴を持っていることを指摘し、遊牧コアエリアの保全を基本に、エコ製品の開発、レクリエーション牧畜の開発、インフラの建設などによって、モンゴル遊牧システムの保全と発展を総合的に推進する戦略を打ち出しています。

3　まとめと展望

3.1　農業遺産の意味合いと価値の深堀りが必要

　　今回の会議では、多くの専門家や学者が農業遺産の価値と重要性について論じましたが、その研究はほとんどが表面的な価値の分析にとどまっており、食の安全の確保、生態環境の保全、伝統文化の継承といった側面に焦点が当てられ、差別化が図られていません。農業遺産はそれぞれ異なるシステム構造と維持メカニズムを持っており、生産、生活、生態における機能と経路も異なります。従って、農業遺産の価値を探るために、より詳細で綿密な調査を行い、それに基づいて保全目標と発展戦略を明らかにすべきです。

3.2　農業遺産の評価とモニタリングの更なる強化が必要

　　農業遺産の価値評価については、生態学的価値、経済学的価値、文化

的価値の単一評価に基づいて、農業遺産の総合的価値を探求すべきです。農業遺産のモニタリングについては、東アジア地域で一連の試みが行われていますが、まだ初期段階に過ぎず、今後、農業遺産のモニタリングシステムの実践と応用を積極的に推進すべきです。

3.3　農業遺産の普及への注目が必要

　　概念の導入、価値の探求、管理の実践に続いて、農業遺産の普及も重要な課題となっています。今回の会議では、「農業遺産と若い世代」というテーマが設定され、多くの学者が、遺産の発展には若い世代の意見が必要であり、遺産の持続的な継承と発展には若い世代の役割が重要であること、科学の普及は遺産への関心を高める手段であることを強調しました。日本や韓国と比較すると、中国の農業遺産の普及はまだ初期段階にあり、多様な主体の統合の文脈の中で、遺産普及の理論的構築と実践的応用を積極的に模索すべきです。

韓国ファゲ面における伝統的ハドン茶栽培システム

　　ハドン郡は朝鮮半島の南部、韓国慶尚南道の西部に位置します。数ある茶産地の中でも、最も有名な手揉み茶の産地がハドン郡の北西部に位置するファゲ面です。ファゲ面はチリ山という標高100 ～ 1,000メートルの山々に囲まれた山岳地帯にあります。ファゲ面はハドン郡の緑茶生産量の87.8％を占め、伝統的な茶生産方式を今なお維持しています。韓国でも有名な茶産地であり、ハドン郡とともに韓国の茶産業と茶文化の発展をリードしています。

　　ファゲ面は1200年の茶栽培の歴史があります。ファゲ面には仏教文化が浸透しており、多くの寺院が重要な役割を果たしていることから、「チリ山仏教」と呼ばれています。茶畑は傾斜地に作られており、地元の茶樹の栽培に適しています。地理的に、この地域は茶の栽培には適していません。しかし、地元の人々は知恵を絞り、斜面に茶園を作り、森を利用して冷たい風を遮り、ファゲ面の自然の流れを利用して最適な湿度と温度を保つことで、茶の栽培に適した微気象を作り出しました。

遺産サイトの景観

　「韓国フアゲ面における伝統的ハドン茶栽培システム」は、人為的な介入を最小限に抑えて土地を管理し、人間と自然の調和した共生を実現する自然に優しい農業システムです。フアゲ面の住民は、近隣のナラ林の副産物から作られた伝統的な天然肥料と、秋の剪定作業で得られる小枝や古葉（この地域独特の剪定作業）を使って、土壌と茶樹を管理しています。さらに、茶樹の下部に雑草を生やさないことで、害虫による茶葉への被害を防いでいます。

　生態学的に見れば、「韓国フアゲ面における伝統的ハドン茶栽培システム」はチリ山とその周辺に生息する動植物の多様な生息地をつなぐ生態軸です。「韓国フアゲ面における伝統的ハドン茶栽培システム」は2015年に韓国農林畜産食品部からKIAHSとして、2017年にFAOからGIAHSとして認定されました。

2019.05.19 제6차 ERAHS 국제 컨퍼런스 [1]

1   회의 개요

　'제6회 동아시아 농업유산 국제 컨퍼런스'가 2019년 5월 19일부터 22일까지 경상남도 하동군에서 개최되었습니다. 이번 컨퍼런스는 ERAHS, 하동군청, 한국농어촌유산학회가 공동주최하고 중국과학원 지리학 자원연구소, 중국농학회 농업유산분과와 일본 GIAHS 네트워크가 공동 주관, 농림축산식품부, 해양수산부, 경상남도, 한국농어촌공사가 후원 하였습니다. FAO, 유엔대학, 중국, 일본, 한국의 정부관계자, 연구자, 농업유산지역 대표, 기업가, 기자 등 250여 명이 참석했습니다.

　이번 컨퍼런스의 주제는 '농어업 유산을 통한 농촌지역개발 촉진'으로, 한중일 3국의 농업유산 보전과 발전의 성과와 경험 교류를 촉진하고 농업유산지역 간 교류와 협력을 강화하기 위한 것이다. 윤상기 하동군수는 개회사를 통해 하동군의 차 재배 기본 상황, 지역 전통 민속문화, 소중한 농업자원, 독특한 농업관행을 소개했습니다. 서재호 농림축산식품부 과장과 이병기 한국농어촌유산학회장이 축사를 했습니다. 한중일 3국의 연구자 및 농업유산지역 대표들이 세션발표, 기조 발표, 포스터 전시 등을 통해 농업유산의 중요성과 가치연구, 동적보전 조치 및 유산지역의 운영경험을 소개했습니다. 또한, 농업유산 보전 성과와 농업유산 농산물전시회도 진행되었고, 회의 이후에는 참석자들이 '화개면 전통 하동차 농업시스템'을 현장 답사하였습니다.

2   주요 교류성과

2.1   동아시아 농업유산의 보전과 관리

　TAKEUCHI Kazuhiko 일본 동경대학 교수는 농업 생물다양성 급감이 식량안보와 환경의 지속가능성에 미치는 위협을 설명하고 식량 및 생계 보장, 유전자원 보존, 농업생태계 보호, 지역 전통지식과 문화의 전성 등 전통농업의 다양한 역

---

1   LIU Xianyang, MIN Qingwen, JIAO Wenjun, DING Lubin, 농촌개발을 위한 농업유산 : 제6회 동아시아 농업유산학회 개요에서 번역함. 자연과 문화유산 연구, 2019, 4(11): 116-119.

할을 강조했습니다. MIN Qingwen 중국과학원 지리학 자원연구소 교수는 '홍허 하니 다랑이논' 등을 예로 들며 농산물의 심층가공 촉진, 농업의 다기능 확장 촉진, 브랜드 가치 확장, 농민들의 자신감 향상 등을 포함하여 산간지 농업의 포괄적인 발전을 촉진하는 농업유산시스템의 역할을 논의했습니다. ENDO Yoshihide FAO GIAHS 코디네이터는 GIAHS의 최근 동향을 설명하고 제도 구축, 보증 매커니즘, 산업 개발, 모니터링 및 평가 등을 포괄하는 미래 전망을 제시했습니다. 윤원근 협성대학 교수는 한국의 농촌개발정책을 검토한 후 농업유산제도가 가져온 통찰을 강조하면서 '철거후 전면 재개발'의 발전모델이 점차 '보전 우선'의 발전모델로 대체되고 있다는 점을 제안했습니다.

정장식 한국농림축산식품부 농업박물관추진팀 사무관은 KIAHS와 KIFHS의 사업 진행 상황과 기본 상황을 소개하고 KIAHS의 지정 체계와 선정 기준을 중점적으로 소개했습니다. LIU Haitao 중국 농업농촌부 국제교류 서비스센터 프로젝트 담당관은 유통, 가치, 제품 등의 관점에서 중국 GIAHS의 개요를 체계적으로 소개하고 관리 시스템, 국제 협력 및 연구 차원에서 최근 몇년 동안 중국이 적극적으로 추진해온 보전 조치를 종합적으로 설명하고 농업연구 플랫폼 구축, 생태농산물 기반 조성 및 생태관광 개발을 제안했습니다. KOMIYAMA Hiroki 일본 농림수산성 농촌진흥국 농촌환경과 사무관은 Japan-NIAHS의 인정기준과 인정절차를 중점적으로 소개하고, '노토반도의 사토야마 사토우미'를 예로 들어 Japan-NIAHS 지정을 통해 지역주민의 지역사회 자부심 제고, 농산물 부가가치 향상, 방문객수 증가, 지역사회 활성화 촉진 등의 다양한 이점을 얻을 수 있다고 설명했습니다.

2.2 농업유산의 동적보전

최동석 동국대학 박사과정 학생은 '청산도 전통 구들장논'의 식물상 특성과 토지이용 유형의 변화 상황을 분석하고 기존 습지면적이 급감하고 휴경지는 늘어나는 문제를 확인했습니다. 그는 지역발전과 농업유산보전을 위한 통합적 접근을 제안하고 논농사를 통한 휴경지 복원과 농민을 위한 우대정책을 제안했습니다. 김진원 동국대학 박사과정 학생은 한국과 중국, 베트남의 계단식 논 시스템의 구조적 측면과 관리 현황, 직면한 위협적 요소 등을 비교해 지역별 대응전략을 제시했습니다. 송원섭 제주학연구센터 연구위원은 인구 고령화, 인구감소, 어업자원 급격한 감소 등 '제주 해녀어업시스템'이 직면한 위협에 대해 종합적으로 개관하고, 안전사고 예방, 해녀학교 설

단체 사진

립, 어업자원 회복을 위한 사업 착수 등의 대책을 제안했습니다.

　　XU Minli 저장성 후저우 뽕나무 제방 물고기 연못 산업협회 회장은 '후저우 뽕나무 제방 물고기 연못시스템'을 예로 들며 농업유산시스템의 발굴, 보전, 전승, 활용, 농민소득 증대, 농촌활성화 전략 시행과정에서 뽕나무 제방 연못물고기산업의 역할을 체계적으로 분석하고 1·2·3차 산업의 통합적 발전을 촉진하고 유산지역 농민의 이익 연결을 강화하며 농업유산 보전을 위한 장기적인 농업유산시스템 보전 매커니즘을 형성해야 한다고 제안했습니다. ZHANG Bitian 중국과학원 지리학 자원연구소 박사과정 학생은 농업유산의 전통지식의 개발과 계승의 의의를 논하고 농업유산의 전통지식을 생태자원의 효율적 이용, 생물다양성 보전, 재해예방, 생계유지 등의 유형으로 분류하고 농업유산시스템의 전통지식에 대한 종합적인 조사를 실시하고 계승 역량을 강화할 것을 제안했습니다.

　　SUN Yehong 중국 북경연합대학의 부교수는 농업유산관광 발전의 맥락에서 전통요리에 초점을 맞추고 '칭티엔 벼-물고기 문화시스템'을 사례 연구하여 관광객들의 환경 보전 책임에 의한 행동과 전통식생활 선호도 간의 관계를 탐구했습니다. ZHANG Hongzhen 중국 홍허(Honghe) 대학 교수는 홍허현의 생태관광 발전의 새로운 모델을 소개하면서 계단식 논 폐기 현상이 날로 심화되고 주민의 이익과 유산 보전의 충돌이 심화되는 문제를 해결하기 위해 '정부 주도, 자원 조정, 시장 운영, 핵심 건설'의 원칙을 제안했다. 장교수는 하니 다랑이논 관광 자원의 통합 관리를 하고, 계단식 논 관광을 기반으로 하니 다랑이논 문화 경관 유산과 무형 문화유산이 융합된 관광시스템을 구축하여 하니 다랑이논의 '보전, 개발, 운영, 피드백'을 실현할 것을 제안했습니다. LIU Moucheng 중국과학원 지리학 자원연구소 부교수는 '홍허 하니 다랑이논'을 예로 들어 다목적 생산 의사결정 모델을 활용해 현재의 생태보상 정책이 농업유산지역 농가의 생산행위와 복지에 미치는 영향을 평가했습니다.

2.3 농업유산과 다양한 이해관계자 협력

류정곤 한국해양수산개발원 연구위원은 KIFHS의 관리 제도와 관련해 한국의 지속가능한 어업 인증제도를 소개하면서 지속가능한 어업발전 지속, 생산보장, 판매촉진, 어업자원의 평가, 모니터링 및 관리 최적화를 위한 해양관리위원회의 역할을 강조했습니다. 또한, 정부, 지역사회, 학교, 비정부기구 등 다양한 이해관계자가 참여하는 협력적 관리체제를 구축할 것을 제안했습니다. Vafadari KAZEM 일본 리츠메이칸 아시아태평양대학 교수는 일본 농업유산제도 거버넌스에 대한 조사 결과를 바탕으로 농촌관광 개발을 주도하고 있는 정부 참여 모델의 장점을 분석하고, 정부 보조금에 대한 과도한 의존과 관련 사업의 후계자 부족 같은 문제점을 지적했습니다. ZHANG Yongxun 중국 농업과학원 농업경제 발전연구소 부교수는 '남부 산악지형의 계단식 논' 중 하나인 '광시 룽성 용척 계단식 논'을 예로 들며 계단식 논 경관의 변화, 지역 산업의 발전 및 농민 소득의 변화를 설명했습니다. 그는 계단식 논 보전시스템의 핵심 요소는 다양한 이해관계자 참여 매커니즘, 농촌 전문가의 리더십, 민주적 의사 결정시스템 및 효율적인 감독시스템을 구축하는데 있다고 강조했습니다.

2.4 농업유산과 젊은세대

JIAO Wenjun 중국과학원 지리학 자원연구소 부교수는 주제별 그림책을 통해 GIAHS를 홍보하는 창의적인 개념, 과정 및 현황을 발표하고, 농업유산시스템 관련 지식의 대중화가 점차 주목을 받고 있으며, 다양한 집단의 사람들을 위한 대중화 방법을 탐구하는 것이 연구와 실천의 또 다른 초점이 될 것이라고 밝혔다. TOYODA Mitsuyo 일본 니카다 대학 부교수는 지역사회 관리자의 관점에서 농업유산지역의 지역사회 쇠퇴원인을 분석하고 '따오기와 공생하는 사도시의 사토야마'를 예로 들며 지역 사회의 고유성을 탐색하고 커뮤니티 주민들 간의 연결을 강화하여 지역사회활성화를 위해 젊은 세대의 지

기조 연설

역사회참여 매커니즘을 요구하는 '아이디어-계획-행동-피드백'이라는 지역사회회의모델을 제안했습니다.

NAKAMURA Koji 가나자와 대학 명예교수는 GIAHS가 지속가능한 발전에 대한 기여, 즉 생활수단의 공급, 기후 및 수문규제, 전통문화 교육 등을 분석하고, '노토반도의 사토야마 사토우미', '따오기와 공생하는 사도시의 사토야마'와 '필리핀 이푸가오 다랑이논'의 발전현황을 비교하고, 농업유산지역의 청년노동력 부족과 관광산업 발전과정에서 규범이 지켜지지 않다는 문제를 제시하고, 농업유산지역의 발전에 젊은 세대의 참여 필요성을 강조했습니다. LIN Siwen 푸젠성 유시현 정치협상회의 회장은 중국의 '남부 산악지형의 계단식 논' 중 하나인 '푸젠 유시 연합 계단식 논'의 최근 보전 및 개발 조치와 성과를 소개하고 농업유산지역의 관광개발을 촉진하기 위한 다양한 이해관계자자 참여의 중요성을 강조했습니다.

2.5 차 농업유산의 가치와 발전

하동녹차연구소 김종철 소장은 유전자원 보호, 생태순환 과정과 생태계 서비스, 산업발전, 역사문화유산 등의 측면에서 '화개면 전통 하동차 농업시스템'의 가치를 설명하고 재난관리능력 향상, 수출사업 다각화 촉진, 생산 다양화 등의 발전전략을 제시했습니다. ZHU Shigui 난징 농업대학 교수는 서호의 Longjing 차 제조기술의 계승을 사례로 차 예술의 계승 및 활용방안을 논의하고 관리기관 설립, 정책지원 확대, 차 예술 계승자보호 등을 제안했습니다. 정명철 국립농업과학원 연구사는 '화개면 전통 하동차 농업시스템'의 동적보전 전략, 즉 지속가능한 농촌개발과 순환체계 구축을 통해 지역활성화를 실현하기 위해 정보공유 플랫폼을 구축.농업환경 모니터링 강화,토지이용제한 등의 발전전략을 제안했습니다.

FUJIKAWA Tomonori 동경농업대학 교수는 '시즈오카의 전통 차-풀 통합시스템'을 예로 들어 환경정보를 기반으로 전통 차나무의 종합적인 재배효과를분석하고 브랜드 홍보전략을 제안했습니다. 박인종 담양군대나무자원연구소 과장은 왕족, 학자, 농민을 위한 대나무의 역할을 바탕으로 농민의

단체 사진

식량과 생계를 보호하기 위한 가치에 초점을 맞추어 '담양 대나무밭 농업시스템'의 가치 특성에 대해 논의했습니다.

2.6 농업유산의 가치와 중요성

WANG Bin 중국임업과학원 아열대 임업연구소 부교수는 '쓰촨성피두 대나무숲과 농업문화시스템'을 예로 들어 청두시 Pixian 구의 침수 및 가뭄 경작지의 토양 영양 특성과 공간적 변화를 연구하고 다양한 토양 유형과 재배패턴에 따른 분포 차이를 탐구하고, 재배 및 경작지를 결합한 생물학적으로 통합된 농법으로 침수 및 가문 경작지를 제안하여 수확량 증가, 토양 비옥도 향상, 잡초 피해 감소 및 해충 감소 효과가 있다고 제안했습니다. YANG Liyun 북경과학기술대 교수는 쓰촨성 Pixian 구를 예로 들어 투입-산출 모델을 사용하여 다양한 전통재배 패턴의 투입-산출 비율을 분석한 결과, 전통적인 윤작모델이 현대의 연작모델에 비해 화학비료와 살충제에 대한 의존도가 낮다는 결론을 내렸습니다. 이 연구결과를 바탕으로 농업문화를 보전하고 녹색브랜드를 활용하여 전통적인 농업 윤작모델의 지속가능한 발전을 보장하기 위한전략을 제안했습니다.

김옥삼 전남대학 교수는 '보성 뻘배 어업시스템'의 역사적 발전과정을 검토하고, 다양한 진흙배의 구조적 특성과 시스템의 지속가능한 발전을 유지하는 역할을 탐구하고, 이러한 구조물에 대한 보전 대책을 제시했습니다. 한상우 경남연구원 연구위원은 원시 어업망의 역사적 발전 과정을 소개하고 어업생산, 환경보전 및 경관보전 등의 측면에서 그 가치를 강조했습니다. NAITO Naoki 도쿠시마 대학 부교수는 도쿠시마 토종 농기구를 예로 들어 농업유산 중 물질문화 보전의 중요성과 보전 전략을 분석하고 '일본 니시-아와

급경사지 농업시스템'의 지형과 토양 유형 특성을 설명하면서 전통 농기구의 종류와 용도, 중요성을 체계적으로 소개하고, 박물관과 공장을 통한 형태 보존, 전통 장인의 육성 및 대안 농기계의 도입 등 보전 전략을 제안했습니다.

WU Xiaojun 저장성 칭위안현 부현장은 '저장성 칭위안 숲-버섯 공동재배 시스템'의 특징과 가치를 소개하고 현 단계의 핵심 과제, 즉 축제 개최, 표고버섯 문화를 촉진하기 위한 표고버섯 문화

전시 및 커뮤니케이션

의 계승과 보전에 중점을 두고, 표고버섯 문화 전문 저서 출판, 광범위한 홍보 및 표고버섯 박물관 건설을 통해 유산에 대한 더 깊은 탐구와 농업유산 보전 시스템 구축을 통해 중요한 농업유산 관리 구조를 강화하는 전략을 제시하였다. PEI Huanbin 내몽고 아루커얼친기 부국장은 특성, 보전 및 개발 문제, 지속가능한 개발 목표의 세 가지 측면에서 '내몽고 아오한 초원유목시스템'을 소개하고, 이 시스템에 활기, 복잡성, 적응성 및 다기능성의 특성을 가지고 있음을 지적하고 유목 핵심지역 보호, 생태제품 개발, 레저축산 개발 및 인프라건설을 기반으로 몽골 유목시스템 보전 및 개발을 전면적으로 추진하는 전략을 제안했습니다.

3 요약 및 전망

3.1 농업유산의 본질과 가치에 대한 심도 있는 연구

이번 회의에서 많은 전문가와 학자들이 농업유산의 가치와 중요성에 대해 논의했음에도 불구하고, 대부분의 연구는 피상적인 가치분석에 국한되어 있으며, 식량안보 보장, 생태환경 보전, 전통문화 보호에 지나치게 초점을 맞추는 경향이 있다. 다양한 농업유산시스템은 생산, 일상 생활, 생태 등에서 뚜렷한 기능과 접근방식을 통해 시스템 구조와 유지매커니즘의 다양성을 나타냅니다. 따라서 농업유산의 진정한 가치를 밝히기 위해서는 보다 세밀하고 심도있는 연구가 필요하다. 그런 다음에 연구결과를 사용하여 보호가 필요한 대상을 명확하게 정의하고 관련 개발전략을 수립할 수 있습니다.

3.2　농업유산에 대한 평가 및 모니터링 강화

농업유산의 가치평가를 위해서는 생태, 경제, 문화 등 다양한 측면에서 단일한 평가에 기초하여 농업유산의 종합적 가치에 대한 평가방법을 모색할 필요가 있다. 농업유산 모니터링을 위해 동아시아에서 일련의 탐색적 작업이 수행되었지만 아직 초기 단계에 불과하며 앞으로 농업유산 모니터링 시스템의 실용화를 적극적으로 추진하기 위한 노력이 필요하다.

3.3　주목할 만한 농업유산의 보급

개념, 가치 논의, 관리 관행과 같은 중요한 작업을 완료한 후 교육과 지식 보급확산은 농업유산이 직면한 또 다른 중요한 과제가 되었습니다. 이번 회의에서 '농업유산과 젊은 세대' 라는 주제를 설정하고 많은 학자들이 유산 지역의 발전을 위해서는 젊은 세대의 참여가 필요하다 점을 강조하고, 유산의 지속가능한 계승과 발전에서 젊은세대의 역할, 그리고 유산에 대한 인식 제고를 위한 지식 보급을 위한 노력의 영향을 강조했습니다. 일본, 한국에 비해 중국의 농업유산 지식 보급 사업은 아직 초기 단계이며 다자간 통합을 배경으로 유산관련 지식 보급사업의 이론적 구성과 실제적 적용이 활발히 모색되어야 한다.

한국 화개면 전통 하동차 농업시스템

하동군은 한반도의 남쪽, 경상남도 서부에 위치하고 있다. 전국의 많은 차 생산지 중 가장 유명한 수제차 생산지는 하동군 북서쪽에 위치한 화개면이며 지리산으로 둘러싸여 있으며 해발 100~1000m 의 산지로 이루어져 있습니다. 화개면의 녹차 생산량은 하동군 녹차 생산량의 87.8% 를 차지하며 여전히 전통적인 차 농업 시스템을 유지하고 있습니다. 화개면은 한국의 대표적인 차 생산지이며 상급 행정구역인 하동군과 함께 한국의 차 산업과 차 문화의 발전을 선도하고 있습니다.

화개면은 1200년의 차 재배 역사를 가지고 있습니다. 화개면에 불교문화가 번성하여 많은 사찰이 중요한 역할을 하고 있기 때문에 사람들이 이를 '지리산 불교' 라고 불렀습니다. 차밭은 모두 경사면에 조성되어 토종 차나무 재배에 적합합니다. 지리적으로 이 지역의 차 재배에 불리한 조건을 가지고 있습니다. 하지만 지역주민들은 산비탈에 차밭을 일구고 숲을 이용하여 찬바람을 막고 화개천에서 자연적으로 나오는 수증기를 이용하여 최적의 습도와 온도를 유지하여 차 재배에 적합한 미기후 환경을 지혜롭게 조성했습니다.

'화개면 전통 하동차 농업시스템'은 인간의 개입을 최소화하고 인간과 자연의 조화로운 공존을 실현하는 자연친화적인 농업 시스템입니다. 화개면 주민들은 인근 참나무 숲의 부산물과 가을 가지치기 과정에서 얻은 나무가지와 오래된 잎으로 만든 지역의 전통 천연비료를 사용하여 토양과 차나무를 관리합니다. 또한, 차나무 아래 부분의 잡초를 유지하여 해충이 차에 해를 끼치는 것을 방지하고 있습니다.

생태학적으로 '화개면 전통 하동차 농업시스템'은 지리산 안팎에에 서식하는 다양한 동식물의 서식지를 연결하는 생태축으로서 종의 숙주이자 공급자이다.' 화개면 전통 하동차 농업시스템'은 2015년 농림축산식품부로부터 KIAHS, 2017년 FAO로부터 GIAHS로 지정 받았습니다.

하동차박물관

2019.05.19 The 6th ERAHS Conference[1]

1 Overview

The 6th ERAHS Conference took place in Hadong County, Gyeongsangnam-do, South Korea, from May 19 to 22, 2019. This conference was hosted by ERAHS, Hadong County Government, and KRHA, co-hosted by CAS-IGSNRR, CAASS-AHSB, and J-GIAHS, with support from MAFRA, MOF, government of Gyeongsangnam-do, and Korea Rural Community Corporation. The event drew over 250 participants, including representatives from FAO, UNU, government officials from China, Japan, and South Korea, researchers, agricultural heritage site representatives, entrepreneurs, and journalists.

Themed as "Promoting Rural Development through Agricultural Heritage Systems", this conference aimed to facilitate the exchange of achievements and experiences in AHS conservation and development among China, Japan, and South Korea, fostering collaboration and communication among agricultural heritage sites. YOUN Sang-ki, the County Governor of Hadong in South Korea, delivered the opening address, providing insights into the local tea cultivation, traditional folk culture, valuable agricultural resources, and unique agricultural practices in Hadong County. CHO Chae-ho, Director of Agricultural Museum Planning Team, MAFRA, and LEE Byung-ki, the Chairman of KRHA, delivered congratulatory addresses. Through conference reports, special presentations, poster exhibitions, and other formats, researchers and agricultural heritage site managers from China, Japan, and South Korea delved into the importance and value of AHS research, dynamic conservation measures, and the operational experiences of agricultural heritage sites. The conference also featured exhibitions on AHS conservation achievements and agricultural products from agricultural heritage sites. After the conference,

---

1 Translated from LIU Xianyang, MIN Qingwen, Jiao Wenjun, DING Lubin. Agricultural and Fishery Heritage Systems Help Rural Development-Review of the Sixth East Asian Conference on Agricultural Heritage. Study on Natural and Cultural Heritage, 2019, 4(11): 116-119.

participants conducted a field visit to the Traditional Hadong Tea Agrosystem in Hwagae-myeon, South Korea.

2   Main Achievements

2.1   AHS Conservation and Management in East Asia

Project Professor TAKEUCHI Kazuhiko from the University of Tokyo, Japan, outlined the threats posed by the sharp decline in agricultural biodiversity to food security and sustainable environmental development, and emphasized the diverse roles of traditional agriculture in safeguarding food and livelihood security, preservation of genetic resources, protection of agricultural ecosystems, and the transmission of local traditional knowledge and culture. Using examples such as the "Honghe Hani Rice Terraces", Professor MIN Qingwen from CAS-IGSNRR discussed the role of AHS in promoting comprehensive development in mountainous agriculture, including promoting deep processing of agricultural products, expanding agricultural multifunctionality, exploring brand value, and enhancing farmers' confidence. Coordinator ENDO Yoshihide from FAO GIAHS Secretariat provided an analysis of the latest developments in GIAHS implementation and offered future prospects, covering institutional construction, guarantee mechanisms, industrial development, monitoring, and assessment. After reviewing rural development policies in South Korea, Emeritus Professor YOON Won-keun from Hyupsung University emphasized the insights brought by AHS, suggesting that the development of any such policies must prioritize conservation, and that the development model of "exploit first - then recover" had gradually been replaced by a model where "conservation comes first".

Deputy Director JUNG Jang-sig from Agricultural Museum Planning Team, MAFRA, presented updates and fundamental aspects of projects under the KIAHS and KIFHS programs with focus on the selection criteria and standards employed in the KIAHS program. LIU Haitao, an official from Center of International Cooperation Service, MARA, provided a comprehensive overview of China's GIAHS efforts covering aspects like distribution, value, and products, discussed China's recent proactive conservation measures, and suggested the establishment of agricultural research platforms, the creation of ecological agricultural product bases, and the development of eco-tourism. Director KOMIYAMA Hiroki from Rural Environment Division of Rural Development Bureau of MAFF systematically introduced the Japan-NIAHS initiative, highlighted the recognition criteria and procedures, and used the example of the "Noto's Satoyama and Satoumi" to illustrate the multiple benefits of participating in the Japan-NIAHS selection process, such as boosting community pride, increasing the added value of agricultural products, attracting more visitors, and promoting community revitalization.

2.2 Dynamic Conservation of AHS

Ph.D. candidate CHOI Dong-suk from Dongguk University, South Korea, analyzed the plant species composition and changes in land use types in the "Traditional Gudeuljang Irrigated Rice Terraces in Cheongsando, South Korea", identifying the drastic reduction in wetland areas and the increase in fallow farmland. He proposed an integrated approach to regional development and AHS conservation, and recommended to restore fallow fields through rice paddy cultivation and release preferential policies for farmers. Comparing the structural aspects, management status, and threats of rice terrace systems in South Korea,

Display and Communication

China, and Vietnam, Ph.D. candidate KIM Jin-won from Dongguk University presented corresponding strategic suggestions for each region. SONG Won-seob, Senior Research Fellow at the Centre for Jeju Studies, provided a comprehensive overview of the threats facing the "Jeju Haenyeo Fisheries System, South Korea", including aging population, population decline, and a sharp reduction in rural fishing resources, and proposed measures such as accident prevention, establishing Haenyeo schools, and initiating projects for the recovery of rural fishing resources.

Examining the "Huzhou Mulberry-dyke and Fish Pond System", XU Minli, President of the Huzhou Mulberry-dyke and Fish Pond Industrial Association, systematically analyzed the role of the mulberry-dyke and fish pond industry in AHS exploration, conservation, inheritance, and utilization, increasing farmers' income and supporting the implementation of rural revitalization strategies, and proposed to promote the integrated development of primary, secondary, and tertiary industries, strengthen the connection of farmers' interests in agricultural heritage sites, and establish a long-term AHS conservation mechanism. Ph.D. candidate ZHANG Bitian from CAS-IGSNRR delved into the significance of excavating and inheriting traditional knowledge within AHS, categorized this traditional knowledge into classes such as efficient use of ecological resources, biodiversity conservation, disaster prevention, and livelihood maintenance, and proposed conducting a comprehensive survey of traditional knowledge within AHS and enhancing the capacity for its inheritance.

Professor SUN Yehong from Beijing Union University, China, focusing on traditional cuisine within the context of AHS tourism development and using the "Qingtian Rice-Fish Culture " as a case study, delved into the relationship between tourist environmental responsibility and traditional dietary preferences. Following an introduction to the new model of ecological tourism development in Honghe County, Professor ZHANG Hongzhen from the Honghe University of China proposed a principle of "government leadership, resource coordination, market operation, and key construction", aiming to address the escalating issue of terrace abandonment, the intensification of conflicts between resident interests and heritage protection. Professor Zhang suggested to comprehensively manage the integrated tourism resources of Honghe Honi Rice Terraces, establish a tourism system that

A Decade of Partnership : Research Collaboration on Conservation of Agricultural Heritage Systems in East Asia (2013-2023)

334

integrates both the cultural landscape heritage and intangible cultural heritage of Hani Rice Terraces, and contribute to its "protection, development, operation, and back-feeding". Using "Honghe Hani Rice Terraces" as an example, Associate Professor LIU Moucheng from CAS-IGSNRR utilized a multi-objective production decision model to assess the impact of current ecological compensation policies on the production behavior and well-being of farmers in agricultural heritage sites.

2.3   AHS and Multi-Stakeholder Collaboration

In addressing the management system of KIFHS, Research Fellow RYU Jeong-gon from the Korea Maritime Institute introduced South Korea's sustainable fisheries certification system, highlighted the role of the Maritime Management Committee in sustaining fisheries development, ensuring production, driving sales, and optimizing the assessment, monitoring, and management of fisheries resources. Additionally, he proposed the establishment of a collaborative management system involving various stakeholders of the government, communities, schools, and non-governmental organizations. Professor Vafadari KAZEM from Ritsumeikan Asia Pacific University, based on an investigation into Japanese AHS governance, analyzed the advantages of a government-involved model in leading rural tourism development, and pointed out the current challenges of excessive reliance on government subsidies and the lack of successors in relevant business. Taking the "Longsheng Longji Terraces" in Guangxi Province, one of China's "Rice Terraces in Southern Mountainous and Hilly Areas" as an example, Assistant Professor ZHANG Yongxun from the Chinese Academy of Agricultural Sciences elaborated on the changes in terrace landscapes, local industry development, and farmers' income. He emphasized that the key to terrace protection lies in establishing a multi-stakeholder mechanism, the leadership role of rural experts, democratic decision-making, and an effective supervision mechanism.

2.4   AHS and the Young Generation

Associate Professor JIAO Wenjun from CAS-IGSNRR presented the creative concept, process, and current status of promoting GIAHS through thematic picture books, emphasized the growing importance of popularizing AHS-related

Performance

knowledge and identified exploring educational approaches tailored to diverse audiences as a key focus for research and practical implementation. Taking on the role of community managers, Associate Professor TOYODA Mitsuyo from Niigata University analyzed the factors contributing to the decline of AHS communities, using the "Sado's *Satoyama* in Harmony with Japanese Crested Ibis" as a case study, and proposed a community meeting model of "Ideas-Planning-Action-Feedback", urging the establishment of mechanisms for youth engagement in communities to explore unique characteristics of their communities, strengthen resident connections, and support community revitalization.

Emeritus Professor NAKAMURA Koji from Kanazawa University in Japan assessed the contributions of GIAHS to social sustainable development, covering aspects such as livelihood material supply, climate hydrological regulation, and traditional cultural education. Through a comparative analysis of the development status of "Noto's *Satoyama* and *Satoumi*, Japan", "Sado's Satoyama in Harmony with Japanese Crested Ibis, Japan" and "Ifugao Rice Terraces, Philippines", NAKAMURA Koji highlighted challenges in agricultural heritage sites, such as a shortage of young labor and irregularities in the tourism development, emphasizing the necessity of involving the younger generation in the development of agricultural heritage sites. LIN Siwen, Chairman of the Political Consultative Conference of Youxi County, Fujian Province, China, presented the protection and development measures and their effectiveness for "Youxi Lianhe Terraces", one of the "Rice Terraces in Southern Mountainous and Hilly Areas" in China, and underscored the significance of multi-stakeholder participation in advancing the tourism development of agricultural heritage sites.

2.5 Value and Development of AHS in Tea Cultivation

KIM Jong-cheol, the Director of the Institute of Hadong Green Tea in South Korea, outlined the value of the "Traditional Hadong Tea Agrosystem in Hwagae-myeon, South Korea" from perspectives of genetic resource preservation, ecological cycles, ecosystem services, industrial development, and cultural heritage, and proposed strategies for its development, including enhancing disaster management capabilities, promoting diversified export business, and producing a variety of products. Taking the inheritance of West Lake Longjing tea-making techniques as a case study, Professor ZHU Shigui from Nanjing Agricultural University in China discussed methods for the inheritance and utilization of tea art, suggesting the establishment of management institutions, strengthening policy support, and protecting tea art inheritors. Research fellow JEONG Myeong-cheol from the National Academy of Agricultural Science of South Korea presented dynamic conservation strategies for the "Traditional Hadong Tea Agrosystem in Hwagae-myeon, South Korea", including achieving regional revitalization through

Group photo in reception

the construction of a sustainable rural development and cycle system, and proposed the development strategies to build an information-sharing platform, strengthen agricultural environmental monitoring, and restrict land use.

Using "Traditional Tea-grass Integrated System in Shizuoka" in Japan as an example, Professor FUJIKAWA Tomonori from the University of Tokyo analyzed the benefits of traditional comprehensive tea tree cultivation and corresponding brand promotion strategies based on environmental information. Focusing on the role of bamboo in royal, scholarly, and farming contexts, PARK In-jong, the Section Chief from the Bamboo Resources Research Center in South Korea, explored the value characteristics of the "Damyang Bamboo Field Agriculture System, South Korea" and underscored its role in safeguarding farmers' food and livelihood.

2.6　The Value and Significance of AHS

Taking the "Pidu Bamboo Forest and Farming Culture System" as an example, Associate Professor WANG Bin from the Research Institute of Subtropical Forestry, Chinese Academy of Forestry, investigated the soil nutrient characteristics and spatial variations of waterlogged and drought-farmed fields in Pidu District, Chengdu. The study explored the distribution differences of these fields across various soil types and planting patterns, and proposed waterlogged and drought-farmed fields as a biologically integrated farming method, combining cultivation and land nurturing, with the effects to enhance yield, improve soil fertility, reduce weed damage, and alleviate pest and disease infestations. Using Pidu District in Sichuan Province as a case study, Professor YANG Liyun from Beijing University of Science and Technology employed an input-output model to analyze the input-output ratios of different traditional planting patterns, and concluded that, compared with modern continuous cropping patterns, traditional crop rotation patterns have lower dependence on chemical fertilizers and pesticides. Based on this finding, strategies were suggested for preserving agricultural culture and utilizing green branding to ensure the sustainable development of traditional crop rotation patterns.

Professor KIM Ok-sam from Chonnam National University in South Korea provided a comprehensive overview of the historical development of the

"Bosung Mud Flatboat Fishery System, South Korea", delved into the structural characteristics of various mud flatboats and their roles in maintaining the system's sustainable development, and proposed protective measures for these structures. Research Fellow HAN Sang-woo from Gyeongnam Institute highlighted the historical development of primitive fishing weirs and emphasized their value in terms of fisheries production, environmental conservation, and landscape preservation. Taking the example of traditional farming tools in Tokushima, Japan, Associate Professor NAITO Naoki from Tokushima University analyzed the significance of material culture within AHS and proposed protective strategies. After outlining the topographical and soil type characteristics of the "Nishi-Awa Steep Slope Land Agriculture System, Japan", he systematically introduced the types, usage, and importance of traditional farming tools, and proposed conservation strategies, including morphological preservation through museums and factories, nurturing traditional craftsmen, and introducing alternative agricultural machinery.

Deputy Mayor WU Xiaojun of Qingyuan County, Zhejiang Province, China, presented the characteristics and value of the "Qingyuan Forest-Mushroom Co-culture System in Zhejiang Province", and highlighted the current priorities, which involve fostering and celebrating mushroom culture through festive events and focusing on its inheritance and protection. The strategies include publishing dedicated works on mushroom culture, extensive publicity, establishing a mushroom museum for a deeper exploration of this heritage, and enhancing the AHS conservation system development and the management structure for vital AHS. Deputy Chief PEI Huanbin from Ar Horqin Banner, Inner Mongolia, China, provided a comprehensive overview of the "Ar Horqin Grassland Nomadic System in Inner Mongolia" from its characteristics, challenges in conservation and development, and sustainable development goals, emphasized the system's dynamic, composite, adaptive, and multifunctional nature, and proposed an integrated approach to promote the protection and development of the Mongolian nomadic system by focusing on safeguarding the core nomadic areas, developing ecological products, promoting leisure animal husbandry, and enhancing infrastructure.

3 Summary and Outlook

3.1 Unveiling the Essence and Value of AHS

Despite the discussions on the value and importance of AHS by various experts and scholars at this conference, much of the research remained limited to superficial level value analysis and tended to overly focus on ensuring food security, preserving the ecological environment, and safeguarding traditional culture. Different AHS exhibit variations in systemic structures and maintenance mechanisms, with distinct functions and approaches in production, daily life, and ecology. Therefore, a more meticulous and in-depth research approach is required to unveil the true value of AHS. The research outcomes can then be used to clearly define the objects that need protection and formulate relevant development strategies.

3.2 Enhancing AHS Assessment and Monitoring

In addition to evaluating the values of AHS in specific aspects such as ecology, economy, and culture, there is a need to explore methods for assessing the comprehensive value of AHS. While some initial exploration has been undertaken in the monitoring of AHS in East Asia, this work is still in its early stages, and future efforts should be made to actively promote the practical application of AHS monitoring systems.

3.3 Focusing on the Educational Outreach for AHS Promotion

After completing crucial tasks such as introducing the concept, discussing the value, and implementing management practices, the focus has shifted to educational outreach as a new priority for AHS. Under the topic of "AHS and the Younger Generation", scholars emphasized the need for increased involvement of young people in the development of agricultural heritage sites, highlighted the role of young people in sustainable inheritance and development, as well as the impact of promotional efforts on raising awareness about heritage. Compared with Japan and South Korea, China's AHS promotion efforts are still in the early stages, and it should actively explore the theoretical development and practical application of multi-party integrated AHS promotion.

Traditional Hadong Tea Agrosystem in Hwagae-myeon, Republic of Korea

Hadong-gun is located in the southern part of the Korean Peninsula, West of Gyeongsangnam-do. Among the many tea producing areas across the country, the most prominent area of hand-made tea production, Hwagae-myeon, is located in the northwest part of Hadong-gun. Surrounded by Jiri Mountain, the total area of Hwagae-myeon is composed of mountainous regions 100~1,000m high with steep mountains bordering the area. Hwagae-myeon makes up 87.8% of the green tea production in Hadong-gun and still maintains its traditional tea agriculture system. Hwagae-myeon is a prominent tea-producing area leading the development of the country's tea industry and tea culture, along with its upper administrative division, Hadong-gun.

Hwagae-myeon boasts 1,200 tea cultivation history. The Buddhist culture flourished in Hwagae where many temples played an important role

Landscape of the heritage site

so that people referred to it as "Jiri Mountain Buddhism." The tea fields were created on slopes, suitable to grow native tea plants. Geographically, this area has some adverse conditions for tea farming. However, the locals were smart to cultivate tea fields on slopes helping the forest block the cold wind and the moisture naturally flowing from Hwagae Stream maintain the optimal humidity and temperature. Hwagae Stream could form a microclimate environment apt to cultivate tea.

Traditional Hadong Tea Agrosystem in Hwagae-myeon is a nature-friendly agricultural system and manages the land with minimum human intervention in symbiosis with nature. Residents of Hwagae used pulbibae, the region's traditional natural compost made of the by-products from the adjacent oak forests and the branches and old leaves gained during gaengsin (the region's unique pruning process) in fall, to manage the soil and tea trees. Furthermore, they also prevented the damage to the tea leaves from harmful insects by maintaining the weeds on the lower part of the tea tree without cutting them.

Ecologically, Traditional Hadong Tea Agrosystem in Hwagae-myeon as an ecological axis which connects the habitats of various animals and plants living in or around Jiri Mountain, serves both as an accommodator and supplier of the species. Traditional Hadong Tea Agrosystem in Hwagae-myeon was designated by MAFRA as a KIAHS in 2015, and designated by FAO as a GIAHS in 2017.

A Decade of Partnership ·· Research Collaboration on Conservation of Agricultural Heritage Systems in East Asia (2013-2023)

342

2019.05.21 ERAHS第十二次工作会议

2019年5月21日，ERAHS第十二次工作会议在韩国庆尚南道河东郡召开。会议由ERAHS第六届执行主席、韩国协成大学荣誉教授YOON Won-keun主持，共同主席、中国科学院地理科学与资源研究所研究员闵庆文和日本金泽大学荣誉教授NAKAMURA Koji以及有关专家和农业文化遗产地代表参加了会议。与会人员对"第六届东亚地区农业文化遗产学术研讨会"进行了总结，对韩方的成功组织给予了肯定。按照轮值规则，新一任ERAHS执行主席由中国科学院地理科学与资源研究所研究员闵庆文担任，日本金泽大学荣誉教授NAKAMURA Koji和韩国协成大学荣誉教授YOON Won-keun为共同主席。同时，会议一致通过并确定"第七届东亚地区农业文化遗产学术研讨会"将于2020年9月9—13日[1]在浙江省庆元县举行。此外，会议就申请于2020年在中国昆明召开的《生物多样性公约》缔约方大会的农业文化遗产分会场以及建立中日韩三国的GIAHS网络等相关问题进行了商议及相关工作的部署。

1　后因疫情推迟至2023年6月5—8日。

2019.05.21 ERAHS 第12回作業会合

　　2019年5月21日、ERAHS第12回作業会合は韓国慶尚南道ハドン郡で開催されました。会議はERAHS第6回会議議長で韓国協成大学のYOON Won-keun名誉教授が議長を務め、中国科学院地理科学・資源研究所のMIN Qingwen教授と金沢大学の中村浩二名誉教授が共同議長を務め、農業遺産の専門家や代表者が参加しました。参加者は「第6回東アジア農業遺産学会」を総括し、韓国側の成功裏の開催を賞賛しました。持ち回り規則により、ERAHS議長として中国科学院地理科学・資源研究所のMIN Qingwen教授を選任し、金沢大学の中村浩二名誉教授と韓国協成大学のYOON Won-keun名誉教授を共同議長として選任しました。また2020年9月9—13日[1]に中国浙江省慶元県で「第7回東アジア農業遺産学会」を開催することで合意しました。このほか、2020年に中国昆明で開催される予定の『生物多様性条約』締結大会の農業遺産セッションおよび日中韓3か国間GIAHSネットワークの構築などの議題および業務の展開について議論しました。

十年一剣を磨く 2013—2023 年東アジア農業遺産保全研究協力の歩み

1　コロナ感染症により 2023 年 6 月 5-8 日に遅延。

2019.05.21 ERAHS 제12차 실무 회의

홍보 및 전시

　　ERAHS 제12차 실무 회의는 경상남도 하동군에서 2019년 5월 21일 개최되었습니다. ERAHS 제6기 집행의장인 윤원근 협성대학 교수가 회의를 주재하고 공동의장을 맡은 MIN Qingwen 중국과학원 지리학 자원연구소 교수와 NAKAMURA Koji 일본 가나자와 대학 명예교수, 관련 전문가와 농업유산 지역 대표들이 참석했다. 참석자들은 '제6회 동아시아 농업유산 국제 컨퍼런스'를 총평하고 한국측의 성공적인 개최를 인정했다. 순번 규칙에 따라 신임 ERAHS 집행의장은 MIN Qingwen 중국과학원 지리학 자원연구소 교수가 맡았으며 NAKAMURA Koji 일본 가나자와 대학 명예교수와 윤원근 협성대학 교수가 공동의장을 담당하고.' 제7회 동아시아 농업유산 국제 컨퍼런스'를 2020년 9월 9-13일[1] 저장성 칭위안현에서 개최하기로 결정했습니다. 또한 2020년 중국 쿤밍에서 개최될 <생물 다양성협약> 당사국 총회의 농업유산 분과를 개설하고, 한중일 GIAHS 네트워크 구축 등 관련 문제에 대해 논의했습니다.

1　그 후 코로나 발생으로 인해 2023년 6월 5-8일로 연기되었다.

2019.05.21 The 12th Working Meeting of ERAHS

On May 21, 2019, the 12th Working Meeting of ERAHS was held in Hadong County, Gyeongsangnam-do, South Korea. The meeting was presided over by YOON Won-keun, Emeritus Professor at Hyupsung University and Executive Chair of the 6th ERAHS Conference. Two Co-Chairs, Professor MIN Qingwen from CAS-IGSNRR and Emeritus Professor NAKAMURA Koji from Kanazawa University, along with relevant experts and representatives from agricultural heritage sites, participated in the meeting. The attendees reviewed the outcomes of the 6th ERAHS Conference and acknowledged the successful organization by the South Korean hosts. Following the rotational rule, Professor MIN Qingwen from CAS-IGSNRR was selected as the new ERAHS Executive Chair, with Emeritus Professors NAKAMURA Koji and YOON Won-keun serving as Co-Chairs. Additionally, the attendees unanimously approved and confirmed that the 7th ERAHS Conference would take place in Qingyuan County, Zhejiang Province, China, from September 9 to 13, 2020[1]. Furthermore, the participants discussed other relevant matters, including applying to establish an AHS sub-meeting at the Convention on Biological Diversity to be held in Kunming, China, in 2020, and the establishment of a China-Japan-South Korea GIAHS network and related work deployment.

---

1   Later postponed to June 5-8, 2023, due to the Covid-19 outbreak.

2022.04.28 ERAHS第十三次工作会议

线上会议

2022年4月28日，ERAHS第十三次工作会议在线上召开。ERAHS第七届执行主席闵庆文和执行秘书长焦雯珺、ERAHS共同主席NAKAMURA Koji和YOON Won-keun、共同秘书长NAGATA Akira和PARK Yoon-ho，以及浙江省庆元县副县长李颖、庆元县政府办公室副主任柳林飞、中共庆元县委宣传部副部长刘伟、庆元县食用菌产业中心主任叶晓星和科长黄卫华、庆元县机关事务保障中心副主任吴坤林等出席会议。会上，中日韩三方介绍了过去两年各自国家农业文化遗产保护与管理的主要进展，李颖副县长介绍了拟于11月9—12日[1]在庆元县举办的"第七届东亚地区农业文化遗产大会"筹备方案，参会人员就会议筹备细节进行了讨论，并针对ERAHS未来发展方向和工作计划提出了意见与建议。

---

1 后因疫情推迟至2023年6月5—8日。

2022.04.28 ERAHS 第 13 回作業会合

　　2022年4月28日、ERAHS第13回作業会合がオンラインで開催され、ERAHS第7回会議議長のMIN Qingwen氏と事務局長のJIAO Wenjun氏、ERAHS共同議長の中村浩二教授とYOON Won-keun教授、共同事務局長の永田明氏とPARK Yoon-ho氏、中国浙江省慶元県副県長のLI Ying氏、中国慶元県政府弁公室副主任のLIU Linfei氏、中国共産党慶元県委宣伝部副部長のLIU Wei氏、中国慶元県食用菌産業センター主任のYE Xiaoxing氏と科長のHUANG Weihua氏、中国慶元県機関事務保障センター副主任のWU Kunlin氏などが出席しました。会議では、中国、日本、韓国がそれぞれの国の過去2年間の農業遺産の保全と管理の主な進展を紹介し、LI Ying副県長は11月9-12日[1]に中国慶元県で開催される予定の「第7回東アジア農業遺産大会」の準備作業を紹介しました。参加者は、準備プログラムを議論し、ERAHSの今後の方向性や作業計画について意見や提案を提示しました。

オンライン会議

1　後にコロナ感染症の影響により2023年6月5日-8日に遅延。

十年一剣を磨く 2013—2023 年東アジア農業遺産保全研究協力の歩み

2022.04.28 ERAHS 제13차 실무 회의

ERAHS 제13차 실무 회의는 2022년 4월 28일 온라인으로 개최되었습니다. ERAHS 제7기 집행의장인 MIN Qingwen 중국과학원 지리학 자원연구소 교수와 집행 사무국장 JIAO Wenjun 부교수, ERAHS 공동의장인 NAKAMURA Koji 일본 가나자와대학 교수와 윤원근 협성대학 교수, 공동사무국장인 NAGATA Akira 유엔대학 지속가능성 고등연구소 객원연구원과 박윤호 한국 농어촌유산학회 이사, LI Ying 저장성 중국칭위안현 부현장, LIU Linfei 중국 칭위안현 정부사무소 부주임, LIU Wei 중국공산당 중국칭위안현 선전부 부부장, 중국칭위안현 식용균 산업 센터의 YE Xiaoxing 주임과 HUANG Weihua 과장, 중국칭위안현 기관 사무 보장 센터 우쿤린 부주임이 회의에 참석했습니다. 한중일은 지난 2년간 국가농업유산 보전 및 관리의 주요 진행상황을 소개했으며 LI Ying 부현장은 11월 9일부터 12일까지[1] 칭위안현에서 개최예정인 '제7회 동아시아 농업유산 국제 컨퍼런스'의 준비 계획을 소개하고 참석자들이 회의 준비에 대한 세부 사항을 논의하고 ERAHS의 향후 발전 방향과 작업 계획에 대한 의견과 제안을 제시했습니다.

---

1 그 후 코로나 발생으로 인해 2023년 6월 5일부터 8일까지로 연기됨.

2022.04.28 The 13th Working Meeting of ERAHS

The 13th ERAHS Working Meeting was held online on April 28, 2022. Professor MIN Qingwen, the Executive Chair of the 7th ERAHS Conference, Executive Secretary-General JIAO Wenjun, Co-Chairs NAKAMURA Koji and YOON Won-keun, along with Co-Secretary-Generals NAGATA Akira and PARK Yoon-ho, LI Ying, Deputy Mayor of Qingyuan County, LIU Linfei, Deputy Director of the Qingyuan County Government Office, LIU Wei, Deputy Director of the Propaganda Department of the Qingyuan County Party Committee, YE Xiaoxing, Director of the Edible Fungi Industrial Center of Qingyuan County, HUANG Weihua, Section Chief of the Edible Fungi Industrial Center of Qingyuan County and other representatives attended the meeting. During the meeting, representatives from China, Japan, and South Korea provided updates on the progress of AHS conservation and management in their respective countries. Additionally, Deputy Mayor LI Ying presented the preparations for the 7th ERAHS Conference scheduled to be held in Qingyuan County from November 9 to 12[1]. Participants discussed the relevant details and offered suggestions regarding the future development and work plans of ERAHS.

---

1 Later postponed to June 5-8, 2023, due to the Covid-19 outbreak.

A Decade of Partnership⋯ Research Collaboration on Conservation of Agricultural Heritage Systems in East Asia (2013-2023)

2023.02.17 ERAHS第十四次工作会议

2023年2月17日，ERAHS第十四次工作会议在线上召开。ERAHS第七届执行主席闵庆文和执行秘书长焦雯珺、ERAHS共同主席NAKAMURA Koji和YOON Won-keun、共同秘书长NAGATA Akira和PARK Yoon-ho，以及浙江省农业农村厅对外合作中心副主任单红玲与科长方淑艳、庆元县政府办公室副主任柳林飞和外事科科长周冰洁、庆元县食用菌产业中心主任叶晓星和农业文化遗产办公室科长黄卫华等出席会议。

中日韩三方代表介绍了各自国家农业文化遗产保护与管理的最新进展，叶晓星主任介绍了拟于6月5—8日在庆元县举办的"第七届东亚地区农业文化遗产大会"筹备方案，参会人员就会议筹备细节进行了讨论。经研究，第七届东亚地区农业文化遗产大会的主题为"保护农业文化遗产 促进食物系统转型"，会期共4天，与会代表将应邀参加6月5日举行的"中国•丽水农业文化遗产保护日"启动仪式，6—7日举行大会开闭幕式、主旨报告与分会场研讨，7—8日考察"浙江庆元林—菇共育系统"。

参会人员讨论

2023.02.17 ERAHS 第 14 回作業会合

　2023 年 2 月 17 日、ERAHS 第 14 回作業会合がオンラインで開催され、ERAHS 第 8 回会議議長の MIN Qingwen 氏、事務局長の JIAO Wenjun 氏、ERAHS 共同議長の中村浩二氏と YOON Won-keun 氏、共同事務局長の永田明氏と PARK Yoon-ho 氏、および中国浙江省農業農村庁対外合作センター副主任の SHAN Hongling 氏、科長の FANG Shuyan 氏、慶元県副主任の LIU Linfei 氏と外事科科長の ZHOU Bingjie 氏、慶元県食用菌産業センター主任の YE Xiaoxing 氏と農業遺産弁公室科長の HUANG Weihua 氏などが出席しました。

　中国、日本、韓国の代表がそれぞれの国の農業遺産の保全と管理の最新状況を紹介し、YE Xiaoxing 主任が 6 月 5 日から 8 日まで中国慶元県で開催される予定の「第 7 回東アジア農業遺産大会」の準備計画を紹介し、参加者は会議の準備内容について議論しました。検討した結果、第 7 回東アジア農業遺産学会のテーマは「農業遺産の保全とフードシステムの転換促進」とし、会議期間は計 4 日間で、代表団は 6 月 5 日に開催される「中国・麗水農業遺産保全デー」発会式に出席します。6 日 -7 日に開閉会式、基調講演、セッション討論を行い、7 日 -8 日に「浙江省慶元県の森林とキノコ栽培の共生システム」を現地視察することで合意しました。

2023.02.17 ERAHS 제14차 실무 회의

ERAHS 제14차 실무 회의는 2023년 2월 17일 온라인으로 개최되었습니다. MIN Qingwen 중국과학원 지리학 자원연구소 교수와 ERAHS 제7기 집행의장인 집행 사무국장인 JIAO Wenjun 부교수, ERAHS 공동의장인 NAKAMURA Koji 일본 가나자와 대학 명예교수와 윤원근 협성대학 명예교수, 공동 사무국장인 NAGATA Akira 유엔대학 지속가능성 고등연구소 객원연구원과 박윤호 한국농어촌유산학회 부회장, 저장성 농업농촌청 대외협력센터 SHAN Hongling 부주임과 FANG Shuyan 과장, 중국칭위안현 정부사무소 LIU Linfei 부주임과 FANG Shuyan 과장, LIU Linfei, ZHOU Bingjie 외사 과장, YE Xiaoxing 중국칭위안현 식용균 산업 센터 주임, HUANG Weihua 농업유산 사무소 과장 등이 참석했습니다.

한중일 3국 대표들은 각 나라의 농업유산 보전과 관리에 대한 최근 진행 상황을 소개했고, YE Xiaoxing 주임은 6월 5일부터 8일까지 칭위안현에서 개최 예정인 '제7회 동아시아 농업유산 국제 컨퍼런스'의 준비 계획을 소개했으며, 참석자들은 회의 준비에 대한 세부 사항을 논의했습니다. 제7회 동아시아 농업유산 국제 컨퍼런스의 주제는 '식품시스템 전환을 촉진하기 위한 농업유산시스템의 보호'으로 결정하고, 총 4일간 개최되며, 참가 대표들은 6월 5일 '중국·여수 농업유산 보전의 날' 발대식에 초청되며, 6-7일 대회 개·폐막식, 기조 연설 및 분과 토론이 진행되며 7-8일 '저장성 칭위안 숲-버섯 공동배양시스템'의 현장 견학을 계획했습니다.

2023.02.17 The 14th Working Meeting of ERAHS

The 14th ERAHS Working Meeting was convened online on February 17, 2023. Professor MIN Qingwen, the Executive Chair of the 7th ERAHS Conference, Executive Secretary-General JIAO Wenjun, Co-Chairs NAKAMURA Koji and YOON Won-keun, Co-Secretary-Generals NAGATA Akira and PARK Yoon-ho, SHAN Hongling, Deputy Director of the Foreign Cooperation Center at the Zhejiang Provincial Department of Agriculture and Rural Affairs, alongside Section Chief FANG Shuyan, LIU Linfei, Deputy Director of the Qingyuan County Government Office, alongside Section Chief ZHOU Bingjie in charge of Foreign Affairs, YE Xiaoxing, Director of the Edible Fungi Industrial Center of Qingyuan County, alongside Section Chief HUANG Weihua in charge of AHS management and other representatives attended the meeting.

Representatives from China, Japan, and South Korea delivered updates on the recent progress in AHS conservation and management in their respective countries. Director YE Xiaoxing presented the preparatory plan for the 7th ERAHS Conference scheduled for June 5-8 in Qingyuan County. The conference's theme was set as "Protecting Agricultural Heritage Systems to Promote Food System Transformation", with the event spanning four days. During the conference, participants would be invited to the launch ceremony of "China Lishui Agricultural Heritage System Conservation Day" on June 5, the opening and closing ceremonies, keynote speeches, and parallel sessions on June 6-7, and an excursion to the "Qingyuan Forest-Mushroom Co-culture System in Zhejiang Province" on June 7-8.

2023.06.05 第七届 ERAHS 大会 [1]

1　会议概况

　　2023 年 6 月 5—8 日，第七届东亚地区农业文化遗产大会在中国浙江省庆元县成功召开。本次大会的主题为"保护农业文化遗产 促进食物系统转型"，旨在分享农业文化遗产保护与发展的近期研究成果与实践经验，探讨农业文化遗产保护在促进食物系统转型、生态保护、文化传承中的作用与路径。会议由 ERAHS、浙江省农业农村厅和丽水市人民政府主办，中国农学会农业文化遗产分会、中国科学院地理科学与资源研究所、丽水市农业农村局和庆元县人民政府承办，日本 GIAHS 网络、韩国农渔村遗产学会、北京联合大学旅游学院和中国自然资源学会国家公园与自然保护地体系研究分会协办。来自 FAO GIAHS 秘书处、农业农村部国际交流服务中心、中国农学会、中国科学院地理科学与资源研究所、浙江省农业农村厅、丽水市人民政府和庆元县人民政府的领导以及中日韩三国的农业文化遗产保护领域的专家、遗产地代表和新闻记者共 150 余人参加。大会议程包括开幕式（含《联合建立"浙江庆元林—菇共育系统"农业文化遗产研究中心协议》的签订仪式）、闭幕式

合影

1　李静怡，焦雯珺，闵庆文 . 保护农业文化遗产 促进食物系统转型——"第七届东亚地区农业文化遗产大会"综述 [J]. 世界农业，2023, (9): 137-140.

签约仪式

（含会旗交接仪式）与主旨报告、分会场、边会、墙报展示、特色产品展览以及实地考察等环节，并开通了线上图文直播。此外，参会代表还应邀参加了6月5日举行的"中国·丽水农业文化遗产保护日"启动仪式。

2 主要交流成果

2.1 东亚地区农业文化遗产保护研究

自FAO GIAHS项目启动以来，东亚地区的农业文化遗产保护研究取得了重要成就。中国科学院院士、中国科学院地理科学与资源研究所研究员于贵瑞从GIAHS分布现状出发，结合全球野外科学观测研究网络及中国生态系统研究网络建设的经验，提出了构建中国及东亚地区农业文化遗产研究网络的设想和建设方案。日本地球环境战略研究所理事长TAKEUCHI Kazuhiko强调了GIAHS的多元价值及其对联合国可持续发展目标的影响，肯定了东亚地区在GIAHS保护中的贡献。FAO GIAHS科学咨询小组委员、日本东京大学教授YAGI Nobuyuki分析了东亚地区GIAHS研究中存在的问题，强调要加强高分辨率地图和农业种植时间表的应用，关注GIAHS的历史演变与动态保护研究。中国科学院地理科学与资源研究所副研究员焦雯珺从管理活动、交流与宣传、学术活动、地方保护行动四个方面，全面回顾了中国的农业文化遗产保护与管理进展。韩国协成大学荣誉教授YOON Won-keun介绍了KIAHS和KIFHS的认定制度、管理制度和最新进展。日本农林水产省农村环境保护室主任TERASHIMA Tomoko介绍了日本在农业文化遗产评估、居民保护意识提升、遗产旅游开发等方面的成效。韩国海洋水产部副主任KIM Ho-jin介绍

了已认定的 12 个 KIFHS 项目，阐释了渔业文化遗产对于促进联合国可持续发展目标实现的意义。

2.2　农业文化遗产地实践经验

中日韩三国参与 GIAHS 工作较早，各农业文化遗产地依据实际情况探索出了保护和管理方式。浙江省庆元县副县长李颖介绍了"浙江庆元林—菇共育系统"的历史起源、价值内涵、特色农产品及产业发展现状。江西农业大学博士生周平介绍了"江西南丰蜜橘栽培系统"的构成、特征及其在经济、社会、生态、科研等多方面的价值，分析了该系统面临的困境并提出了保护措施。河北涉县农业农村局高级农艺师贺献林介绍了"河北涉县旱作石堰梯田系统"的特征，以及当地政府在保护梯田景观与生物多样性等方面制定的政策措施和多方参与工作机制。湖州市农业科技发展中心农艺师王莉分析了"浙江湖州桑基鱼塘系统"在不同基塘比例下的重金属污染风险，认为基塘比例达 4 : 6 时最为适宜。日本滋贺县主任 IKEDA Naoyoshi 介绍了"日本琵琶湖水陆综合农业系统"在文化保护、景观保护、生物多样性保护等方面的管理工作和成效。日本佐渡市农林水产局农业政策处公务员 SAITO Ryo 介绍了佐渡岛的可持续战略与行动计划，总结了人与自然和谐共生的可持续发展模式。日本同志社大学教授 OWADA Junko 以宫城县大崎市为例介绍了 GIAHS 保护对于联合国可持续发展目标的贡献，提出了挖掘湖泊价值、完善农业文化遗产可持续发展目标框架的建议。日本岐阜县里川振兴室主任 KUWADA Tomonori 介绍了"日本长良川香鱼系统"对生态保护的贡献，并针对渔业资源减少、渔民老龄化和价值开发不足等问题提出了保护方案。韩国东国大学博士生 JUNG Na-young 以韩国固城郡东北沿海地区灌溉系统为例，分析了不同土地利用类型的植物分布格局农业灌溉蓄水池对生物多样性保护的重要意义。韩国东国大学博士生 CHOE Ji-won 介绍了韩国蔚珍郡金刚松森林火灾损害情况及其保护计划，强调了考虑社区居民收入和编制土壤管理综合保护方案的重要性。韩国东国大学博士生 JO Yu-na、韩国釜山国立大学博士生 LEE Da Yung 和韩国义城郡办公室经理 LEE Se-yeop 以"韩国义城传统灌溉农业系统"为例，分别分析了农业文化遗产地不同土地利用类型的植物分布格局及人类干扰情况、农业社区的土地利用现状及灌溉设施运作体系、农业文化遗产地社会关系的形成因素和灌溉协会的中介作用。

2.3　食物转型与产业融合发展

　　具有活态性和生产功能是农业文化遗产区别于其他文化遗产的显著特征，并为食物系统转型和产业融合发展奠定了基础。FAO GIAHS科学咨询小组委员、中国农业科学院农业经济与发展研究所研究员李先德分析了中国GIAHS项目的资源优势和核心价值，提出了通过开发利用优势资源和稀缺资源、延伸第一产业链、提高农产品附加值等措施来增加农业文化遗产地的农民收入，进而实现农业文化遗产地乡村振兴。日本国东半岛宇佐地区GIAHS推进协会主席HAYASHI Hiroaki重点介绍了当地的香菇栽培产业及其对环境的影响。中国农业科学院农业经济与发展研究所副研究员张永勋分析了农业文化遗产在维护粮食安全方面的价值，以及在拓展能量与营养来源、拓展食物生产的时空限制方面的重要意义，认为遗产中"大食物观"的思想精髓和丰富实践对新时代粮食安全保障体系的构建有重要的借鉴作用和启示意义。北京农村专业技术协会助理研究员焦存艳介绍了与"鸭"有关的农业文化遗产，认为应将鸭文化与农业文化遗产地产业发展相结合，通过区域品牌打造促进产业发展。黑龙江省拜泉县生态文化博物馆馆长王树清介绍了黑龙江拜泉县生态农业发展模式及相关政策。南京农业大学教授朱世桂介绍了中国茶文化遗产地的茶产品开发现状，认为应从茶产品的水平和垂直多元化角度构建多元产品系统，以满足游客的休闲、体验、学习、康养等多样的需求。

2.4　生物多样性与生态系统保护

　　生物多样性是农业文化遗产的重要组成要素，也是食物系统可持续发展的必要条件，对食物系统转型起着至关重要的作用。浙江大学教授陈欣以"浙江

颁奖仪式

展示与交流

青田稻鱼共生系统""贵州从江侗乡稻—鱼—鸭系统"和"桂西北山地稻鱼复合系统"为例，分析了田鱼的种群结构特征，认为人工繁育是田鱼遗传多样性有效维持的主要动力。中国科学院地理科学与资源研究所副研究员刘某系列举了农业文化遗产在污染防治和退化生态系统恢复中的技术经验，认为农业文化遗产可以为生态恢复的机制、实践和影响因素提供有用的参考。中国林业科学研究院亚热带林业研究所副研究员王斌介绍了"浙江庆元林—菇共育系统"中的森林保育思想和生态循环模式，揭示了独特的山地利用方式和生态循环模式对森林生态系统服务维持的重要意义。联合国大学可持续性高等研究所研究员KOYAMA Sayako，回顾了日本能登半岛GIAHS管理者在生物多样性保护、物种监测与公民参与、地理空间数据库建立和完善、民众意识提高等多个方面的工作成效。日本新潟大学副教授TOYODA Mitsuyo，介绍了日本佐渡可持续发展生活实验室的设计理念和核心特征及其对GIAHS倡议的支持。日本大分县部门主管ASAKUNO Koji介绍了"日本国东半岛宇佐林农渔复合系统"的水循环以及当地开展的人才培养、文化传承、社区建设等活动。韩国釜庆大学荣誉教授ZHANG Chang-ik运用半定量生态系统渔业评价方法，对韩国南部海岸的渔业进行了评估，阐释了农业文化遗产地渔业生物多样性、栖息地质量、就业率等多项指标的评估结果，并提出了培养渔民、建立监测评估制度等政策建议。

2.5　农业文化遗产旅游和居民参与

研究与实践表明，旅游是农业文化遗产潜在生态与文化价值实现的有效方式，也是改善农户生计、促进乡村振兴、推动绿色发展的重要方

式。中国科学院地理科学与资源研究所副研究员杨伦以"甘肃迭部扎尕那农林牧复合系统"为例，分析了旅游发展对农业生产的影响，认为在乡村旅游开发的背景下，农业生产效率存在显著提高。中国人民大学副教授苏明明以"云南红河哈尼稻作梯田系统"为例，分析了遗产旅游对居民福祉的影响，认为农业文化遗产地旅游开发的积极影响主要集中在环境、保护和发展三个维度，且居民的主观幸福感会随着旅游引起的教育需求的增加而降低。北京联合大学教授孙业红以浙江省青田县龙现村为例，介绍了农业文化遗产地主要和辅助类旅游解说资源。浙江省农业科学院助理研究员姚灿灿探究了传统技术型和景观型农业文化遗产的居民角色认同差异，认为"云南红河哈尼稻作梯田系统"核心村居民角色认同程度高于"浙江青田稻鱼共生系统"。北京联合大学讲师周泽鲲分析了虚拟环境下农业文化遗产的认同框架，包括对农业文化遗产地的认同、对农业文化的认同、对当地农民的认同以及自我认同四个方面，认为临场感是农业文化遗产虚拟体验的核心。中国科学院地理科学与资源研究所副研究员何思源以"广东潮安凤凰单丛茶文化系统"为例，分析了家庭状况、社会关系等因素对妇女参与农业文化遗产保护的影响，呼吁在研究和保护过程中重视妇女的作用。日本静冈大学副教授Amnaj KHAOKHRUEAMUANG介绍了"日本静冈传统茶－草复合系统"中的茶叶旅游实践，认为茶空间、茶社区、茶产品和与茶相关的活动是进行茶叶旅游的关键要素，提出茶叶旅游发展可以融合绿色旅游、生态旅游、遗产旅游、美食旅游、体育旅游等多种方式。日本立命馆亚洲太平洋大学教授Vafadari Mehrizi KAZEM以日本国东半岛溜池（Tameike）露天博物馆为例，强调了遗产地社区参与、旅游业发展对农业文化遗产保护的重要意义。韩国区域规划研究所首席执行官GU Jin-hyuk介绍了韩国蔚珍郡利用金刚松林资源开展"生态旅游"、利用当地特产和食品开展"烹饪旅游"、利用金刚松林和温泉开展"康养旅游"等多种农业文化遗产旅游的发展方式。

2.6 传统知识与农耕文化发掘与保护

农业文化遗产具有较高的文化价值，其蕴含的传统知识和农耕文化能够为食物系统的转型和可持续发展提供实践经验。华南农业大学副教授赵飞介绍了广州市区域农耕文化资源本底调查的具体方案，展示了调查报告、资源图录、数据库、电子地图等成果。香港树仁大学副教授麦秀华分析了具有

多重身份的跨网络行动者在农业文化遗产保护和管理中的重要作用，阐明了地方文化认同与文化营销、遗产认定和等级对农业文化遗产地经济社会可持续发展的影响。日本山形县园艺推进处主任 SATO Takahiro 介绍了最上川流域的传统文化，认为红花系统和与其相关的传统技术及多元文化具有较高的经济、文化、历史等价值。河南大学副教授李茂林分析了水域立体生态保育型农业文化遗产的功能和价值，并探究了其可持续机理。贵州省社会科学研究院研究员李发耀、知识产权出版社高级工程师龙文分别介绍了地理标志保护类型和农业文化遗产地地理标志产业发展现状，并提出应加强传统知识保护，助力农业文化遗产地地理标志产业高质量发展。日本京都大学博士生 IWAO Nozomi 介绍了"日本西阿波陡坡地农业系统"开展的文化传承、景观维持及研学教育活动。

2.7 国家公园建设与地方社区发展

许多农业文化遗产地与国家公园等自然保护地存在空间交叠或邻近情况，农业文化遗产保护对国家公园建设及其生物多样性保护具有的重要意义已取得广泛共识。为此，本次大会特别设置了"国家公园与地方社区发展"边会。浙江工商大学教授张海霞以中国国家公园为例，总结了国家公园特许经营实践的协作关系及主要模式，提出了共同体协作路径。中国科学院科技战略咨询研究院助理研究员魏钰提出了"国家公园社区可持续性"的概念，构建了中国国家公园社区可持续性评价指标体系。浙江丽水市林业局局长、百山祖国家公园管理局局长廖永平介绍了百山祖国家公园社区产业发展的探索实践，总结了包括品牌引领、旅游业发展、生态产品价值实现在内的产业发展路径。同济大学助理教授彭婉婷以云南大山包黑颈鹤国家级自然保护区为例，针对物种保护与社区发展的冲突，提出了细化分区的管控方法与协同机制。中央民族大学教授彭建以祁连山国家公园为例，分析了旅游作为居民替代生计的影响因素，认为限制因素主要包括旅游业的发展规模和居民的参与能力。福建农林大学副教授廖凌云以武夷山国家公园的入口社区星村为研究对象，构建了国家公园入口社区可持续生计评估指标体系并评估了星村的生计资本结构，提出了人力资本提升、产业引导升级、完善社区参与制度等方面的优化策略。日本宫城县大崎市 GIAHS 推进协会总经理 ABE Yuki 介绍了"大崎耕土"周边居民利用区域特色资源进行多元化社区发展的多种实践方式。韩国东国大学博士生 LEE Seung-joon 介绍了韩国国家公园乡村生态旅游的发展现状，并提出了包括增加生态旅游的宣传力度、鼓励村民返乡、改善交通状况等在内的应对措施。

3 总结与展望

本次大会产生了良好的社会影响。大会期间，人民日报海外版、光明日报、农民日报、中国新闻社等多家媒体对此进行了报道，线上图文直播点击量超过20万次，充分印证了ERAHS成立10年来对中日韩三国的农业文化遗产保护、利用及学术研究产生的积极影响，并已成为最重要的区域性农业文化遗产交流平台与合作机制。大会的交流成果也反映了当前农业文化遗产及其保护研究的发展趋势，未来研究应聚焦下面几个方面。

3.1 农业文化遗产的内在机制研究

农业文化遗产蕴含着丰富的农耕智慧。传统耕作方式能够在满足人类生存需要的同时保护农业文化遗产地生态环境和生物多样性，传统农耕文化如乡规民约等集体行为规范中蕴含着对自然规律的尊重，是促进乡村可持续发展的良好借鉴。然而，本次大会中围绕农业文化遗产的研究大多集中在遗产的价值、功能和利用方式等方面，有关农业文化遗产内部结构及作用机制的研究较为缺乏。因此，需要加强农业文化遗产的物质循环、系统演化和维持机制等方面的研究，探究农业文化遗产中人与自然的共生模式，并积极进行推广和应用。

3.2 农业文化遗产的可持续发展研究

农业文化遗产的保护具有积极的正外部性，能够缓解人类面临的生物多样性减少、土地退化及荒漠化、全球气候变暖等风险，与联合国可持续发展目标有相似的发展愿景。例如，农业文化遗产作为可持续的生产模式，满足"确保可持续的生产模式"目标；GIAHS的"食物与生计安全"认定标准有利于"消除贫困、消除饥饿、实现充分就业"目标的实现。因此，要深入探究农业文化遗产对人类社会可持续发展的贡献，分析农业文化遗产与社会生态系统理论、自然受益目标等之间的联系，探究其作用机制。

3.3 农业文化遗产的管理制度研究

农业文化遗产的保护依赖于适宜的管理制度和保护措施。在本次大会

中，部分学者围绕农业文化遗产地的地理标志认定及商业标识设计等内容进行了交流，但有关农业文化遗产管理制度方面的研究仍较为缺乏。目前，各级农业文化遗产均存在重申报、轻管理的现象，加强管理制度研究十分迫切。因此，应加强农业文化遗产的管理体制研究，探究合理的管理方式、保护路径，明确利益相关方的参与对农业文化遗产保护和发展的影响，助力政策调整与完善。

3.4　农业文化遗产的对比分析研究

在农业文化遗产保护和发展过程中，存在同类型农业文化遗产地的差异化发展及不同农业文化遗产地发展方式相互借鉴的现象。在本次大会中，学者们围绕农业文化遗产地的产业发展、生态保护与居民生计拓展等方面进行了经验分享，但多以单一农业文化遗产为案例进行研究，在空间和时间上的对比分析较为缺乏。因此，未来应加强对比研究，从时间上分析农业文化遗产地某时期的前后变化或对其进行长期监测；从空间上分析相似的农业文化遗产的保护与发展模式等内容。

3.5　农业文化遗产的综合评估研究

FAO GIAHS 项目启动已有20余年，对农业文化遗产地乡村振兴、产业发展以及人民生活改善均带来了不同程度的影响，但目前还缺少相应的综合评估方案，难以进一步明确农业文化遗产的认定、保护和管理对农业文化遗产地的影响。因此，未来的研究应当融合多学科的专业知识和分析方法，围绕农业文化遗产的效果评估进行分析和研究，为农业文化遗产的保护和管理进行阶段性总结和评价。

浙江庆元林—菇共育系统

庆元县位于浙江省西南部山区。庆元林—菇共育系统位于庆元县北部山区，是千百年来庆元菇民合理利用森林资源发展食用菌产业而形成的以森林可持续经营、食用菌产业发展、资源循环利用为核心，包括独特的林—菇共育技术体系、丰富的森林生态文化与香菇文化以及结构合理的生态景观在内的山地林农复合系统。

遗产地居民通过森林保育、菌菇栽培、农业生产等多种方式，实

现了食物与生计安全，并创造了人与自然和谐的林—菇共育技术体系，保留了从剁花法到段木法再到代料法的食用菌栽培技术完整演化链，孕育了丰富多样的森林生态文化和香菇文化，形成了结构合理的土地利用类型和生态景观。正是依托林—菇共育，遗产地居民的生计安全得以保障，文化得以延续和传承，实现了人与自然的和谐发展。

庆元林—菇共育系统独特的山地利用方式和创造性的生态循环模式，对于应对当今森林资源破坏严重、生物多样性减少、生态系统服务功能退化、生态保护与经济发展矛盾突出以及贫困和食物安全等问题具有重要意义。当地菇民根据森林与菌物互利共生的生态学原理，形成的森林保育思想、林—菇共育生态循环模式不仅有效保护了生物多样性和良好生态环境，而且与当今可持续发展理念可谓一脉相承。以食用菌为核心的多样化的农林牧渔产品，保障了当地居民的食物和营养需求，多样化的产业促进了地方经济的发展和山区农民的贫困缓解。食用菌栽培技术更是促进了世界其他地区食用菌产业的发展。

浙江庆元林—菇共育系统于2014年被农业部认定为China-NIAHS，于2022年被FAO认定为GIAHS。

遗产地景观

2023.06.05 第7回 ERAHS 大会¹

1　会議の概要

　　第7回東アジア農業遺産学会は、2023年6月5日から8日にかけて中国浙江省慶元県で開催され、成功を収めました。会議のテーマは「農業遺産の保全とフードシステムの転換促進」で、農業遺産の保全と発展に関する最近の研究成果と実践経験を共有し、フードシステムの転換促進、生態保全、文化継承における農業遺産の保全の役割と道筋について議論することを目的としました。会議は、ERAHS、中国浙江省農業農村庁と麗水市人民政府が主催し、中国農学会農業遺産分会、中国科学院地理科学・資源研究所、麗水市農業農村局と慶元県人民政府が運営し、日本のJ-GIAHSネットワーク会議、韓国農漁村遺産学会、中国北京連合大学観光学院と中国自然資源学会国立公園・自然保護地システム研究分会が共催しました。FAO GIAHS事務局、中国農業農村部国際交流サービスセンター、中国農学会、中国科学院地理科学・資源研究所、中国浙江省農業農村庁、中国麗水市人民政府と慶元県人民政府の代表者、日中韓3か国の農業遺産保全分野の専門家、遺産地域代表と報道関係者など150名以上が出席しました。会議プログラムは、開会式（『「浙江省慶元県の森林とキノコ栽培の共生システム」農業遺産研究センター契約』の共同設立に関する協定の調印式を含む）、閉会式（旗の引継ぎ式を含む）、基調講演、セッション、サイドセッション、ポスターセッション、特産品展示会および現地視察などがありました。オンラインライブ放送も行われました。さらに、代表団は6月5日に開催される「中国-麗水農業遺産保全デー」の発会式にも招待されました。

1　以下から翻訳した：LI Jingyi, JIAO Wenjun, MIN Qingwen. 農業遺産の保全とフードシステムの転換促進——「第7回東アジア農業遺産大会」の概要 . 世界農業 , 2023, (09): 137-140.

会旗引継ぎ式

2　主な交流成果

2.1　東アジア地区における農業遺産の保全に関する研究

　　FAO GIAHSプログラムの発足以来、東アジアにおける農業遺産の保全に関する研究において重要な成果が得られました。中国科学院地理科学・資源研究所のYU Guirui研究員は、GIAHSの分布の現状から出発し、世界フィールド科学観測ネットワーク（GFOSN）および中国生態系ネットワーク（ENC）の構築の経験を組み合わせることにより、中国および東アジア地域における農業遺産に関する研究ネットワークの構築のアイデアと構築計画を提示しました。地球環境戦略研究機関（IGES）の武内和彦理事長は、GIAHSの多面的な価値と国連の持続可能な開発目標（SDGs）への影響を強調し、GIAHSの保全に対する東アジア地域の貢献を確認しました。また、FAOのGIAHS科学助言グループのメンバーの東京大学の八木信行教授は、東アジアにおけるGIAHS研究に存在する問題点を分析し、高解像度地図と農業栽培スケジュールの応用を強化する必要性を強調し、GIAHSの歴史的変遷とダイナミックな保全研究に注目しました。中国科学院地理科学・資源研究所のJIAO Wenjun副研究員は、中国におけるGIAHSの保全と管理の進展について、管理活動、コミュニケーションと広報、学術活動、地域の保全活動という4つの側面から包括的なレビューを行いました。韓

展示と交流

国協成大学名誉教授の**YOON Won-keun**氏は、**KIAHS**と**KIFHS**の認定システム、管理システム、最新の進捗状況を紹介しました。農林水産省農村環境保全室の寺島友子室長は、日本の農業遺産の評価、住民の保全意識の向上、ヘリテージツーリズムの発展における有効性を紹介しました。韓国海洋水産部の**KIM Ho-jin**次長は、認定された12の**KIFHS**プロジェクトを紹介し、国連の持続可能な開発目標（SDGs）の達成を推進する上での水産文化遺産の意義について説明しました。

2.2　農業遺産地域の実践経験

中国、日本、韓国は先に**GIAHS**に参加しており、各農業遺産は実情に基づいた保全・管理方法を模索しています。中国浙江省慶元県副県長の**LI Ying**氏は、「浙江省慶元県の森林とキノコ栽培の共生システム」の歴史的起源、価値、特別な農産物、産業発展について紹介しました。江西農業大学博士課程の**ZHOU Ping**氏は、江西省南豊ミカン栽培システムの構成と特徴、経済的、社会的、生態的、科学的研究価値を紹介し、システムが直面している困難を分析し、保全対策を提示しました。河北省渉県農業農村開発局の高級農学者である**HE Xianlin**氏は、「渉県の乾燥地における石垣段畑システム」の特徴、地方政府が策定した政策と措置、段畑景観と生物多様性の保全における多者参加のメカニズムを紹介しました。中国湖州農業科学技術発展センターの農学者である**WANG Li**氏は、「浙江省湖州の桑基魚塘システム」における重金属汚染のリスクを、異なる底池比率の下で

分析し、4：6の底池比率が最も適切であると結論づけました。滋賀県農政課の池田直義氏は、文化保全、景観保全、生物多様性保全の観点から、「森・里・湖（うみ）に育まれる漁業と農業が織りなす琵琶湖システム」の管理と有効性を紹介しました。佐渡市農林水産局農政課の齋藤凌氏は、佐渡の持続可能な戦略と行動計画を紹介し、人類が自然と共生する持続可能な開発モデルをまとめました。同志社大学の大和田順子教授は、宮城県大崎市を例に、GIAHSの保全が国連の持続可能な開発目標（SDGs）に貢献することを紹介し、農業遺産における湖沼の価値の活用とSDGsの枠組み改善への提言を行いました。岐阜県里川振興室の桑田知宣氏は、「清流長良川の鮎―里川における人と鮎のつながり」が生態系保全に貢献していることを紹介し、漁業資源の減少、漁業者の高齢化、価値の不十分な利用に対応する保全計画を提示しました。韓国東国大学の博士課程に在籍するJUNG Na-young氏は、異なる土地利用タイプにおける植物の分布パターンを、ウィソン郡東北沿岸地域の灌漑システムを例にとり、生物多様性保全における農業用水池の意義を分析しました。韓国東国大学の博士課程のCHOE Ji-won氏は、韓国・ウルジン郡金剛松の森林火災被害とその保全計画について発表し、地域住民の所得を考慮し、土壌管理のための統合保全プログラムを作成することの重要性を強調しました。韓国東国大学博士課程のJO Yu-na氏、韓国釜山大学博士課程のLEE Da Yung氏、韓国ウィソン郡事務所長のLEE Se-yeop氏は、それぞれ「韓国ウィソンの伝統的かんがい農業システム」を例に、農業遺産の異なる土地利用形態における植物の分布パターンと人的影響、および農業コミュニティの土地利用を分析しました。

現地視察

十年一剣を磨く 2013―2023 年東アジア農業遺産保全研究協力の歩み

2.3　食料転換と産業統合発展

　　活態性と生産機能は、他の文化遺産とは異なる農業遺産の際立った特徴であり、食料システムの変革と産業統合の発展の礎となります。FAO GIAHS科学助言グループ委員で中国農業科学院農業経済・発展研究所研究員のLI Xiande氏は、中国におけるGIAHSプロジェクトの資源的優位性と中核的価値を分析し、有利で希少な資源を開発・活用し、第一次産業チェーンを拡大し、農産物の付加価値を高めることで、農業遺産における農民の収入を増加させ、農業遺産における農村の活性化を実現する方策を提案しました。国東半島宇佐地域世界農業遺産推進協議会の林浩昭会長は、地域のきのこ栽培産業と環境への影響に焦点を当て紹介しました。中国農業科学院農業経済・発展研究所のZHANG Yongxun副研究員は、食料安全保障の維持における農業遺産の価値と、食料生産の空間的・時間的制約だけでなく、エネルギー・栄養源の拡大における意義を分析し、遺産における「大食物観」の思想と豊かな実践は、新時代における食料安全保障システムの構築にとって重要な参考とインスピレーションを持つと考えました。中国北京農村専門技術協会研究補佐員のJIAO Cunyan氏は、アヒルに関する農業遺産を紹介し、アヒル文化は農業遺産の産業発展と結合させるべきであり、地域ブランド化を通じて産業発展を促進すべきであるとしました。中国黒龍江省拝泉県生態文化博物館のWANG Shuqing館長は、中国黒龍江拝泉県生態系農業発展モデルと関連政策を紹介しました。中国南京農業大学のZHU Shigui教授は、中国茶文化遺産における茶製品開発の現状を紹介し、観光客のレクリエーション、体験、学習、療養などの多様なニーズに対応するため、茶製品の水平的・垂直的な多様化の観点から、多品種生産システムを構築すべきとの考えを示しました。

2.4　生物多様性と生態系保全

　　生物多様性は農業遺産の重要な構成要素であり、フードシステムの持続可能な発展のための必要条件であり、フードシステムの変革において重要な役割を果たします。中国浙江大学のCHEN Xin教授は「浙江青田の水田養魚」、「貴州従江トン族の稲作・養魚・養鴨システム」と「広西省北西山地の水田養魚複合システム」を例に、野生魚の個体群構造の特徴を分

析し、人工繁殖が野生魚の遺伝的多様性を効果的に維持するための主要な原動力であると結論づけました。中国科学院地理科学・資源研究所のLIU Moucheng副研究員は、汚染防止と劣化した生態系の修復における農業遺産の技術的経験を挙げ、農業遺産は生態系修復のメカニズム、実践、影響要因に有益な参考資料を提供できると主張しました。中国林業科学研究院亜熱帯林業研究所のWANG Bin副研究員は、「浙江省慶元県の森林とキノコ栽培の共生システム」における森林保全概念と生態系サイクルモデルを紹介し、森林生態系サービスの維持における独自の山の利用と生態系サイクルモデルの意義を明らかにしました。国際連合大学サステイナビリティ高等研究所の小山明子研究員は、能登半島におけるGIAHS管理者の生物多様性保全、生物種のモニタリングと市民参加、地理空間データベースの構築と改善、一般市民への普及啓発の効果について概説しました。新潟大学の豊田光世准教授は、佐渡サステナブルリビングラボラトリーの設計コンセプトと中核的な特徴、およびGIAHSイニシアティブへの支援について紹介しました。大分県農林水産企画課の朝来野幸治氏は、「クヌギ林とため池がつなぐ国東半島・宇佐の農林水産循環」の水循環と、現地で行われている人材育成、文化遺産、地域づくりなどの活動を紹介しました。韓国釜慶大学のZHANG Chang-ik名誉教授は、半定量的生態系アプローチによる韓国南部沿岸の漁業評価を行い、農業遺産における漁業の生物多様性、生息地の質、雇用率などの指標の評価結果について説明し、漁民の育成やモニタリング・評価システムの構築などの政策提言を行いました。

2.5　農業遺産観光と住民参加

　研究と実践の結果、観光は農業遺産の潜在的な生態学的・文化的価値を実現する効果的な方法であると同時に、農民の生活を向上させ、農村の活性化を促進し、グリーン開発を促進する重要な方法であることが示されています。中国科学院地理科学・資源研究所のYANG Lun副研究員は甘粛省の「ジャガナの農林畜産業複合システム」を例に、観光開発が農業生産に与える影響を分析し、農村観光の発展に伴い、農業生産の効率が大幅に向上すると結論づけました。中国人民大学准教授のSU Mingming氏は「雲南紅河ハニ族の棚田」を例に、遺産観光が住民の幸福に与える影響を分析

日本代表団集合写真

し、農業遺産における観光開発のプラスの影響は、主に環境、保全、開発の3つの次元に集中しており、観光による教育需要の増加によって住民の主観的幸福が増加すると結論づけました。中国北京連合大学のSUN Yehong教授は、中国浙江省青田県龍現村を例に、農業遺産における観光解説資源の主なカテゴリーと補助的なカテゴリーを紹介しました。中国浙江省農業科学院研究補佐員のYAO Cancan氏は、伝統技術をベースとした農業遺産と景観をベースとした農業遺産における住民の役割アイデンティティの違いを探り、「雲南紅河ハニ族の棚田」の中核村における住民の役割アイデンティティは、「青田の水田養魚」における住民の役割アイデンティティよりも高いと結論づけました。中国北京連合大学講師のZHOU Zekun氏は、バーチャル環境における農業遺産のアイデンティティの枠組みについて、農業遺産サイトのアイデンティティ、農業文化のアイデンティティ、地元農民のアイデンティティ、自己アイデンティティの4つの側面から分析し、臨場感が農業遺産のバーチャル体験の核心であると結論づけました。中国科学院地理科学・資源研究所のHE Siyuan副研究員は、「潮安の鳳凰単欉茶文化システム」を例に、農業遺産の保全における女性の参加に家族の地位

や社会関係が与える影響を分析し、研究と保全の過程における女性の役割の重要性を訴えました。静岡大学准教授のAmnaj KHAOKHRUEAMUANG氏は、「静岡の茶草場農法」における茶ツーリズムの実践を紹介し、茶空間、茶コミュニティ、茶製品、茶関連活動が茶ツーリズムの重要な要素であると主張し、茶ツーリズムの発展はグリーンツーリズム、エコツーリズム、ヘリテージツーリズム、ガストロノミーツーリズム、スポーツツーリズムなどと統合できることを提案しました。立命館アジア太平洋大学のVafadari Mehrizi KAZEM教授は、国東半島の溜池山麓野外博物館を例に挙げ、農業遺産を保全するための観光開発と遺産への住民参加の意義を強調しました。韓国ヌリネット最高経営責任者のGU Jin-hyuk氏は、韓国ウルジン郡の金剛松林の資源を活用した「エコツーリズム」、特産品や食品を活用した「料理観光」、金剛松林と温泉を活用した「レクリエーション観光」など、農業遺産観光を発展させるための様々な方法を紹介しました。

2.6　伝統的知識と農業文化の発掘と保全

　　農業遺産は文化的価値が高く、そこに含まれる伝統的知識と農業文化は、食料システムの転換と持続可能な発展のために実践的な経験を提供することができます。中国華南農業大学准教授のZHAO Fei氏は、広州における地域農業文化資源の存在論的調査の具体的なプログラムを紹介し、調査報告書、資源目録、データベース、電子地図の結果を示しました。中国香港樹仁大学のMAK Sau-wa Veronica准教授は、農業遺産の保全・管理における複数のアイデンティティを持つクロスネットワークアクターの重要な役割を分析し、地域の文化アイデンティティと文化マーケティング、遺産認定とランキングが農業遺産の持続可能な経済的・社会的発展に与える影響を解明しました。山形県園芸推進課の佐藤貴裕氏は、最上川流域の伝統文化について紹介し、紅花生産・染色用加工システムとそれに関連する伝統技術、多文化主義には高い経済的・文化的・歴史的価値があると結論づけました。中国河南大学のLI Maolin准教授は、水域の三次元生態保全型農業遺産の機能と価値を分析し、その持続可能なメカニズムを探りました。中国貴州省社会科学研究院研究員のLI Fayao氏と中国知的財産権出版社シニアエンジニアのLONG Wen氏は、それぞれ農業と文化遺産におけるGI保護の種類とGI産業発展の現状を紹介し、農業と文化遺産におけるGI産業

の質の高い発展のために、伝統的知識の保全を強化すべきであると提案しました。京都大学博士課程学生の岩男望氏は、「にし阿波の傾斜地農耕システム」で行われている文化遺産、景観整備、学習・教育活動について紹介しました。

2.7　国立公園の建設と地域コミュニティの発展

多くの農業遺産が国立公園などの自然保護区と重複、あるいは隣接しており、国立公園建設や生物多様性保全のために農業遺産保全の重要性が広く認識されています。そのため、今回の会議では「国立公園と地域コミュニティの発展」をテーマとした特別サイドイベントが開催されました。中国浙江工商大学の ZHANG Haixia 教授は、中国の国立公園を例にとり、国立公園コンセッションの実践における協力関係と主なモデルをまとめ、地域社会との協力の道筋を提案しました。中国科学院科学技術戦略諮問研究院研究補佐員の WEI Yu 氏は、「国立公園のコミュニティの持続可能性」という概念を提唱し、中国の国立公園のコミュニティの持続可能性に関する評価指標システムを構築しました。中国浙江麗水市林業局局長で百山祖国家公園管理局局長の LIAO Yongping 氏は、百山祖国家公園におけるコミュニティの産業発展の探求と実践を紹介し、ブランドリーダーシップ、観光発展、生態製品価値の実現など、産業発展の道筋を総括しました。中国同済大学の PENG Wanting 助理教授は、中国雲南大山包黒頸鶴国家自然保護区を例に挙げ、生物種の保全とコミュニティ発展の相克を考慮し、ファインゾーニングの管理方法と相乗メカニズムを提示しました。中国中央民族大学の PENG Jian 教授は、中国祁連山国家公園を例に、生活する住民の代替生計としての観光に影響を与える要因を分析し、その制約には主に観光開発の規模と住民の参加能力が含まれると結論づけました。中国福建農林大学の LIAO Lingyun 准教授は、中国武夷山国家公園の入口コミュニティである興村を研究対象とし、中国国家公園の入口コミュニティの持続可能な生活評価指標システムを構築し、興村の生活資本構造を評価し、人的資本の強化、産業主導のアップグレード、コミュニティ参加システムの改善という観点から最適化戦略を提示しました。宮城県大崎市世界農業遺産推進協議会の安部祐輝氏は、「大崎耕土」周辺の住民が、地域の特徴的な資源を活かし、多様な地域づくりを実践していることを紹介しました。韓国

東国大学博士課程学生の LEE Seung-joon 氏は、韓国の国立公園における農村エコツーリズムの現状を紹介し、エコツーリズムの振興、村民の帰郷促進、交通事情の改善などの対策を提案しました。

3 まとめと展望

今回の会議は社会的にも大きな影響を与えました。会議期間中、人民日報海外版、光明日報、農民日報、中国新聞社などのメディアが報道し、オンライングラフィック生中継のクリック数は 20 万を超え、ERAHS が過去 10 年間、中国、日本、韓国の農業遺産の保全、利用、学術研究に好影響を与え、農業遺産の交流と協力メカニズムの最も重要な地域プラットフォームとなったことが十分に証明されました。ERAHS は最も重要な地域農業遺産交流プラットフォームと協力メカニズムになりました。また、今回の会議の成果は、農業遺産とその保全に関する研究の現状を反映したものであり、今後の研究は以下の側面に焦点を当てるべきです。

3.1 農業遺産の内在的メカニズムに関する研究

農業遺産には豊かな農耕の知恵が含まれています。伝統的な農法は、人間の生存のニーズを満たしながら、農業遺産の生態環境と生物多様性を保全することができ、村民公約などの集団行動規範などの伝統的な農業文化は、自然の法則を尊重することを含み、農村の持続可能な発展を促進するための良い参考となります。しかし、本会議における農業遺産をめぐる研究のほとんどは、遺産の価値、機能、活用に焦点を当てており、農業遺産の内部構造や作用メカニズムに関する研究は不足しています。したがって、農業遺産の物質循環、システム進化、維持メカニズムに関する研究を強化し、農業遺産における人間と自然の共生様式を探求し、積極的に推進・応用していく必要があります。

3.2 農業遺産の持続的発展に関する研究

農業遺産の保全はプラスの外部性を持ち、生物多様性の減少、土地の劣化や砂漠化、地球温暖化など人類が直面するリスクを軽減することができ、国連の持続可能な開発目標（SDGs）と開発ビジョンが共通しています。例えば、持続可能な生産様式としての農業遺産は、「持続可能な生産

様式の確保」という目的に合致しており、GIAHSの「食料と生活の安全保障」の認定基準は、「貧困と飢餓の撲滅」という目的に資するものです、したがって、農業遺産が人類社会の持続可能な発展にどのように寄与しているかを徹底的に調査し、農業遺産と社会生態系理論、自然の恩恵の目的などとの関連性を分析し、その機能メカニズムを探る必要があります。

3.3　農業遺産の管理システムに関する研究

　　農業遺産の保全は、適切な管理システムと保全措置にかかっています。今回の会議では、地理的表示の認定や農業遺産の商業ロゴのデザインについて意見交換を行った学者もいますが、農業遺産の管理システムに関する研究はまだ不足しています。現在、各レベルの農業遺産は、申請に重点が置かれ、管理に重点が置かれていない現象があり、管理システムに関する研究の強化が急務です。そのため、農業遺産の管理システムに関する研究を強化し、合理的な管理方法と保全経路を模索し、ステークホルダーの参加が農業遺産の保全と発展に与える影響を明らかにし、政策の調整と改善に役立てるべきです。

3.4　農業遺産の比較分析に関する研究

　　農業遺産の保全と発展の過程において、同じ種類の農業遺産の発展が異なる現象と、異なる農業遺産の発展方式が相互に参照する現象があります。今回の会議では、農業遺産における産業発展、生態保全、住民の生活拡大をめぐって、学者たちがそれぞれの経験を共有していますが、その多くは単一の農業遺産をケーススタディとしており、空間的・時間的な比較分析は比較的不足しています。したがって今後は、農業遺産の一定期間前後の変化や長期モニタリングを時間軸で分析したり、類似の農業遺産の保全・発展パターンを空間軸などの内容で分析したりする比較研究を強化すべきです。

3.5　農業遺産の総合評価に関する研究

　　FAOのGIAHSプロジェクトが発足から20年以上が経過し、農村の活性化、産業の発展、農耕文化遺産における人々の生活向上にさまざまな程度の影響をもたらしてきましたが、農耕文化遺産の識別、保全、管理が農耕文化遺産に与える影響をさらに明らかにするための包括的な評価プログラムはま

だ不足しています。そのため、今後の研究では、農業遺産の影響評価を軸に、複数の学問分野の専門知識と分析手法を統合して分析・研究し、農業遺産の保全・管理に関する段階的な総括と評価を行う必要があります。

中国浙江省慶元県の森林とキノコ栽培の共生システム

　　中国慶元県は浙江省南西部の山岳地帯に位置し、慶元県の森林とキノコ栽培の共生システムは慶元県北部の山岳地帯に位置しています。慶元のきのこ栽培農家は森林資源を合理的に利用して食用キノコ産業を発展させ、数千年の歳月をかけて形成した山岳森林農業複合システムは、森林の持続可能な管理、食用キノコ産業の発展、資源の循環利用を核心とし、独特な森林キノコ共生技術システム、豊かな森林生態とキノコ文化、合理的に構成された生態景観を含んでいます。

　　遺産地域の住民は、森林保全、きのこ栽培、農業生産を通じて食料と生活の安定を実現し、自然と調和した森林ときのこ共生技術体系を作り上げ、鉈目法から原木栽培、材料代替に至る食用きのこ栽培技術の完全な進化連鎖を保全し、豊かで多様な森林生態ときのこ文化を育み、合理的に構造化された土地利用型と生態景観を形成してきました。森林とキノコの共生によって、遺産地区の住民の生活の安定が保証され、文化が継承され、人と自然の調和した発展が実現できます。

　　慶元県の森林とキノコ栽培の共生システムにおける独特な山地利用と独創的な生態循環モデルは、森林資源の深刻な破壊、生物多様性の減少、生態系サービス機能の低下、生態保全と経済発展の顕著な矛盾、貧困と食料安全保障といった今日の問題に対処する上で、大きな意義があります。森林とキノコの相互利益と共生という生態学的原則に基づき、現地のキノコ関係者は森林保全の理念と森林とキノコの共生の生態循環モデルを形成し、生物多様性と良好な生態環境を効果的に保全するだけでなく、持続可能な開発の概念と同系統のものであると言えます。食用キノコを中心とした多様な農林畜水産物は、地域住民の食料と栄養需要を確保し、多様な産業は地域経済の発展を促進し、山間部の農民の貧困を緩和しています。また、

食用キノコの栽培技術は世界各地の食用キノコ産業の発展を促進しています。

中国浙江省慶元県の森林とキノコ栽培の共生システムは、2014年に中国農業農村部によりChina-NIAHSに認定され、2022年にFAOによりGIAHSに認定されました。

伝統的な建物

2023.06.05 제7회 ERAHS 국제 컨퍼런스[1]

1 회의 개요

　　2023년 6월 5일부터 8일까지 중국 저장성 칭위안현에서 제7차 동아시아 농업유산 국제 컨퍼런스가 성공적으로 개최되었습니다. 이번 컨퍼런스의 주제는 '식품시스템 전환을 촉진하기 위한 농업유산시스템의 보호'이며, 농업유산 보전 및 개발의 최근 연구성과 및 실천 경험을 공유하고, 식품시스템 전환, 생태보호 및 문화유산을 촉진하기 위한 농업유산 보전의 역할과 경로를 논의하는 것을 목표로 합니다. 이번 회의는 ERAHS, 저장성 농업농촌청과 리수이시 인민정부가 주최하고 중국농학회 농업유산분과, 중국과학원 지리학 자원연구소, 리수이시 농업농촌국과 중국칭위안현 인민정부가 주관하며 일본 GIAHS 네트워크, 한국농어촌유산학회, 중국 북경연합대학 관광대학, 중국자연자원학회 국립공원 자연보전구역 시스템연구 분과가 공동 주최한 것이다. FAO GIAHS 사무국, 중국 농업농촌부 국제교류서비스센터, 중국농학회, 중국과학원 지리학 자원연구소, 저장성 농업농촌청, 리수이시 인민정부와 중국칭위안현 인민정부의 지도 하에, 한중일 농업유산 보전 분야의 전문가, 유산지역 대표, 기자 등 150여 명이 참석했습니다. 대회의 아젠다에는 개막식(<'저장성 칭위안 숲-버섯 공동배양시스템'공동 구축 약정서> 농업유산연구센터 협약'체결식 포함), 폐막식(회기 전달식 포함), 기조연설, 분과세션, 부대회의, 포스터 전시, 특산품 전시 및 현장답사 등이 포함되며, 온라인 그래픽 라이브 방송까지 포함되었습니다. 또한 참석자들은 6월 5일 열린 '중국 리수이시 농업유산 보전의 날' 발대식에도 참가했습니다.

2 주요 교류성과

2.1 동아시아 농업유산 보전에 대한 연구

　　FAO GIAHS 프로젝트가 시작된 이후 동아시아의 농업유산 보전 연구는

1　LI Jingyi, JIAO Wenjun, MIN Qingwen. 식품시스템 전환을 촉진하기 위한 농업유산시스템의 보호를 주제로 한 '제7차 동아시아 농업유산대회'의 개요에서 번역함. 세계농업, 2023, (09): 137-140.

중요한 성과를 거두었습니다. 중국과학원 원사인 YU Guirui 중국과학원 지리학 자원연구소 교수는 GIAHS 분포 현황을 바탕으로 글로벌 현장과학관측 및 연구 네트워크의 경험과 중국 생태계연구 네트워크 구축 경험과 결합해 중국 및 동아시아 농업유산 연구 네트워크 구축 구상 및 구축 방안을 제시했습니다. TAKEUCHI Kazuhiko 일본 지구환경전략연구소 이사장은 GIAHS의 다면적 가치와 유엔의 지속가능성 발전목표(SDGs)에 미치는 영향을 강조하고, GIAHS 보전에 대한 동아시아의 기여를 확인했습니다. FAO GIAHS 과학자문 그룹 위원장인 YAGI Nobuyuki 일본 동경대학 교수는 동아시아의 GIAHS 연구에 존재하는 문제점을 분석하고 고해상도 지도와 농업 재배 일정의 적용을 강화하고 GIAHS의 역사적 진화와 동적보전에 주목할 필요가 있다고 강조했습니다. JIAO Wenjun 중국과학원 지리학 자원연구소 부교수는 관리활동, 소통 및 홍보, 학술활동, 지역 보전활동의 4가지 차원에서 중국의 농업유산 보전 및 관리 진행 상황을 종합적으로 검토하였다. 윤원근 협성대학 명예교수는 KIAHS와 KIFHS의 지정 제도, 관리 제도, 최근 진행 상황을 소개했습니다. TERASHIMA Tomoko 일본 농림수산성 농촌환경보전실장은 농업유산 평가, 주민의 보전의식 개선, 유산관광 개발 등 분야에서 일본의 성과를 소개했습니다. 김호진 해양수산부 사무관은 12개의 KIFHS 지정지역을 소개하고 유엔의 지속가능한 개발목표 달성을 위한 어업유산의 의미를 설명했습니다.

2.2 농업유산 실무경험

한중일 3국은 GIAHS 사업을 일찍 시작하였고, 각 농업유산은 실제 상황에 따라 보전 및 관리 방법을 모색하였다. LIYing 저장성 칭위안현 부현장은

시상식

'저장성 칭위안 숲-버섯 공동재배시스템'의 역사적 기원, 가치 함축, 특산물 및 산업발전 현황을 소개했습니다. ZHOU Ping 장시농업대학 박사 과정 학생은 '난펑 귤재배 시스템'의 구성과 특징, 가치를 다방면으로 소개하고 농업시스템이 직면한 어려움을 분석하고 보전 조치를 제안했습니다. HE Xianlin 허베이성 Shexian 농림축산국 수석농예사는 '허베이 Shexian 건조지 석조 계단식 밭 시스템'의 특징과 지방 정부가 계단식 경관과 생물 다양성 보전 등 분야에서 취한 정책과 조치 및 다양한 이해관계자 참여 매커니즘을 소개했습니다. WANG Li 중국 후저우 농업과학기술발전센터 농예사는 '후저우 뽕나무 제방 물고기 연못 시스템'을 대상으로 제방-연못 비율에서 중금속 오염 위험을 분석한 결과 제방 연못 비율이 4:6이 가장 적합하다고 제시했습니다. IKEDA Naoyoshi 일본 시가현 주임은 '일본 비와호 일체형 농업시스템'의 관리와 효과를 문화보전, 경관보전 및 생물다양성 측면에서 소개했습니다. SAITO Ryo 사도시 농림수산부 농업정책과 공무원은 사도시의 지속가능한 발전전략과 행동 계획을 소개하고 인간과 자연의 조화로운 공생의 지속가능한 발전 모델을 살펴보았습니다. OWADA Junko 일본 도시샤대학 교수는 미야기현 오사키시를 예로 들어 유엔 지속가능한 발전목표에 대한 GIAHS 보전의 기여도를 소개하고 호수의 가치를 탐구하고 농업유산에 대한 SDGs의 프레임 개선을 제안했습니다. KUWADA Tomonori 일본 기후현 사토가와 진흥사무소 주임은 나가라강 은어시스템의 생태보전에 대한 기여를 소개하고, 수산자원의 감소, 어부의 고령화, 가치개발 부족에 대한 보호계획을 제안했습니다. 정나영 동국대학 박사과정 학생은 고성군 동북해안 지역의 관개시스템을 예로 들어 다양한 토지이용 유형을 가진 농업용 관개저수지가 생물다양성 보전에 미치는 중요성을 분석했습니다. 최지원 동국대학 박사과정 학생은 울진 금강송 산불 피해

현장 방문

전시 및 커뮤니케이션

현황과 보전 계획을 발표하고, 지역주민 소득과 통합 토양 관리 보호계획을 마련하는 것이 중요하다고 강조했습니다. 조유나동국대학 박사과정 학생, 이다영 부산대학 박사과정, 이세엽의성군청 계장은 '의성 전통수리 농업 시스템'을 예로 들며 각각 농업유산지역의 토지이용 유형별 식물 분포패턴 및 인간 간섭상황, 농촌의 토지이용현황과 관개시설 운영체계, 농업유산의 사회적 관계 형성요인, 수리계의 매개 역할 등을 분석했습니다.

2.3   식품시스템 전환과 통합산업 개발

생동감과 생산기능은 농업유산이 다른 문화유산과 구별되는 특징이며, 식품시스템 전환과 통합산업개발의 토대가 된다. FAO GIAHS 과학자문그룹 위원인 LI Xiande 중국농업과학원 농업경제 발전연구소 교수는 중국 GIAHS 프로젝트의 자원 우위와 핵심 가치를 분석하고, 우세한 자원과 희소한 자원의 개발 및 활용, 1차산업 가치사슬 확장, 농산물 부가가치 제고 등의 조치를 통해 농업유산지역의 농가소득을 증대시켜서 농업유산지역의 농촌 활성화를 이룰 수 있다고 제시했습니다. HAYASHI Hiroaki 일본 쿠니사키 반도 우사 지역 GIAHS 추진협회 회장은 지역 표고버섯 재배산업과 환경에 미치는 영향을 강조했습니다. ZHANG Yongxun 중국농업과학원 농업경제 발전연구소 부교수는 식량 안보를 유지하는 데 있어 농업유산의 가치와 에너지 및 영양 공급원 확대, 식량생산의 시공간적 제한 확대의 중요성을 분석했습니다. JIAO Cunyan 중국 북경 농촌전문기술협회 연구원은 '오리'와 관련된 농업유산을 소개했으며 오리 문화와 농업유산지역의 산업발전을 결합하고 지역 브랜드 구축을 통해 산업 발전을 촉진해야 한다고 제시했습니다. WANG Shuqing 헤이룽장성 중국 바이취안현 생태문화박물관장은 헤이룽장 바이취안현의 생태 농업 발전 모델과 관련 정책을 소개했습니다. ZHU Shigui 난징농업대학 교수는 중국 차 문화 유산의 차 제품 개발 현황을 소개하고 차 제품의 수평적 및 수직적 다양화의 관점에서 다양한 제품 시스템을 구축하여 관광객들의 여가, 체험, 학습 및 건강 관리의 다양한 요구를 만족시켜야 한다고 했습니다.

2.4　생물다양성 및 생태계 보전

　　생물다양성은 농업유산의 중요한 구성 요소이자 식량시스템의 지속가능한 개발을 위한 필수요소로서 식품시스템의 변화에 중요한 역할을 하고 있습니다. CHEN Xin 저장대학 교수는 '칭티엔 벼-물고기농업시스템', '귀주 콩장동 벼-물고기-오리농업시스템' 및 '광시성 북서부산지의 벼-물고기 복합시스템'을 예로 들며 논에서 기른 물고기의 개체군 구조적 특성을 분석하고 인공 번식이 논에서 기른 물고기의 유전적 다양성을 효과적으로 유지하는 주요 동력이라고 밝혔습니다. LIU Moucheng 중국과학원 지리학 자원연구소 부교수는 오염방지 및 통제와 훼손된 생태계 복원에 대한 농업유산의 기술적 경험을 언급하며 농업유산이 생태복원의 메커니즘, 실천 및 영향요인에 대한 유용한 참고자료를 제공할 수 있다고 했습니다. WANG Bin 중국임업과학원 아열대 임업연구소 부교수는 '저장성 칭위안 숲-버섯 공동재배시스템'의 산림 보존 아이디어와 생태 순환 모델을 소개하며 산림 생태계서비스 유지에 있어 독특한 산지 이용방식과 생태순환 모델의 중요성을 밝혔습니다. KOYAMA Sayako 유엔대학 지속가능성 고등연구소 연구원은 생물다양성 보전, 종 모니터링 및 시민 참여, 지리공간정보 데이터베이스 구축 및 개선, 대중인식 제고 등 일본 노토반도에서 GIAHS 관리자들의 성과를 검토했습니다. TOYODA Mitsuyo 일본 니카다대학 교수는 일본 사도의 지속가능한 리빙랩의 디자인 철학과 핵심 기능, 그리고 GIAHS 이니셔티브에 대한 지원을 소개했습니다. ASAKUNO Koji 일본 오이타현 놀림수산기획과 담당자는은 '쿠니사키 반도 우사지역의 농림어업 통합시스템'의 물 순환과 인재 육성, 문화 유산, 커뮤니티 구축 등의 지역 활동을 소개했습니다. 장창익 부경대학 명예교수는 반정량적 생태계 어업평가방법을 사용하여 한국 남부해안의 어업을 평가하고, 어업 생물다양성, 서식지의 질, 고용률 등 다양한 지표의 평가결과를 설명하고, 어민 교육, 모니터링 및 평가시스템 구축 등 정책 제안을 했습니다.

2.5　농업유산관광과 주민참여

　　연구와 실천에 따르면 관광은 농업유산의 잠재적인 생태적, 문화적 가치를 실현하는 효과적인 방법이며, 농가의 생계를 개선하고 농촌활성화를 촉진하며 친환경 개발을 촉진하는 중요한 방법이기도 합니다. YANG Lun 중국 과학원 지리학 자원연구소 부교수는 '간수성 디에부 자가나 농업-임업-축산

복합시스템'을 예로 들어 관광발전이 농업생산에 미치는 영향을 분석하고, 농촌관광개발을 통해 농업생산 효율성이 크게 향상되었다고 했습니다. SU Mingming 중국 인민대학 부교수는 '홍허 하니 다랑이논'을 예로 들어 유산관광이 주민의 복지에 미치는 영향을 분석하고 농업유산지역 관광개발의 긍정적인 영향은 주로 환경, 보호, 개발의 3가지의 차원에 집중되어 있으며 관광으로 인한 교육수요가 증가함에 따라 주민들의 주관적 행복감은 감소할 것이라고 제시했습니다. SUN Yehong 중국 북경연합대학의 교수는 저장성 칭톈현 룽셴촌을 예로 들어 농업유산의 주요 및 보조 유형의 관광 해설 자원을 소개했습니다. YAO Cancan 저장성 농업과학원 부연구원은 전통 기술 및 경관 농업유산의 주민역할 정체성의 차이를 조사했으며 '홍허 하니 다랑이논'의 핵심 마을 주민역할 정체성이 '칭티엔 벼-물고기 농업시스템'보다 높다고 제시했습니다. ZHOU Zekun 중국 북경연합대학의 강사는 가상 환경에서 농업유산지역에 대한 인정, 농업문화에 대한 인정, 지역 농민에 대한 인정, 자아 정체성 네 가지 차원을 포함한 농업유산에 대한 인식 프레임워크를 분석했으며 현장감이 농업유산 가상 체험의 핵심이라고 제시했습니다. HE Siyuan 중국과학원 지리학 자원연구소 부교수는 '차오안 펑황 단총 차(우롱차)문화 시스템'을 예로 들어 가족 지위와 사회적 관계가여성의 농업유산 보전 참여에 미치는 영향을 분석하고 연구 및 보호 과정에서 여성의 역할에 주목할 것을 촉구했습니다. Amnaj KHAOKHRUEAMUANG 일본 시즈오카대학 부교수는 '시즈오카의 전통 차-풀 통합시스템'의 차 관광의 관행을 소개하면서 차 공간, 차 커뮤니티, 차 제품 및 차 관련 활동이 차 관광의 핵심 요소라고 주장하고 차 관광의 발전이 녹색관광, 생태관광, 유산관광, 미식 관광, 스포츠 관광 등 다양한 방식을 통합할 수 있다고 제안했습니다. Vafadari Mehrizi KAZEM 일본 리츠메이칸 아시아태평양대학 교수는 일본 쿠니사키 반도의 타메이케(Tameike) 야외박물관을 예로 들며 농업유산 보전에 있어 지역사회의 참여와 관광개발의 중요성을 강조했습니다. 구진혁 지역계획연구소 누리 대표는 울진군 금강소나무 자원을 활용한 '생태관광', 지역 특산물과 음식을 활용한 '레져관광', 금강송 숲과 온천을 활용한 '건강관광' 등 다양한 농업유산 관광개발 방식을 소개했습니다.

2.6 전통지식과 농경문화의 발굴 및 보호

농업유산은 높은 문화적 가치를 지니며, 농업유산에 담긴 전통지식과 농경문화는 식량체계의 변화와 지속가능한 개발을 위한 실질적인 교훈을 제공할 수 있습니다. ZHAO Fei 남중국 농업대학 부교수는 광저우시 지역 농경문화자원 배경조사의 구체적인 계획을 소개하고 조사보고서, 자원목록, 데이터베이스, 전자지도 등의 결과를 보여주었습니다. MAK Sau-wa Veronica 중국 홍콩 Shue Yan 대학 부교수는 농업유산의 보전과 관리에 있어 다양한 정체성을 가진 교류네트워크 행위자의 중요한 역할을 분석하고, 지역문화 정체성과 마케팅, 유산 인정 및 분류가 농업유산의 지속가능한 경제 및 사회 발전에 미치는 영향을 명확히 밝혔습니다. SATO Takahiro 일본 야마가타현 야채·화훼 진흥협회 주임은 모가미강 유역의 전통문화를 소개했으며 홍화시스템과 관련된 전통기술 및 다양한 문화가 경제적, 문화적, 역사적 가치가 높다고 제시했습니다. LI Maolin 중국 허난(Henan) 대학 부교수는 수생 3차원 생태보존 농업유산시스템의 기능과 가치를 분석하고 지속 가능한 유지 매커니즘을 살펴보았습니다. LI Fayao 귀주성 사회과학연구원 연구원과 LONG Wen 중국 지적재산권출판사 선임 엔지니어는 각각 농업유산 지리적 표시의 종류와 농업유산 지리적 표시 산업의 발전 현황을 소개하고 농업유산 지리적 표시 산업의 고품질 발전을 지원하기 위해 전통지식 보호를 강화해야 한다고 제안했습니다. IWAO Nozomi 일본 교토대학 박사과정 학생은 '일본 니시-아와 급경사지 농업시스템'을 위해 실시한 문화 전승, 경관 정비, 연수교육 활동에 대해 자세히 설명했습니다.

2.7 국립공원 조성 및 지역사회 발전

많은 농업유산지역이 국립공원 등 기타 자연보호구역과 겹치거나 인접해 있으며, 농업유산 보전이 국립공원 조성과 생물다양성 보전의 중요성에 대해 폭넓은 공감대가 형성되었습니다. 이를 위해 '국립공원과 지역사회 개발'을 주제로 한 부대행사가 마련되었습니다. ZHANG Haixia 저장성 상공대학 교수는 중국 국립공원을 예로 들어 국립공원 프랜차이즈 실천의 협력 관계와 주요 모델을 요약하고 지역사회 협력 경로를 제안했습니다. WEI Yu 중국과학원 과학기술전략자문연구원 연구원은 '국립공원 지역사회의 지속가능성'이라는 개념을 제안하고 중국 국립공원 지역사회의 지속가능성 평가지표 시스템을 구축했습니다. 저장성 리수이시 임업국장인 LIAO Yongping 바이산주 국립공원 관리국장은 바이산주 국립공원의 지역사회 산업발전의 탐사와 실천을 소개하고 브랜드 리더십, 관광 개발, 생태제품 가치실현을 포함한 산

한국 대표단 사진

업 발전 경로를 요약했습니다. PENG Wanting 중국 통지(Tongji) 대학 조교수는 윈난 성 다산바오 흑목두루미 국가자연보전구역을 예로 들어 종 보존과 지역 사회개발 간의 갈등에 대응하여 세부적인 구역지정을 위한 관리 및 통제 방법 과 조정 매커니즘을 제안했습니다. PENG Jian 중국 민족대학 교수는 치롄산 국 립공원을 예로 들어 주민들의 대안적 생계수단인 관광의영향요인을 분석하고, 주로 관광개발 규모와 주민들의 참여 능력이 제한 요인이 된다고 밝혔습니다. LIAO Lingyun 후지안 농업대학 부교수는 우이산국립공원 입구의 지역사회인 성촌을 연구 대상으로 하여 국립공원 입구 지역사회의 지속가능한 생계평가 지 표시스템을 구축하고 성촌의 생활자본 구조를 평가하고 인적자본 향상, 산업 업그레이드 유도, 지역사회 참여시스템 개선을 위한 최적화 전략을 제시했습니다. 미야기현 오사키시 GIAHS 추진협회 ABE Yuki 회장은 다양한 지역 발전 을 위해 '오사키 경작지' 주변 주민들이 지역의 특색있는 자원을 활용하는 다 양한 지역만들기 실천 방법을 소개했습니다. 이승준 동국대학 박사과정 학생 은 한국 국립공원의 농촌생태 관광 발전 현황을 소개하고 생태관광 홍보 강화, 마을주민 귀향 장려, 교통여건 개선 등의 대책을 제시했습니다.

3 요약 및 전망

이번 컨퍼런스는 사회에 좋은 영향을 미쳤습니다. 컨퍼런스 기간 중 인 민일보 해외판, 광명일보, 농민일보, 중국신문사 등 많은 매체들이 이를 보도 했으며 온라인 생중계 조회수가 20만 건을 넘어 ERAHS가 설립된 지 10년 만 에 한중일 3국의 농업유산 보전, 활용 및 학술 연구에 대한 ERAHS의 긍정적인 영향을 충분히 확인했으며 가장 중요한 지역 농업유산 교류 플랫폼이자 협력 체계가 되었습니다. 본 회의의 결과는 또한 농업유산 보전 연구의 현재 발전 추세를 반영하며 향후 연구는 다음과 같은 분야에 초점을 맞춰야 합니다.

3.1 농업유산의 내재적 메커니즘에 관한 연구

농업유산에는 풍부한 농업 지혜가 담겨 있습니다. 전통적인 농법은 인간의 생존 요구를 충족시키면서 농업유산시스템의 생태환경과 생물다양성을 보호합니다. 마을 규정과 협약과 같은 집단적 행동 규범을 포괄하는 전통적인 농업 문화는 자연 법칙을 존중하고 농촌의 지속가능한 발전을 촉진하는 데 귀중한 참고자료가 됩니다. 하지만 이번 컨퍼런스에서 농업유산에 대한 연구는 대부분 유산의 가치, 기능 및 활용 방법에 집중되어 있습니다. 농업유산의 내부 구조 및 운영매커니즘에 대한 연구는 상대적으로 부족했습니다. 따라서 농업유산의 물질 순환, 체계의 진화 및 유지 매커니즘에 대한 연구를 강화하고, 인간과 자연의 공생관계를 탐구하며 연구성과의 적용을 적극적으로 추진할 필요가 있습니다.

3.2 농업유산의 지속가능한 발전에 관한 연구

농업유산시스템의 보전은 생물다양성 감소, 토지 황폐화 및 사막화, 지구 온난화 등의 인류가 직면한 위험을 완화할 수 있는 긍정적인 외부효과를 가지며 유엔의 지속가능한 개발목표와 유사한 개발 비전을 공유하고 있습니다. 예를 들어, 지속가능한 생산 모델로서의 농업유산시스템은 '지속가능한 생산패턴의 보장'이라는 목표를 충족하며, GIAHS의 '식량 및 생계 보장' 인정 기준은 '빈곤 퇴치, 기아 종식, 완전고용 달성'이라는 목표에 기여합니다. 따라서 농업유산제도와 사회생태계 체계이론간의 연관성을 분석하고, 자연편익 목표를 분석하고, 관련 운영매커니즘을 탐색하는 등 농업유산제도가 인류사회의 지속가능한 발전에 기여하는 바를 심도있게 탐구할 필요성이 있습니다.

3.3 농업유산 관리 시스템에 관한 연구

농업유산시스템의 보전은 적절한 관리시스템과 보전 조치에 달려 있습니다. 이번 컨퍼런스에서 일부 학자들은 농업유산에 대한 지리적 표시 인증 및 상업적 로고 디자인과 같은 주제에 대해 논의했지만, 농업유산의 관리시스템에 대한 연구는 여전히 부족합니다. 현재 각급 농업유산의 등재 신청을 중시하고 관리를 소홀히 하는 현상이 나타나고 있어 관리시스템에 대한 연구가 매우 시급합니다. 따라서 농업유산의 관리시스템에 대한 연구를 강화하고 합리적인 관리 방법과 보호 방안을 모색하며, 이해관계자의 참여가 농업유산제도의 보전과 발전에 미치는 영향을 명확히 하여 정책조정과 개선방안을 마련할 필요가 있습니다.

3.4 농업유산 비교분석 연구

농업유산의 보전과 발전 과정에서 동일한 유형의 농업유산이 차별화된 발전을 보여주고, 서로 다른 농업유산의 발전 방법이 상호 참조되는 현상이 있습니다. 이번 컨퍼런스에서 학자들은 농업유산지역의 산업발전, 생태보전, 주민 생계확대 등에 대한 경험을 공유했지만, 대부분 하나의 농업유산을 사례연구로 삼았고, 공간적 또는 시간적 비교 분석은 상대적으로 부족하였다. 따라서 앞으로는 비교연구를 강화하고 일정 기간 또는 장기적 모니터링에 따른 농업유산지역의 변화를 분석하고, 유사한 농업유산 보전 및 개발 모델을 분석하기 위한 비교연구를 강화해야 합니다.

3.5 농업유산에 관한 종합평가 연구

FAO GIAHS 프로그램이 시작된 지 20년이 넘는 기간동안 농업유산은 농촌활성화, 산업발전, 주민생활 개선에 긍정적인 영향을 미쳤습니다. 그러나 현재 이러한 영향을 포괄할 수 있는 종합적인 평가계획이 부족하여 농업유산의 신고, 보전 및 관리가 농업유산에 미치는 영향을 명확히 규명하기 어렵다. 따라서 향후 연구는 다학제적 전문 지식과 분석 방법을 통합하고 농업유산제도의 효과성 평가에 초점을 맞춘 분석과 연구를 수행하며 농업유산의 보전 및 관리에 대한 단계적 요약 및 평가를 실시해야 합니다.

저장성 칭위안 숲 - 버섯 공동재배시스템

칭위안현은 저장성 남서부의 산간 지역에 위치하고 있습니다. 중국칭위안현 북부 산간 지대에 위치한 칭위안 숲 - 버섯 공동재배시스템은 수천년 동안 농민들이 산림자원을 합리적으로 이용하여 식용균류산업을 발전시켜 형성된 산림 - 농업 복합시스템으로, 지속 가능한 산림관리, 식용 버섯산업 발전, 자원 순환 이용을 중심으로 하여 독특한 숲 -

버섯 공동재배시스템, 풍부한 산림 생태 문화와 표고버섯 문화, 합리적인 생태경관을 포함한 산지임농복합시스템입니다.

유산지역 주민들은 산림 보전, 버섯 재배, 농업생산 등 다양한 방식을 통해 식량과 생계보장을 실현하고 인간과 자연이 조화를 이루는 숲-버섯 공동재배시스템을 구축하였으며 식용버섯 재배기술의 완전한 발전사슬을 유지하여 두화방식(쓰러진 나무에 작은 틈을 만드는 방식)에서 통나무 방식, 대체재료방식으로 발전시켰으며 풍부하고 다양한 산림생태문화와 표고버섯 문화를 육성하고 합리적인 토지이용형태와 생태경관의 합리적인 구조를 형성하였다. 숲-버섯 공동재배에 의존하여 유산지역 주민들의 생계를 보장하고 문화를 계승하며 인간과 자연의 조화로운 발전을 실현할 수 있습니다.

칭위안 숲-버섯 공동재배시스템은 독특한 산지 이용방식과 창조적인 생태순환 모델을 가지고 있어서 산림자원의 심각한 파괴, 생물다양성 감소, 생태계 서비스 약화, 생태 보전과 경제 발전 사이의 모순, 빈곤과 식량안보 등의 문제에 대처하는 데 매우 중요한 의미를 가지고 있습니다. 산림과 균류가 상생하는 생태학적 원리에 따라 지역 버섯 농부들은 산림보존의 이념과 숲-버섯 공동재배 생태순환 모델을 형성하여 생물다양성과 좋은 생태환경을 효과적으로 보전할 뿐만 아니라 지속가능한 발전 개념과도 일치합니다. 식용균류를 핵심으로 하는 다양한 농업, 임업, 축산 및 수산물은 지역 주민들의 식량과 영양 요구를 보장하고 다양한 산업은 지역 경제의 발전을 촉진하고 산간 지역 농민의 빈곤을 완화했습니다. 식용균류 재배 기술은 세계 다른 지역의 식용 균류 산업의 발전을 촉진했습니다.

저장성 칭위안 숲-버섯 공동재배시스템은 2014년 중국 농업농촌부로부터 China-NIAHS, 2022년 FAO로부터 GIAHS로 지정 받았습니다.

전통 공연

2023.06.05 The 7th ERAHS Conference[1]

1 Overview

From June 5 to 8, 2023, the 7th ERAHS Conference was successfully held in Qingyuan County, Zhejiang Province, China. The conference, themed "Protecting Agricultural Heritage Systems to Promote Food System Transformation", aimed to share recent research findings and practical experience in AHS conservation and development, and discuss the role and pathways of AHS conservation in promoting food system transformation, ecological protection, and cultural inheritance. The meeting was organized by ERAHS, the Zhejiang Provincial Department of Agriculture and Rural Affairs, and the People's Government of Lishui City, and co-hosted by CAASS-AHSB, CAS-IGSNRR, the Agricultural and Rural Bureau of Lishui City, and the People's Government of Qingyuan County, with co-sponsors including J-GIAHS, KRHA, Tourism College of Beijing Union University, and National Park and Protected Area System Research Branch of China Society of Natural Resources. Over 150 participants attended, including leaders from FAO

Opening ceremony

---

1 Translated from LI Jingyi, JIAO Wenjun, MIN Qingwen. Protecting Agricultural Heritage Systems to Promote Food System Transformation: A Summary of The 7th ERAHS Conference. World Agriculture, 2023, (09): 137-140.

GIAHS Secretariat, Center of International Cooperation Service of MARA, CAASS, CAS-IGSNRR, Zhejiang Provincial Department of Agriculture and Rural Affairs, People's Government of Lishui City, and People's Government of Qingyuan County. The conference agenda featured an opening ceremony (including the signing ceremony of the agreement to jointly establish the "Qingyuan Forest-Mushroom Co-culture System in Zhejiang Province" Agricultural Heritage System Research Center), a closing ceremony (including the handover ceremony of the conference flag), keynote speeches, parallel sessions, side meetings, poster displays, special product exhibitions, and field visits. Some of these sessions were also livestreamed online. Additionally, attendees were invited to participate in the "China•Lishui Agricultural Heritage System Conservation Day" launch ceremony held on June 5.

2 Main Achievements

2.1 AHS Conservation Research in East Asia

Significant achievements have been made in AHS conservation research in East Asia since the initiation of the FAO GIAHS Program. After analyzing the current distribution of GIAHS, Professor YU Guirui, Academician of the Chinese Academy of Sciences and a professor at CAS-IGSNRR, proposed the concept and plan for establishing an AHS research network in China and East Asia, drawing on the experience of the global field scientific observation network and the construction of China's ecosystem research network. Chairman TAKEUCHI

A Decade of Partnership ·· Research Collaboration on Conservation of Agricultural Heritage Systems in East Asia (2013-2023)

Kazuhiko of the Institute for Global Environmental Strategies in Japan emphasized the diverse values of GIAHS and its impact on the United Nations Sustainable Development Goals, acknowledging the contributions of East Asia to the global GIAHS Conservation initiative. YAGI Nobuyuki, a member of the FAO GIAHS Scientific Advisory Group and a professor at the University of Tokyo, analyzed the challenges in GIAHS research in East Asia, emphasizing the need to strengthen the application of high-resolution maps and agricultural planting schedules, and focusing on the historical evolution and dynamic conservation research of GIAHS. Associate Professor JIAO Wenjun of CAS-IGSNRR comprehensively reviewed the progress of AHS conservation and management in China, covering management activities, communication and promotion, academic events, and local conservation actions. Emeritus Professor YOON Won-keun of Hyupsung University introduced the recognition system, management system, and recent developments of KIAHS and KIFHS. TERASHIMA Tomoko, Director of Rural Environment Conservation Office, MAFF, presented Japan's achievements in AHS assessment, raising residents' awareness of AHS conservation, and heritage tourism development. KIM Ho-jin, Deputy Director of MOF, introduced the 12 designated KIFHS projects, explaining the significance of fishery cultural heritage in promoting the realization of the United Nations Sustainable Development Goals.

2.2 Practical Insights from agricultural heritage sites

As the initiation of GIAHS work dates back quite some time, each agricultural heritage site in China, Japan, and South Korea has explored practical conservation and management approaches tailored to their unique circumstances. LI Ying, Deputy County Head of Qingyuan County, Zhejiang Province, China, provided insights into the historical origins, intrinsic value of the Qingyuan Forest-Mushroom Co-culture System, as well as the distinctive agricultural products, and the current status of industrial development related to the system. Ph.D. candidate ZHOU Ping from Jiangxi Agricultural University in China presented the composition and characteristics of the Nanfeng Tangerine Cultivation System in Jiangxi Province, emphasizing its economic, social, ecological, and research-related values, and analyzed the challenges faced by the system and corresponding protective measures. HE Xianlin, Senior Agronomist from the Bureau of Agriculture and Rural Development, Shexian County, Hebei Province, China, outlined the features of the Shexian Dryland Stone Terraced System, local government policies to protect the terraced landscape and biodiversity, and the working mechanism involving multiple stakeholders. Taking Zhejiang Huzhou Mulberry-dyke and Fish Pond System as an example, WANG Li

Display and Communication

from the Agricultural Science and Technology Development Center of Huzhou City, China, analyzed the heavy metal pollution risks under different ratio of dyke to pond area, suggesting that a ratio of 4:6 is most suitable. From Japan, IKEDA Naoyoshi, Chief of Shiga Prefecture, presented the management efforts of the Biwa Lake to Land Integrated System, Japan, highlighting its cultural preservation, landscape protection, and biodiversity conservation outcomes. SAITO Ryo, a Civil Servant at the Agricultural Policy Division of Sado City's Agricultural, Forestry, and Fisheries Bureau, outlined Sado Island's sustainable strategies and action plans, summarizing a sustainable development model for harmonious coexistence between humans and nature. In a case study of Osaki City, Miyagi Prefecture, OWADA Junko, Professor at Doshisha University, discussed GIAHS conservation contributions to the UN Sustainable Development Goals and proposed recommendations for exploring lake values and enhancing the AHS sustainable development goal framework. KUWADA Tomonori, Head of the Satokawa Promotion Office, Gifu Prefecture, introduced the Ayu of the Nagara River System in Japan and its ecological conservation contributions, and proposed conservation plan addressing challenges such as declining fishery resources, aging fishermen, and insufficient value development. Choe Ji-won, Ph.D. candidate at Dongguk University introduced the damages caused by forest fire in Uljin-gun Geumgangsong Pine in South Korea and its protection plan, highlighting the significance of considering resident income and the compilation of comprehensive soil management and protection plans. Jo Yu-na, Ph.D. candidate at Dongguk University, LEE Da Yung, Ph.D. candidate at Pusan National University, LEE Se-yeop, Manager of Uiseong county office, with "Uiseong Traditional Irrigation Agriculture System, South Korea" as the example, introduced the distribution of plants on different lands at agricultural heritage sites and human intervention, land utilization status and operation mechanism of irrigation systems in agricultural communities, formative factors of social relations at agricultural heritage sites, and the mediating role of Irrigation Society.

2.3 Food System Transformation and Integrated Industry Development

The vitality and productive functions inherent in AHS distinguish it from other forms of cultural heritage, forming the basis for food system transformation and integrated industrial development. Professor LI Xiande, a member of the FAO GIAHS Scientific Advisory Group affiliated with the Institute of Agricultural Economics and Development at the Chinese Academy of Agricultural Sciences, delved into the resource advantages and core values of China's GIAHS projects, and proposed strategies like leveraging and developing unique and scarce resources, extending the primary industry chain, and increasing the added value of agricultural

Field visit

products to increase farmers' income and contribute to local rural revitalization. HAYASHI Hiroaki, Chairman of the GIAHS Promotion Council in the Kunisaki Peninsula Usa region of Japan, focused on the local shiitake mushroom cultivation industry and its environmental impact. Associate Professor ZHANG Yongxun from the Institute of Agricultural Economics and Development at the Chinese Academy of Agricultural Sciences discussed the role of AHS in ensuring food security and its significance in expanding energy and nutrition sources, breaking the temporal and spatial constraints of food production, emphasizing that the ideological essence and rich practice of the "greater food" concept in the heritage have importance as a reference and the enlightening significant for constructing the food security guarantee system in the new era. JIAO Cunyan, an assistant professor at the Beijing Rural Professional Technology Association, introduced AHS related to "ducks" and emphasized the synergies between duck culture and industrial development of AHS to foster regional industry growth. WANG Shuqing, director of the Baiquan Eco-Culture Museum, Heilongjiang Province, China, presented the ecological agricultural development model and relevant policies. Professor ZHU Shigui from Nanjing Agricultural University provided insights into the current status of tea product development at China's agricultural heritage sites related to tea culture, and advocated building a diverse product system from the perspectives of product quality and vertical diversification to meet diverse visitor needs for leisure, experience, learning, and wellness.

2.4　Biodiversity and Ecosystem Conservation

Biodiversity stands as a vital element of AHS, constituting a necessary precondition for the sustainable development of food systems, and playing a pivotal role in the transition of food systems. With examples of the "Qingtian Rice-Fish Culture", "Congjiang Dong's Rice Fish Duck System" and "Rice-Fish Compound System in Northwestern Mountains of Guangxi Province", Professor CHEN Xin from Zhejiang University analyzed the features of fish population structure features, emphasizing that artificial breeding serves as a primary force in maintaining the genetic diversity of field fish. CAS-IGSNRR Associate Professor LIU Moucheng, after citing experiences in pollution prevention and ecosystem restoration based on AHS, suggested that AHS can offer valuable references for understanding the mechanisms, practices, and influencing factors of ecological restoration. Associate Professor WANG Bin from the Research Institute of Subtropical Forestry, Chinese Academy of Forestry introduced the forest conservation ideology and ecological cycle model embodied in the "Qingyuan Forest-Mushroom Co-culture System in Zhejiang Province", highlighting the significant importance of the unique mountainous land use and ecological cycle models in maintaining forest ecosystem services. UNU-IAS research fellow KOYAMA Sayako reviewed the achievements of GIAHS managers across various aspects, including biodiversity conservation, species monitoring, citizen participation, establishment and improvement of geographic spatial databases, and raising public awareness. TOYODA Mitsuyo, Associate Professor at Niigata University, introduced the design philosophy and core features of the Sustainable Living Experiment Lab in Sado, Japan, and its contribution to supporting the GIAHS initiative. ASAKUNO Koji, department leader in Oita Prefecture, Japan, presented the water cycle and local activities in talent cultivation, cultural inheritance, and community development related to the "Kunisaki Peninsula Usa Integrated Forestry, Agriculture and Fisheries System" in Japan. Emeritus Professor ZHANG Chang-ik from Pukyong National University in South Korea assessed the fisheries along the Minabe coast using a semi-quantitative fishery ecosystem assessment method, elucidating the evaluation results of fisheries biodiversity, habitat quality, employment rates, and other indicators in agricultural heritage sites, and proposed policy recommendations of fostering fishermen and establishing monitoring assessment systems.

2.5   AHS Tourism and Community Engagement

Research and practical experiences have underscored that tourism development is a potent avenue for unlocking the latent ecological and cultural values of AHS, and also stands as a pivotal approach for enhancing farmers' livelihoods, propelling rural revitalization, and steering green development. Taking the "Diebu Zhagana Agriculture-Forestry-Animal Husbandry Composite System" as an example, Associate Professor YANG Lun from CAS-IGSNRR delved into the impact of tourism development on agricultural production, asserting that rural tourism development significantly boosted local agricultural productivity. Using the "Honghe Hani Rice Terraces" as a case study, Associate Professor SU Mingming from Renmin University of China scrutinized the influence of heritage tourism on resident well-being, and identified the positive impacts of AHS tourism development primarily centered on three dimensions of environment, conservation, and development. Residents' subjective well-being tended to decrease with the rising educational demand spurred by tourism. Illustrating Longxian Village in Qingtian County, Zhejiang Province, Professor SUN Yehong from Beijing Union University outlined the main and auxiliary tourism interpretive resources in agricultural heritage sites. Assistant Professor YAO Cancan from Zhejiang Academy of Agricultural Sciences explored the disparities of role identity between residents of traditional technology-oriented and landscape-oriented AHS, positing that core village residents of the "Honghe Hani Rice Terraces" exhibited higher role identity than those in the "Qingtian Rice-Fish Culture". Lecturer ZHOU Zekun from Beijing Union University dissected the AHS identity framework in a virtual environment, encompassing identification with AHS, agricultural culture, local farmers, and self-identity, with on-site experience being the linchpin of AHS virtual experiences. Using the "Chaoan Fenghuang Dancong Tea Culture System" as an example, Associate Professor HE Siyuan from CAS-IGSNRR analyzed the impact of factors of family status and social relationships on women's participation in AHS conservation, underscoring the importance of recognizing the role of women in research and conservation. After introducing tea tourism practices based on the "Traditional Tea-grass Integrated System in Shizuoka" in Japan, Associate Professor Amnaj Khaokhrueamuang from Shizuoka University considered tea spaces, tea communities, tea products and services, and tea-related activities as key elements in tea tourism development, and proposed that tea tourism development can be integrated with various models such as green tourism, ecological tourism, heritage tourism, gastronomic tourism, and sports tourism. Using the Tameike Open-Air Museum on the east coast of Japan's Kunisaki Peninsula as an example, Professor Vafadari Mehrizi KAZEM from Ritsumeikan Asia Pacific University emphasized the significance of agricultural heritage sites community participation and tourism industry development for AHS conservation. CEO GU Jin-hyuk of

Korea Regional Planning Institute introduced various AHS tourism development methods in Uljin County, including "ecotourism" using Geumgangsong Pine forest, "culinary tourism" using local specialties and foods, and "health tourism" using Geumgangsong Pine forest and hot springs.

2.6 Uncovering and Protecting Traditional Knowledge and Agricultural Cultures

AHS hold significant cultural value, as the traditional knowledge and agricultural cultures they encompass provide practical experiences for the transformation and sustainable development of food systems. Associate Professor ZHAO Fei from South China Agricultural University outlined a comprehensive plan for surveying agricultural cultural resources in Guangzhou, showcasing outcomes such as survey reports, resource catalogs, databases, and electronic maps. Associate Professor MAK Sau-wa Veronica from Hong Kong Shue Yan University delved into the essential role of the multi-identity network actors in AHS conservation and management, and elucidated how factors such as local cultural identity, cultural marketing, heritage recognition and grading impact the economic and social sustainable development of agricultural heritage sites. SATO Takahiro, Director of the Horticulture Promotion Division, Yamagata Prefecture, introduced the traditional culture of the Mogami River Basin, emphasizing the high economic, cultural, and historical values of the Safflower System in the Mogami River Basin, Yamagata and its associated traditional techniques and diverse cultures. LI Maolin, Associate Professor at Henan University, analyzed the functions, values, and sustainable maintenance mechanisms of aquatic three-dimensional ecological conservation AHS. Professor LI Fayao from Guizhou Academy of Social Sciences and LONG Wen, Senior Engineer at the Intellectual Property Publishing House, respectively introduced the types of geographical indications (for conservation purposes) and the current development status of geographical indication industries in agricultural heritage sites, and proposed strengthening the protection of traditional knowledge to support the high-quality development of geographical indication industries in agricultural heritage sites. Ph.D. student IWAO Nozomi from Kyoto University, detailed cultural inheritance, landscape maintenance, and study tour educational activities carried out for "Nishi-Awa Steep Slope Land Agriculture System, Japan".

2.7　Development of National Parks and Local Communities

The spatial overlap or adjacency of many AHS areas with national parks and other protected areas underscores the profound significance of AHS conservation in the construction of National Parks and the conservation of biodiversity. To this end, a side meeting dedicated session to "National Parks and Local Community Development" was featured at this conference. Professor ZHANG Haixia from Zhejiang Gongshang University, using Chinese National Parks as an illustrative case, summarized the primary models of concession within national parks and stakeholders' collaborative relationships, outlining collaborative pathways for communities. Assistant Professor WEI Yu from the Institutes of Science and Development of CAS introduced the concept of "National Park Community Sustainability" and the evaluation index system for assessing the sustainability of national park communities in China. LIAO Yongping, Director of the Forestry Bureau of Lishui City, Zhejiang Province, and Director of the Baishanzu National Park Management Bureau, presented the exploration and practice of community industry development in the Baishanzu National Park, summarizing related pathways, including brand leadership, tourism development, and the realization of ecological product value. Focusing on Yunnan's Dashanbao National Nature Reserve for Black-necked Crane, Assistant Professor PENG Wanting from Tongji University proposed refined zoning control methods and collaborative mechanisms to address conflicts between species protection and community development. Professor PENG Jian from Minzu University of China analyzed factors influencing tourism as an alternative livelihood source for residents, using Qilian Mountain National Park as a case study, emphasizing that limitations primarily lie in the scale of tourism development and residents' participation capabilities. Spotlighting the entrance community "Xingcun" of Wuyishan National Park, Associate Professor LIAO Lingyun from Fujian Agriculture and Forestry University constructed an assessment index system for the sustainable livelihood of entrance communities in national parks. Based on the evaluation results of the residents' livelihood capital structure in "Xingcun", optimization strategies were proposed, including the enhancement of human capital, upgrading industrial guidance, and improving community participation systems. ABE Yuki, General Manager of the GIAHS Promotion Association of Osaki City, Miyagi Prefecture, introduced various practical approaches to diversified community development using regional characteristic resources around "Osaki Kutsubi". LEE Seung-joon, a Ph.D. candidate from Dongguk University in South Korea, presented the current status of rural ecotourism development in Korean National Park Villages, suggesting measures such as strengthening ecotourism promotion, encouraging villagers to return to their hometowns, and improving transportation conditions.

3   Summary and Outlook

The conference has generated a positive social impact. In addition to coverage by various media outlets such as People's Daily Overseas Edition, Guangming Daily, Farmers' Daily, and China News Service, the online graphic and text broadcasts of the conference have received over 200,000 clicks. This clearly demonstrates that the 10-year-old ERAHS has exerted a positive influence on AHS conservation, utilization, and academic research in China, Japan, and South Korea, establishing itself as the most important regional platform and cooperative mechanism for AHS exchange. The conference's outcomes also reflect current trends in research on AHS and their conservation, indicating that future studies should focus on the following aspects.

3.1   The Inherent Mechanisms of AHS

AHS contain a wealth of agricultural wisdom. Traditional farming practices not only fulfill human survival needs but also protect the ecological environment and biodiversity of AHS. The traditional farming culture, encompassing collective action norms manifested in rural regulations and agreements, reflects a deep respect for natural laws, and can serve as a valuable reference for promoting sustainable development in rural areas. However, most studies of AHS presented at this conference predominantly concentrate on the value, functions, and utilization methods of AHS. Research on the internal structure and operational mechanisms of AHS is relatively lacking. Therefore, there is a need to enhance research on the material cycle, system evolution, and maintenance mechanisms of AHS, to explore the symbiotic relationship between humans and nature inherent in AHS, and to actively promote the application of research findings.

3.2　Sustainable Development of AHS

AHS conservation brings about positive externalities, alleviating risks such as biodiversity loss, land degradation and desertification, and global climate change faced by humanity. It shares a vision for development similar to the United Nations Sustainable Development Goals. For instance, as a sustainable production model, AHS contribute to achieving the goal of "ensuring sustainable production patterns". The GIAHS certification standards for "food and livelihood security" are conducive to achieving goals including "no poverty, zero hunger, and full and productive employment". Therefore, it is essential to delve deeper into the contribution of AHS to the sustainable development of human society under the social-ecological system framework, as well as natural benefit objectives, and exploring the operational mechanisms of AHS to achieve nature-positive goals.

3.3　Management Systems for AHS

AHS conservation relies on appropriate management institution and conservation measures. During this conference, some scholars discussed topics such as geographical indication certification and commercial sign design for agricultural heritage sites. However, research on the management institution of AHS is still lacking. Currently, there is a phenomenon of emphasizing declaration but neglecting management at all levels of AHS, making it urgent to strengthen research on management institution. In light of this, there is a need to strengthen the study of the management institution of AHS, exploring reasonable management approaches and conservation pathways, and clarifying the impact of stakeholder participation on AHS conservation and development, thus informing policy adjustments and enhancements.

3.4 Comparative Analysis of AHS

Through the conservation and development of AHS, it is evident that similar types of agricultural heritage sites exhibit differentiated trajectories, and different agricultural heritage sites can draw inspiration from each other's development approaches. During this conference, scholars shared their experiences regarding the industrial development, ecological conservation, and livelihood expansion of agricultural heritage sites. However, most of their research is based on individual AHS cases, with limited exploration of comparative analyses across space and time. In the future, comparative studies should be conducted, including analyzing changes over specific periods or long-term monitoring of agricultural heritage sites, as well as examining conservation and developmental models for similar types of AHS or those within similar contextual backdrops.

3.5 Holistic Evaluation of AHS

With over two decades since the initiation of the FAO GIAHS Program, various agricultural heritage sites have experienced positive impacts on rural revitalization, industrial development, and people's lives. However, there is currently a lack of comprehensive assessment plans that can encompass all the impacts on the heritage sites from declaration, conservation, and management of AHS that have influenced these areas. Therefore, the future approach should integrate multidisciplinary expertise and analytical methods, conduct analyses and studies focusing on the effectiveness assessment of AHS, and make phased summaries and evaluations of their conservation and management.

Qingyuan Forest-Mushroom Co-culture System in Zhejiang Province, China

Qingyuan County with rich forest and species resources, located in the southwest mountain area of Zhejiang Province. Located in the northern mountain area of Qingyuan County, Qingyuan Forest-Mushroom Co-culture System has formed from the mushroom cultivation through rational

Cultivating mushrooms

use of forest resources by Gumin (referring to the farmers who mainly cultivate mushrooms) for thousands of years. It is an agroforestry system in high mountainous region centering on sustainable forest management, development of edible fungi industry and resource cyclic utilization, unique in forest and mushroom co-culture technique, rich forest ecological culture and mushroom culture, and the ecological landscape with a reasonable structure.

Through forest conservation, mushroom cultivation and agricultural production, local residents have achieved food and livelihood security, and created the forest and mushroom co-culture technique system of harmonious co-existence between human and nature. They keep a complete cultivation technique evolution chain from Duohua (chopping a small slit in a fallen tree) method to wood log method and then to substitute material method, form rich forest ecological culture and mushroom culture, and maintain a rational structure of land use types and ecological landscape. Just relying on the co-culture of forests and mushroom, the livelihood security of local residents has been guaranteed, the farming culture has been continued and inherited, and the harmonious development between man and nature has been realized.

The unique mountain utilization mode and creative ecological cycle mode are of great significance to deal with the serious destruction of forest resources, decreasing of biodiversity, degradation of ecosystem services, increasing contradiction between ecological conservation and economic development, poverty and food security, etc. The forest conservation thoughts and ecological cycle mode of forest and mushroom co-culture, formed by Gumin based on the ecological principle of mutual benefit and symbiosis between forest and fungi, not only effectively protects the biodiversity and ecological environment, but also is in line with the current concept of sustainable development. Meanwhile, a series of agricultural and forestry products with mushrooms as the core guarantee the needs of food and nutrition of local residents, and diversified industries have contributed to the development of local economies and the alleviation of poverty among farmers in mountainous areas. Furthermore, the mushroom cultivation technique has promoted the development of mushroom industry worldwide.

Qingyuan Forest-Mushroom Co-culture System in Zhejiang Province was designated by MOA as a China-NIAHS in 2014, and designated by FAO as a GIAHS in 2022.

2023.06.08 ERAHS第十五次工作会议

　　ERAHS第十五次工作会议于2023年6月8日在中国浙江省庆元县召开。会议由ERAHS第七届执行秘书长焦雯珺主持，共同主席NAKAMURA Koji和YOON Won-keun、共同秘书长NAGATA Akira和PARK Yoon-ho以及有关专家和农业文化遗产地代表参加了会议。与会人员对"第七届东亚地区农业文化遗产大会"进行了总结，对中国的成功组织给予了肯定。按照轮值规则，ERAHS第八届执行主席由NAKAMURA Koji担任，执行秘书长由NAGATA Akira担任，闵庆文和YOON Won-keun为共同主席，焦雯珺和PARK Yoon-ho为共同秘书长。同时，会议一致通过并确定"第八届东亚地区农业文化遗产大会"于2024年8月在日本岐阜县举行。

参会人员讨论

2023.06.08 ERAHS第15回作業会合

参加者によるディスカッション

　　ERAHS第15回作業会合が2023年6月8日に中国浙江省慶元県で開催されました。会議はERAHS第7回会議事務局長のJIAO Wenjun氏が司会を務め、共同議長の中村浩二氏とYOON Won-keun氏、共同事務局長の永田明氏とPARK Yoon-ho氏および関係専門家と農業遺産地域の代表が出席しました。参加者は「第7回東アジア農業遺産学会」を総括し、中国での開催が成功裏に終わったことを確認しました。持ち回り規則により、ERAHS第8回会議議長として中村浩二氏が、事務局長として永田明氏が、共同議長としてMIN Qingwen氏とYOON Won-keun氏が、共同事務局長としてJIAO Wenjun氏とPARK Yoon-ho氏が選任されました。会合では2024年8月に日本の岐阜県で「第8回東アジア農業遺産学会」を開催することで合意しました。

2023.06.08 ERAHS 제15차 실무 회의

ERAHS 제15차 실무 회의는 2023년 6월 8일 중국 저장성 칭위안현에서 개최되었습니다. JIAO Wenjun ERAHS 제7기 집행 사무국장은 회의를 주재하고 공동의장인 NAKAMURA Koji 일본 가나자와 대학 명예교수와 윤원근 협성대학 교수, 공동사무국장인 NAGATA Akira 유엔대학 지속가능성 고등연구소 객원연구원과 박윤호 한국농어촌유산학회 부회장, 관련 전문가와 농업유산 대표 등이 참석했다. 참석자들은 '제7회 동아시아 농업유산 국제 컨퍼런스'를 총평하고 중국의 성공적인 개최를 인정했습니다. 순번 규칙에 따라 NAKAMURA Koji 일본 가나자와 대학 명예교수가 ERAHS 제8기 집행의장을 담당하고 NAGATA Akira가 집행 사무국장을 담당하고, MIN Qingwen 중국과학원 지리학 자원연구소 교수와 윤원근 협성대학 교수가 공동의장을 담당하고, JIAO Wenjun 중국과학원 지리학 자원연구소 부교수와 박윤호 한국농어촌유산학회 부회장이 공동 사무국장을 담당하고 2024년 8월 일본 기후현에서 '제8차 동아시아지역 농업유산 국제 컨퍼런스'를 개최하기로 결정했습니다.

2023.06.08 The 15th Working Meeting of ERAHS

On June 8, 2023, the 15th Working Meeting of ERAHS was convened in Qingyuan County, Zhejiang Province, China. Presided over by JIAO Wenjun, the Executive Secretary-General of the 7th ERAHS Conference, the meeting included participants such as Co-Chairs NAKAMURA Koji and YOON Won-keun, Co-Secretary-Generals NAGATA Akira and PARK Yoon-ho, along with relevant experts and agricultural heritage site representatives. The gathering conducted a comprehensive review of the outcomes achieved during the 7th ERAHS Conference and lauded the successful coordination by the Chinese organizing team. Adhering to the rotational protocol, NAKAMURA Koji was elected as the Executive Chair for the 8th ERAHS Conference, with NAGATA Akira as the Executive Secretary-General, with MIN Qingwen and YOON Won-keun as Co-Chairs, and JIAO Wenjun and PARK Yoon-ho as Co-Secretary-Generals. The meeting unanimously approved and confirmed that the 8th ERAHS Conference was scheduled for August 2024 in Gifu Prefecture, Japan.

图书在版编目（CIP）数据

十年一剑：2013-2023年东亚地区农业文化遗产保护研究合作历程 / 闵庆文，焦雯珺编著. -- 北京：中国农业出版社，2024.7. -- ISBN 978-7-109-32194-6

Ⅰ.S

中国国家版本馆CIP数据核字第2024U18Z72号

SHINIAN YIJIAN: 2013—2023 NIAN DONGYA DIQU
NONGYE WENHUA YICHAN BAOHU YANJIU HEZUO LICHENG

中国农业出版社出版

地址：北京市朝阳区麦子店街18号楼

邮编：100125

责任编辑：程　燕

版式设计：李文革　　责任校对：吴丽婷　　责任印制：王　宏

印刷：北京通州皇家印刷厂

版次：2024年7月第1版

印次：2024年7月北京第1次印刷

发行：新华书店北京发行所

开本：700mm×1000mm　1/16

印张：26.25

字数：450千字

定价：300.00元